21世纪高等职业教育信息技术类规划教材
21 Shiji Gaodeng Zhiye Jiaoyu Xinxi Jishulei Guihua Jiaocai

CorelDRAW
平面设计应用教程

CorelDRAW PINGMIAN SHEJI YINGYONG JIAOCHENG

王艳梅 主编　宋慧慧 徐明 韩国莉 副主编

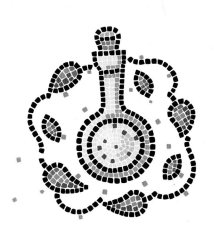

人民邮电出版社
北京

图书在版编目（ＣＩＰ）数据

CorelDRAW平面设计应用教程 / 王艳梅主编. -- 北京 : 人民邮电出版社，2009.11

21世纪高等职业教育信息技术类规划教材
ISBN 978-7-115-21417-1

Ⅰ．①C⋯ Ⅱ．①王⋯ Ⅲ．①图形软件，CorelDRAW X4－高等学校：技术学校－教材 Ⅳ．①TP391.41

中国版本图书馆CIP数据核字(2009)第178475号

内 容 提 要

CorelDRAW是目前最强大的矢量图形设计软件之一。本书对CorelDRAW X4的基本操作方法、图形图像处理技巧及在各个领域中的应用进行了全面的讲解。

全书共分上、下两篇。上篇基础技能篇介绍了CorelDRAW X4的基本操作，包括CorelDRAW 的功能、矢量图形的绘制和编辑、曲线的绘制和颜色填充、对象的排序和组合、文本的编辑、位图的编辑和图形的特殊效果。下篇案例实训篇介绍了CorelDRAW 在各个领域中的应用，包括实物的绘制、插画的绘制、书籍装帧设计、杂志设计、海报设计、宣传单设计、广告设计、包装设计和VI设计等。

本书适合作为高等职业院校数字媒体艺术类专业"CorelDRAW"课程的教材，也可供相关人员自学参考。

21 世纪高等职业教育信息技术类规划教材
CorelDRAW 平面设计应用教程

◆ 主　　编　王艳梅

副 主 编　宋慧慧　徐　明　韩国莉

责任编辑　潘春燕

执行编辑　王　威

◆ 人民邮电出版社出版发行　　北京市崇文区夕照寺街 14 号

邮编　100061　　电子函件　315@ptpress.com.cn

网址　http://www.ptpress.com.cn

北京鑫正大印刷有限公司印刷

◆ 开本：787×1092　1/16

印张：22　　　　　　　　　彩插：4

字数：567 千字　　　　　　 2009 年 11 月第 1 版

印数：1－3 000 册　　　　　 2009 年 11 月北京第 1 次印刷

ISBN 978-7-115-21417-1

定价：43.00 元（附光盘）

读者服务热线：**(010)67170985**　印装质量热线：**(010)67129223**

反盗版热线：**(010)67171154**

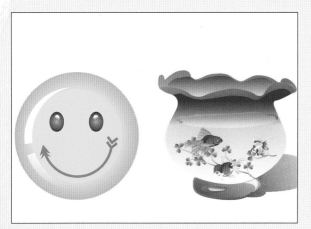

■ 绘制笑脸图标　　　　　■ 绘制写实物品

■ 绘制栏目图标　　　　　■ 绘制郁金香

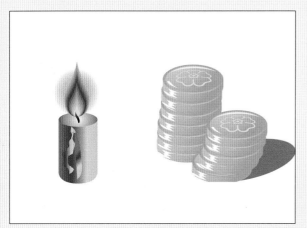

■ 绘制蜡烛　　　　　■ 绘制钱币

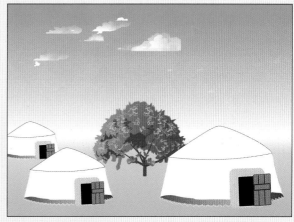

■ 绘制旅行杂志插画

■ 绘制儿童图书插画

■ 绘制饮食期刊插画

■ 绘制故事期刊插画

■ 绘制时尚报纸插画

■ 绘制休闲杂志插画

■ 制作文学书籍封面

■ 制作美体书籍封面

■ 制作美食书籍封面

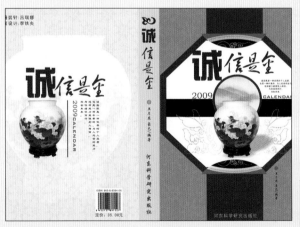

■ 制作古物鉴赏书籍封面

■ 制作建筑艺术书籍封面

■ 制作茶文化书籍封面

■ 制作新娘杂志封面

■ 制作美容栏目

■ 制作服饰栏目　　　　　　　■ 制作美食栏目

■ 制作旅游栏目　　　　　　　■ 制作科技栏目

■ 制作手机海报　　　　　　　■ 制作音乐会海报

■ 制作健身海报

■ 制作数码相机海报

■ 制作影视海报

■ 绘制夕阳百货宣传海报

■ 制作汽车宣传单

■ 制作餐厅宣传单

■ 绘制MP3产品宣传单

■ 制作数码相机宣传单

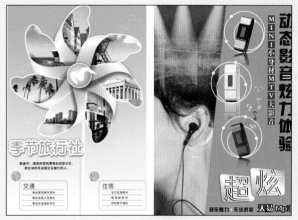

■ 制作旅游宣传单　　　■ 制作MP3广告

■ 制作电脑广告

■ 制作手机广告

■ 制作啤酒广告

■ 制作香水广告　　　■ 制作打印机广告

■ 制作饮料包装

■ 制作MP3包装

■ 制作茶叶包装

■ 制作月饼包装　　　　　■ 制作酒包装

■ 标志组合规范　　　　　■ 标准色

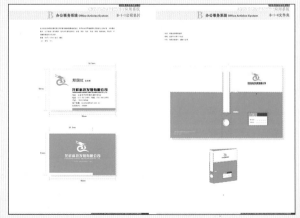

■ 公司名片　　　　　■ 文件夹

前　言

　　CorelDRAW 是矢量图形处理软件中功能最强大的软件之一。目前，我国很多高职院校的数字媒体艺术类专业，都将 CorelDRAW 作为一门重要的专业课程。为了帮助高职院校的教师全面、系统地讲授这门课程，使学生能够熟练地使用 CorelDRAW 来实现设计创意，我们几位长期在高职院校从事 CorelDRAW 教学的教师和专业平面设计公司经验丰富的设计师，共同编写了本书。

　　本书具有完善的知识结构体系。在基础技能篇中，按照"软件功能解析—课堂案例—课堂练习—课后习题"这一思路进行编排，通过软件功能解析，使学生快速熟悉软件功能和制作特色；通过课堂案例演练，使学生深入学习软件功能和开拓艺术设计思路；通过课堂练习和课后习题，拓展学生的实际应用能力。在案例实训篇中，根据 CorelDRAW 在各个设计领域中的应用，精心安排了专业设计公司的 54 个精彩实例，通过对这些案例全面的分析和详细的讲解，使学生在学习的过程中更加贴近实际工作，艺术创意思维更加开阔，实际设计制作水平进一步提升。在内容编写方面，我们力求细致全面、重点突出；在文字叙述方面，我们注意言简意赅、通俗易懂；在案例选取方面，我们强调案例的针对性和实用性。

　　本书配套光盘中包含了书中所有案例的素材及效果文件。另外，为方便教师教学，本书配备了详尽的课堂练习和课后习题的操作步骤视频以及 PPT 课件、教学大纲等丰富的教学资源，任课教师可到人民邮电出版社教学服务与资源网（www.ptpedu.com.cn）免费下载使用。本书的参考学时为 56 学时，其中实践环节为 20 学时，各章的参考学时参见下面的学时分配表。

章　　节	课程内容	学 时 分 配	
		讲　　授	实　　训
第 1 章	CorelDRAW 的功能特色	1	
第 2 章	图形的绘制和编辑	2	1
第 3 章	曲线的绘制和颜色填充	3	1
第 4 章	对象的排序和组合	1	1
第 5 章	文本的编辑	3	1
第 6 章	位图的编辑	2	1
第 7 章	图形的特殊效果	4	1
第 8 章	实物的绘制	2	1
第 9 章	插画的绘制	2	2
第 10 章	书籍装帧设计	3	2
第 11 章	杂志设计	2	1
第 12 章	海报设计	2	1
第 13 章	宣传单设计	2	1
第 14 章	广告设计	2	2
第 15 章	包装设计	3	2
第 16 章	VI 设计	2	2
	课 时 总 计	36	20

　　本书由王艳梅任主编，宋慧慧、徐明、韩国莉任副主编。参加本书编写工作的还有周建国、晓青、吕娜、葛润平、陈东生、周世宾、刘尧、周亚宁、张敏娜、王世宏、孟庆岩、谢立群、黄小龙、高宏、

尹国琴、崔桂青等。

由于时间仓促，加之编者水平有限，书中难免存在错误和不妥之处，敬请广大读者批评指正。

编　者

2009 年 9 月

目　录

上　篇

基础技能篇

第1章

CorelDRAW 的功能特色

CorelDRAW X4 的基础知识和基本操作是软件学习的基础。本章主要讲解了 CorelDRAW X4 的工作环境、文件的操作方法、版面的编辑方法和图形图像的基本知识，通过这些内容的学习，可以为后期的设计制作工作打下坚实的基础。

课堂学习目标

- 了解 CorelDRAW X4 中文版的工作界面
- 掌握文件的基本操作方法
- 掌握版面设置的方法和技巧
- 理解图形和图像的基础知识

1.1　CorelDRAW X4 中文版的工作界面

本节将简要介绍 CorelDRAW X4 中文版的工作界面，还将对 CorelDRAW X4 中文版的菜单、工具栏、工具箱及泊坞窗作简单介绍。

1.1.1　工作界面

CorelDRAW X4 中文版的工作界面主要由"标题栏"、"菜单栏"、"标准工具栏"、"属性栏"、"工具箱"、"标尺"、"调色板"、"页面控制栏"、"状态栏"、"泊坞窗"、"绘图页面"等部分组成，如图 1-1 所示。

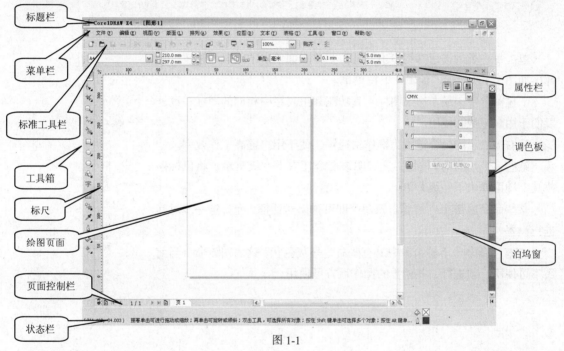

图 1-1

标题栏：用于显示软件和当前操作文件的文件名，还可以调整 CorelDRAW X4 中文版窗口的大小。

菜单栏：集合了 CorelDRAW X4 中文版中的所有命令，并分门别类地放置在不同的菜单中，供用户选择使用。执行 CorelDRAW X4 中文版菜单中的命令是最基本的操作方式。

标准工具栏：提供了最常用的几种操作按钮，可使用户轻松地完成最基本的操作任务。

工具箱：分类存放着 CorelDRAW X4 中文版中最常用的工具，这些工具可以帮助用户完成各种工作。使用工具箱可以大大简化操作步骤，提高工作效率。

标尺：用于度量图形的尺寸并对图形进行定位，是进行平面设计工作不可缺少的辅助工具。

绘图页面：指绘图窗口中带矩形边沿的区域，只有此区域内的图形才可被打印出来。

页面控制栏：可以创建新页面并显示 CorelDRAW X4 中文版中文档各页面的内容。

状态栏：可以为用户提供有关当前操作的各种提示信息。

属性栏：显示了所绘制图形的信息，并提供了一系列可对图形进行相关修改操作的工具。

泊坞窗：这是 CorelDRAW 中文版中最具特色的窗口，因它可以放在绘图窗口边缘而得名。它提供了许多常用的功能，使用户在创作时更加得心应手。

调色板：可以直接对所选定的图形或图形边缘的轮廓线进行颜色填充。

1.1.2　使用菜单

CorelDRAW X4 中文版的菜单栏包含"文件"、"编辑"、"视图"、"版面"、"排列"、"效果"、"位图"、"文本"、"表格"、"工具"、"窗口"和"帮助"等几个大类，如图 1-2 所示。

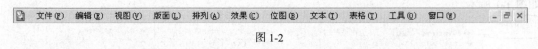

图 1-2

单击每一类的按钮都将弹出其下拉菜单。如单击"编辑"按钮，将弹出如图 1-3 所示的"编辑"下拉菜单。

下拉菜单中，最左边为图标，其功能和工具栏中相同的图标一致，以便于用户记忆和使用。

最右边显示的组合键则为操作快捷键，便于用户提高工作效率。

某些命令后带有▶按钮，这表明该命令还有下一级菜单，将鼠标停放其上即可弹出下一级菜单。

某些命令后带有…，单击该命令即可弹出对话框，允许进一步对其进行设置。

此外，"编辑"下拉菜单中的有些命令呈灰色状，这表明该命令当前还不可使用，须进行一些相关的操作后方可使用。

图 1-3

1.1.3　使用工具栏

在菜单栏的下方通常是工具栏，但实际上，它摆放的位置可由用户决定。其实不单是工具栏如此，在 CorelDRAW X4 中文版中，只要在各栏前端出现控制柄的，均可依用户自己的习惯进行拖曳摆放。

CorelDRAW X4 中文版的"标准"工具栏如图 1-4 所示。

图 1-4

这里存放了几种最常用的命令按钮，如"新建"、"打开"、"保存"、"打印"、"剪切"、"复制"、"粘贴"、"撤消"、"恢复"、"导入"、"导出"、"缩放级别"、"应用程序启动器"、"Corel 在线"等。

它们可以使用户便捷地完成以上这些最基本的操作。

　　此外，CorelDRAW X4 中文版还提供了其他一些工具栏，用户可以在"选项"对话框中，选择它们。选择"窗口 > 工具栏 > 文本"命令，则可显示"文本"工具栏，"文本"工具栏如图1-5 所示。

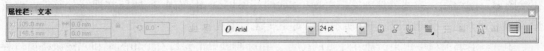

图 1-5

　　选择"窗口 > 工具栏 > 变换"命令，则可显示"变换"工具栏，"变换"工具栏如图 1-6所示。

图 1-6

1.1.4　使用工具箱

　　CorelDRAW X4 中文版的工具箱中放置着在绘制图形时最常用到的一些工具，这些工具是每一个软件使用者必须掌握的。CorelDRAW X4 中文版的工具箱如图 1-7 所示。

图 1-7

　　在工具箱中，依次分类排放着"挑选"工具、"形状"工具、"裁切"工具、"缩放"工具、"手绘"工具、"智能绘图"工具、"矩形"工具、"椭圆"工具、"图纸"工具、"基本形状"工具、"文本"工具、"交互式调和"工具、"吸管"工具、"轮廓"工具、"填充"工具和"交互式填充"工具等几大类。

　　其中，有些带有小三角标记◢的工具按钮，表明其还有展开工具栏，用鼠标按住它即可展开。例如，按住"填充"工具，将展开其工具栏，如图 1-8 所示。此外，也可将其拖曳出来，变成固定工具栏，如图 1-9 所示。

图 1-8　　　　　　　　　　图 1-9

1.1.5　使用泊坞窗

CorelDRAW X4 中文版的泊坞窗，是一个十分有特色的窗口。当打开这一窗口时，它会停靠在绘图窗口的边缘，因此被称为"泊坞窗"，选择"窗口 > 泊坞窗 > 属性管理器"命令，或按 Alt+Enter 组合键，弹出如图 1-10 所示的"对象属性"泊坞窗。

还可将泊坞窗拖曳出来，放在任意的位置，并可通过单击窗口右上角的▲和▼按钮将窗口卷起或放下，如图 1-11 所示。因此，它又被称为"卷帘工具"。

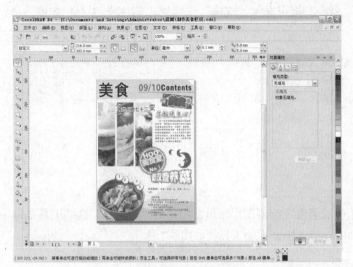

图 1-10　　　　　　　　　　　　　　　　　　图 1-11

CorelDRAW X4 中文版泊坞窗的列表，位于"窗口 > 泊坞窗"子菜单中。可以选择"泊坞窗"下的各个命令，来打开相应的泊坞窗。用户可以打开一个或多个泊坞窗。当几个泊坞窗都打开时，除了活动的泊坞窗之外，其余的泊坞窗将沿着泊坞窗的边沿以标签形式显示，效果如图 1-12 所示。

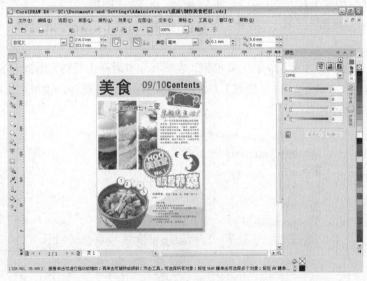

图 1-12

1.2　文件的基本操作

掌握一些基本的文件操作，是开始设计和制作作品前所必需的。下面，将介绍 CorelDRAW X4 中文件的一些基本操作。

1.2.1　新建和打开文件

启动 CorelDRAW X4 时的欢迎窗口如图 1-13 所示。单击"新建空文件"图标，可以建立一个新的文档；单击"从模板新建"图标，可以使用系统默认的模板创建文件；单击"打开绘图"按钮，弹出如图 1-14 所示的"打开绘图"对话框，可以从中选择要打开的图形文件；单击"打开绘图"按钮上方的文件名，可以打开最近编辑过的图形文件，在左侧的"最近使用过的文件预览"框中显示选中文件的效果图，在"文件信息"框中显示文件名称、文件创建时间和位置、文件大小等信息。

图 1-13　　　　　　　　　　　　　　　　　图 1-14

选择"文件 > 新建"命令，或按 Ctrl+N 组合键，新建文件。选择"文件 > 从模板新建"或"打开"命令，或按 Ctrl+O 组合键，打开文件。

使用 CorelDRAW X4 的标准工具栏中的"新建"按钮和"打开"按钮来新建和打开文件。

1.2.2　保存和关闭文件

选择"文件 > 保存"命令，或按 Ctrl+S 组合键，保存文件。选择"文件 > 另存为"命令，或按 Ctrl+Shift+S 组合键，来保存或更名保存文件。

如果是第一次保存文件，将弹出如图 1-15 所示的"保存绘形"对话框。在对话框中，可以设置"文件名"、"保存类型"和"版本"等选项。

使用 CorelDRAW X4 标准工具栏中的"保存"按钮来保存文件。

选择"文件 > 关闭"命令，或单击绘图窗口右上角的"关闭"按钮，关闭文件。

此时，如果文件未存储，将弹出如图 1-16 的提示框，询问是否保存文件。单击"是"按钮，保存文件；单击"否"按钮，不保存文件；单击"取消"按钮，取消保存操作。

图 1-15

图 1-16

1.2.3　导出文件

选择"文件 > 导出"命令，或按 Ctrl+E 组合键，弹出如图 1-17 所示的"导出"对话框。在对话框中，可以设置"文件名"、"保存类型"等选项。

图 1-17

使用 CorelDRAW X4 标准工具栏中的"导出"按钮可以将文件导出。

1.3　设置版面

利用"挑选"工具属性栏就可以轻松地进行 CorelDRAW 版面的设置。选择"挑选"工具，选择"工具 > 选项"命令，或按 Ctrl+J 组合键，弹出"选项"对话框，单击"自定义 > 命令栏"选项，再勾选"属性栏"复选框，如图 1-18 所示，单击"确定"按钮，则可显示如图 1-19 所示的"挑选"工具属性栏。在属性栏中，可以设置纸张的类型大小、高度宽度、放置方向等。

图 1-18

图 1-19

1.3.1　设置页面大小

利用"版面"菜单下的"页面设置"命令，可以进行更详细的设置。选择"版面 > 页面设置"命令，弹出"选项"对话框，如图 1-20 所示。

选择"页面 > 大小"选项，可从中对版面纸张类型、大小和放置方向等进行设置，还可设置页面出血、分辨率等选项。

选择"页面 > 版面"选项，则"选项"对话框显示如图 1-21 所示，可从中选择版面的样式。

图 1-20

图 1-21

1.3.2　设置页面标签

选择"页面 > 标签"选项，则"选项"对话框显示如图 1-22 所示，这里汇集了由 40 多家标签制造商设计的 800 多种标签格式供用户选择。

1.3.3 设置页面背景

选择"页面 > 背景"选项，则"选项"对话框显示如图 1-23 所示，可以从中选择单色或位图图像作为绘图页面的背景。

图 1-22　　　　　　　　　　　　　　　　图 1-23

1.3.4 插入、删除与重命名页面

选择"版面 > 插入页"命令，弹出如图 1-24 所示的"插入页面"对话框。在对话框中，可以设置插入的页面数目、位置、页面大小和方向等选项。

在 CorelDRAW X4 状态栏的页面标签上单击鼠标右键，弹出如图 1-25 所示的快捷菜单，在菜单中选择插入页的相关命令，插入新页面。

图 1-24　　　　　　　　　　　　　　　图 1-25

选择"版面 > 删除页面"命令，弹出如图 1-26 所示的"删除页面"对话框。在对话框中，可以设置要删除的页面序号，另外还可以同时删除多个连续的页面。

选择"版面 > 重命名页面"命令，弹出如图 1-27 所示的"重命名页面"对话框。在对话框中的"页名"选项中输入名称，单击"确定"按钮，即可重命名页面。

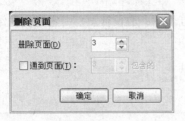

图 1-26

图 1-27

1.4　图形和图像的基础知识

如果想要应用好 CorelDRAW，就需要对图像的种类、色彩模式及文件格式有所了解和掌握。下面进行详细的介绍。

1.4.1　位图与矢量图

在计算机中，图像大致可以分为两种：位图图像和矢量图像。位图图像效果如图 1-28 所示，矢量图像效果如图 1-29 所示。

图 1-28

图 1-29

位图图像又称为点阵图，是由许多点组成的，这些点称为像素。许许多多不同色彩的像素组合在一起便构成了一幅图像。由于位图采取了点阵的方式，每个像素都能够记录图像的色彩信息，因而可以精确地表现色彩丰富的图像。但图像的色彩越丰富，图像的像素就越多（即分辨率越高），文件也就越大，因此处理位图图像时，对计算机硬盘和内存的要求也较高。同时由于位图本身的特点，图像在缩放和旋转变形时会产生失真的现象。

矢量图像是相对位图图像而言的，也称为向量图像，它是以数学的矢量方式来记录图像内容的。矢量图像中的图形元素称为对象，每个对象都是独立的，具有各自的属性（如颜色、形状、轮廓、大小和位置等）。矢量图像在缩放时不会产生失真的现象，并且它的文件占用的内存空间较小。这种图像的缺点是不易制作色彩丰富的图像，无法像位图图像那样精确地描绘各种绚丽的色彩。

这两种类型的图像各具特色，也各有优缺点，并且两者之间具有良好的互补性。因此，在图像处理和绘制图形的过程中，将这两种图像交互使用，取长补短，一定能使创作出来的作品更加完美。

1.4.2 色彩模式

CorelDRAW X4 提供了多种色彩模式，这些色彩模式提供了把色彩协调一致地用数值表示的方法，是设计制作的作品能够在屏幕和印刷品上成功表现的重要保障。在这些色彩模式中，经常使用到的有 RGB 模式、CMYK 模式、Lab 模式、HSB 模式以及灰度模式等。每种色彩模式都有不同的色域，读者可以根据需要选择合适的色彩模式，并且各个模式之间可以转换。

1. RGB 模式

RGB 模式是工作中使用最广泛的一种色彩模式。RGB 模式是一种加色模式，它通过将红、绿、蓝 3 种色光相叠加而形成更多的颜色。同时 RGB 也是色光的彩色模式，一幅 24 位的 RGB 图像有 3 个色彩信息的通道：红色（R）、绿色（G）和蓝色（B）。

每个通道都有 8 位的色彩信息——一个 0 ~ 255 的亮度值色域。RGB 3 种色彩的数值越大，颜色就越浅，如 3 种色彩的数值都为 255 时，颜色被调整为白色。RGB 3 种色彩的数值越小，颜色就越深，如 3 种色彩的数值都为 0 时，颜色被调整为黑色。

3 种色彩的每一种色彩都有 256 个亮度水平级。3 种色彩相叠加，可以有 $256 \times 256 \times 256 = 1670$ 万种可能的颜色。这 1670 万种颜色足以表现出这个绚丽多彩的世界。用户使用的显示器就是 RGB 模式的。

选择 RGB 模式的操作步骤为：选择"填充"工具，展开工具栏中的"填充对话框"按钮，或按 Shift+F11 组合键，弹出"均匀填充"对话框，选择"RGB"颜色模式，如图 1-30 所示。在对话框中设置 RGB 颜色值。

在编辑图像时，RGB 色彩模式应是最佳的选择。因为它可以提供全屏幕的多达 24 位的色彩范围，一些计算机领域的色彩专家称之为"True Color"真彩显示。

图 1-30

2. CMYK 模式

CMYK 模式在印刷时应用了色彩学中的减法混合原理，它通过反射某些颜色的光并吸收另外一些颜色的光来产生不同的颜色，是一种减色色彩模式。CMYK 代表了印刷上用的 4 种油墨色：C 代表青色，M 代表洋红色，Y 代表黄色，K 代表黑色。CorelDRAW X4 默认状态下使用的就是 CMYK 模式。

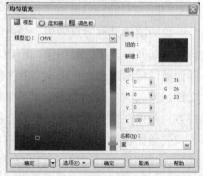

CMYK 模式是图片和其他作品中最常用的一种印刷方式。这是因为在印刷中通常都要进行四色分色，出四色胶片，然后再进行印刷。

图 1-31

选择 CMYK 模式的操作步骤为：选择"填充"工具，展开工具栏中的"填充对话框"按钮，弹出"均匀填充"对话框，选择"CMYK"颜色模式，如图 1-31 所示。在对话框中设置 CMYK 颜色值。

3．Lab 模式

Lab 是一种国际色彩标准模式，它由 3 个通道组成：一个通道是透明度，即 L；其他两个是色彩通道，即色相和饱和度，用 a 和 b 表示。a 通道包括的颜色值从深绿到灰，再到亮粉红色；b 通道是从亮蓝色到灰，再到焦黄色。这些色彩混合后将产生明亮的色彩。

选择 Lab 模式的操作步骤为：选择"填充"工具，展开工具栏中的"填充对话框"按钮，弹出"均匀填充"对话框，选择"Lab"颜色模式，如图 1-32 所示。在对话框中设置 Lab 颜色值。

Lab 模式在理论上包括了人眼可见的所有色彩，它弥补了 CMYK 模式和 RGB 模式的不足。在这种模式下，图像的处理速度比在 CMYK 模式下快数倍，与 RGB 模式的速度相仿，而且在把 Lab 模式转成 CMYK 模式的过程中，所有的色彩不会丢失或被替换。事实上，将 RGB 模式转换成 CMYK 模式时，Lab 模式一直扮演着中间者的角色。也就是说，RGB 模式先转成 Lab 模式，然后再转成 CMYK 模式。

4．HSB 模式

HSB 模式是一种更直观的色彩模式，它的调色方法更接近人的视觉原理，在调色过程中更容易找到需要的颜色。

H 代表色相，S 代表饱和度，B 代表亮度。色相的意思是纯色，即组成可见光谱的单色。红色为 0 度，绿色为 120 度，蓝色为 240 度。饱和度代表色彩的纯度，饱和度为零时即为灰色，黑、白、灰 3 种色彩没有饱和度。亮度是色彩的明亮程度，最大亮度是色彩最鲜明的状态，黑色的亮度为 0。

进入 HSB 模式的操作步骤为：选择"填充"工具，展开工具栏中的"填充对话框"按钮，弹出"均匀填充"对话框，选择"HSB"颜色模式，如图 1-33 所示。在对话框中设置 HSB 颜色值。

图 1-32

图 1-33

5．灰度模式

灰度模式，灰度图又叫 8 比特深度图。每个像素用 8 个二进制位表示，能产生 2 的 8 次方即 256 级灰色调。当一个彩色文件被转换为灰度模式文件时，所有的颜色信息都将从文件中丢失。尽管 CorelDRAW 允许将灰度文件转换为彩色模式文件，但不可能将原来的颜色完全还原。所以，当要转换灰度模式时，请先做好图像的备份。

像黑白照片一样，一个灰度模式的图像只有明暗值，没有色相和饱和度这两种颜色信息。0%代表黑，100%代表白，其中的 K 值用于衡量黑色油墨用量。

将彩色模式转换为双色调模式时，必须先转换为灰度模式，然后由灰度模式转换为双色调模式。在制作黑白印刷品中会经常使用灰度模式。

进入灰度模式操作的步骤为：选择"填充"工具，展开工具栏中的"填充对话框"按钮，弹出"均匀填充"对话框，选择"灰度"颜色模式，如图 1-34 所示。在对话框中设置灰度值。

图 1-34

1.4.3　文件格式

当用 CorelDRAW 制作或处理好一幅作品后，就要进行存储。这时，选择一种合适的文件格式就显得十分重要。

CorelDRAW X4 中有 20 多种文件格式可供选择。在这些文件格式中，既有 CorelDRAW 的专用格式，也有用于应用程序交换的文件格式，还有一些比较特殊的格式。

CDR 格式：CDR 格式是 CorelDRAW 的专用图形文件格式。由于 CorelDRAW 是矢量图形绘制软件，所以 CDR 格式的文件可以记录文件的属性、位置和分页等。但它在兼容度上比较差，尽管所有 CorelDRAW 应用程序中均能够使用，但其他图像编辑软件则打不开此类文件。

AI 格式：AI 是一种矢量图片格式。是 Adobe 公司的 Illustrator 软件的专用格式。它的兼容度比较高，可以在 CorelDRAW 中打开，也可以将 CDR 格式的文件导出为 AI 格式。

TIF（TIFF）格式：TIF 是标签图像格式。TIF 格式对于色彩通道图像来说是最有用的格式，具有很强的可移植性，它可以用于 PC 机、Macintosh 以及 UNIX 工作站三大平台，是这三大平台上使用最广泛的绘图格式。用 TIF 格式存储时应考虑到文件的大小，因为 TIF 格式的结构要比其他格式更大更复杂。TIF 格式支持 24 个通道，能存储多于 4 个通道的文件格式。TIF 格式非常适合于印刷和输出。

PSD 格式：PSD 格式是 Photoshop 软件自身的专用文件格式。PSD 格式能够保存图像数据的细小部分，如图层、附加的遮膜通道等 Photoshop 对图像进行特殊处理的信息。在没有最终决定图像存储的格式前，最好先以 PSD 格式存储。另外，Photoshop 打开和存储 PSD 格式的文件较其他格式更快。但是 PSD 格式也有缺点，就是存储的图像文件特别大，占用磁盘空间较多。由于 PSD 格式在一些图形程序中没有得到很好的支持，所以通用性不强。

JPEG 格式：JPEG 是 Joint Photographic Experts Group 的首字母缩写词，译为联合图像专家组。JPEG 格式既是 Photoshop 支持的一种文件格式，也是一种压缩方案。它是 Macintosh 上常用的一种存储类型。JPEG 格式是压缩格式中的"佼佼者"，与 TIF 文件格式采用的 LIW 无损失压缩相比，它的压缩比例更大。但它使用的有损失压缩会丢失部分数据。用户可以在存储前选择图像的最后质量，来控制数据的损失程度。

第2章

图形的绘制和编辑

　　图形的绘制和编辑功能是绘制和组合复杂图形的基础。本章主要讲解了 CorelDRAW X4 的绘图工具和编辑命令，通过多个绘图工具和编辑功能的使用，可以设计制作出丰富的图形效果，而丰富的图形效果是完美设计作品的重要组成元素。

课堂学习目标

- 掌握绘制几何图形的方法和技巧
- 掌握并灵活运用对象的编辑功能
- 掌握整形对象的方法和技巧

2.1 绘制几何图形

使用 CorelDRAW X4 的基本绘图工具可以绘制简单的几何图形。通过本节的讲解和练习，读者可以初步掌握 CorelDRAW X4 基本绘图工具的特性，为今后绘制更复杂、更优质的图形打下坚实的基础。

2.1.1 绘制矩形

1．绘制矩形

单击工具箱中的"矩形"工具□，在绘图页面中按住鼠标左键不放，拖曳鼠标到需要的位置，松开鼠标左键，完成矩形的绘制，如图 2-1 所示。绘制矩形的属性栏如图 2-2 所示。

按 Esc 键，取消矩形的选取状态，效果如图 2-3 所示。选择"挑选"工具□，在矩形上单击，选择刚绘制好的矩形。

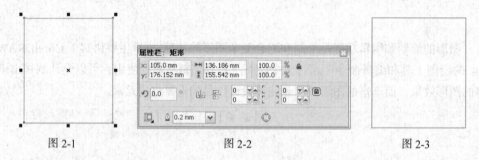

图 2-1　　　　　　　图 2-2　　　　　　　图 2-3

按 F6 键，快速选择"矩形"工具□，在绘图页面中适当的位置绘制矩形。

按住 Ctrl 键，在绘图页面中绘制正方形。

按住 Shift 键，在绘图页面中以当前点为中心绘制矩形。

按住 Shift+Ctrl 组合键，在绘图页面中以当前点为中心绘制正方形。

 双击工具箱中的"矩形"工具□，可以绘制出一个和绘图页面大小一样的矩形。

2．使用"矩形"工具□绘制圆角矩形

在绘图页面中绘制一个矩形，如图 2-4 所示。在绘制矩形的属性栏中，如果先将"左/右边矩形的边角圆滑度"后的小锁图标🔒选定，则改变"左/右边矩形的边角圆滑度"时 4 个角的角圆滑度数值将相同。设定"左/右边矩形的边角圆滑度"，如图 2-5 所示。按 Enter 键，效果如图 2-6 所示。

图 2-4　　　　　　　图 2-5　　　　　　　图 2-6

如果不选定小锁图标 🔒，则可以单独改变一个角的圆滑度数值。在绘制矩形的属性栏中，分别设定"左/右边矩形的边角圆滑度"，如图 2-7 所示，按 Enter 键，效果如图 2-8 所示。如果要将圆角矩形还原为直角矩形，可以将圆角度数设定为"0"。

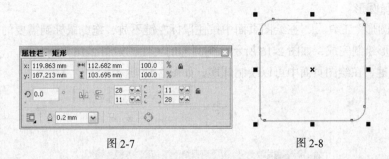

图 2-7   图 2-8

3. 拖曳矩形的节点来绘制圆角矩形

绘制一个矩形。按 F10 键，快速选择"形状"工具，选中矩形边角的节点，效果如图 2-9 所示。

按住鼠标左键拖曳矩形边角的节点，可以改变边角的圆角程度，如图 2-10 所示。松开鼠标左键，圆角矩形的效果如图 2-11 所示。

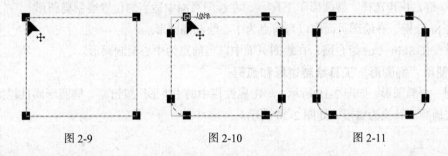

图 2-9   图 2-10   图 2-11

4. 绘制任何角度的矩形

选择"矩形"工具 □ 展开工具栏中的"3 点矩形"工具 □，在绘图页面中按住鼠标左键不放，拖曳鼠标到需要的位置，可绘制出一条任意方向的线段作为矩形的一条边，如图 2-12 所示。

松开鼠标左键，再拖曳鼠标到需要的位置，即可确定矩形的另一条边，如图 2-13 所示。单击鼠标左键，有角度的矩形绘制完成，效果如图 2-14 所示。

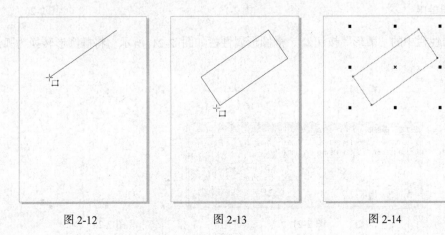

图 2-12   图 2-13   图 2-14

2.1.2 绘制椭圆形和圆形

1. 绘制椭圆形

单击 "椭圆形" 工具 ，在绘图页面中按住鼠标左键不放，拖曳鼠标到需要的位置，松开鼠标左键，椭圆形绘制完成，如图 2-15 所示。椭圆形的属性栏如图 2-16 所示。

按住 Ctrl 键，在绘图页面中可以绘制圆形，如图 2-17 所示。

图 2-15　　　　　　　　　　　图 2-16　　　　　　　　　　　图 2-17

按 F7 键，快速选择 "椭圆形" 工具 ，在绘图页面中适当的位置绘制椭圆形。

按住 Shift 键，在绘图页面中以当前点为中心绘制椭圆形。

同时按住 Shift+Ctrl 组合键，在绘图页面中以当前点为中心绘制圆形。

2. 使用 "椭圆形" 工具绘制饼形和弧形

绘制一个椭圆形，如图 2-18 所示。单击属性栏中的 "饼形" 按钮 ，椭圆形属性栏如图 2-19 所示。将椭圆形转换为饼形，如图 2-20 所示。

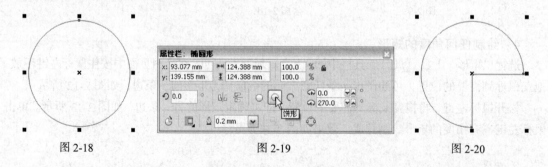

图 2-18　　　　　　　　　　　图 2-19　　　　　　　　　　　图 2-20

单击属性栏中的 "弧形" 按钮 ，椭圆形属性栏如图 2-21 所示。将椭圆形转换为弧形，如图 2-22 所示。

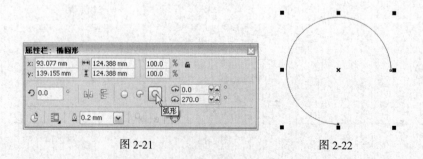

图 2-21　　　　　　　　　　　图 2-22

在"起始和结束角度" 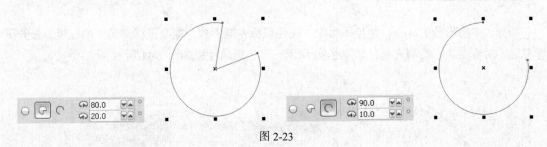 中设置饼形和弧形起始角度和终止角度，按 Enter 键，可以获得饼形和弧形角度的精确值，效果如图 2-23 所示。

图 2-23

> **提示**　椭圆形在选中状态下，在椭圆形属性栏中，单击"饼形" ⌒或"弧形" ⌒按钮，可以使图形在饼形和弧形之间转换。单击属性栏中的 ⌒按钮，可以将饼形或弧形进行 180°的镜像。

3．拖曳椭圆形的节点来绘制饼形和弧形

单击"椭圆形"工具 ⊙，绘制一个椭圆形。按 F10 键，快速选择"形状"工具 ，单击轮廓线上的节点并按住鼠标左键不放，如图 2-24 所示。

向椭圆内拖曳节点，如图 2-25 所示。松开鼠标左键，椭圆变成饼形，效果如图 2-26 所示。向椭圆外拖曳轮廓线上的节点，可使椭圆形变成弧形。

图 2-24　　　　　　图 2-25　　　　　　图 2-26

4．绘制任何角度的椭圆形

选择"椭圆形"工具 ⊙展开工具栏中的"3 点椭圆形"工具 ，在绘图页面中按住鼠标左键不放，拖曳鼠标到需要的位置，可绘制一条任意方向的线段作为椭圆形的一个轴，如图 2-27 所示。

松开鼠标左键，再拖曳鼠标到需要的位置，即可确定椭圆形的形状，如图 2-28 所示。单击鼠标左键，有角度的椭圆形绘制完成，如图 2-29 所示。

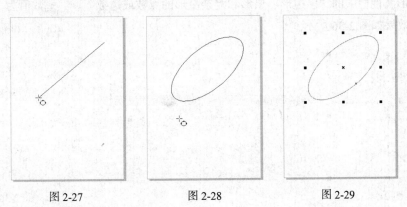

图 2-27　　　　　　图 2-28　　　　　　图 2-29

2.1.3　绘制多边形

选择"多边形"工具 ⬡，在绘图页面中按住鼠标左键不放，拖曳鼠标到需要的位置，松开鼠标左键，对称多边形绘制完成，如图 2-30 所示。多边形属性栏如图 2-31 所示。

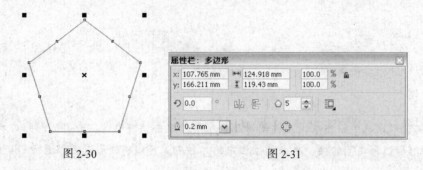

图 2-30　　　　　　　　　　　　　　　　　图 2-31

设置多边形属性栏中的"多边形、星形和复杂星形的点数或边数" ⬡5 数值为 9，如图 2-32 所示。按 Enter 键，多边形效果如图 2-33 所示。

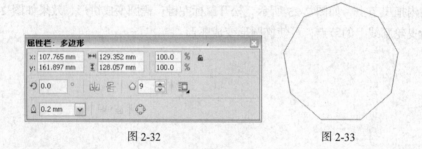

图 2-32　　　　　　　　　　　　　　　　　图 2-33

2.1.4　绘制星形

选择"多边形"工具 ⬡ 展开工具栏中的"星形"工具 ✶，在绘图页面中按住鼠标左键不放，拖曳鼠标到需要的位置，松开鼠标左键，星形绘制完成，如图 2-34 所示。星形属性栏如图 2-35 所示。

设置星形属性栏中的"多边形、星形和复杂星形的点数或边数" ✩5 数值为 8，按 Enter 键，多边形效果如图 2-36 所示。

图 2-34　　　　　　　　　　图 2-35　　　　　　　　　　图 2-36

2.1.5　课堂案例——制作杂志封面

【案例学习目标】学习使用基本绘图工具来绘制杂志封面。

【案例知识要点】使用矩形和渐变填充工具制作杂志背景；使用贝塞尔工具绘制不规则图形；使用图框精确剪裁命令将矩形置入到不规则图形中；使用椭圆形工具绘制装饰圆形；使用星形工具绘制五角形。杂志封面效果如图 2-37 所示。

【效果所在位置】光盘/Ch02/效果/制作杂志封面.cdr。

图 2-37

1．制作背景

（1）按 Ctrl+N 组合键，新建一个 A4 页面。双击"矩形"工具 ▣，绘制一个与页面大小相等的矩形，如图 2-38 所示。

（2）选择"渐变填充对话框"工具 ▣，弹出"渐变填充"对话框。点选"自定义"单选框，在"位置"选项中分别添加并输入：0、68、100 几个位置点，单击右下角的"其它"按钮，分别设置几个位置点颜色的 CMYK 值为：0（76、0、99、0）、68（100、0、100、0）、100（0、0、0、100），其他选项的设置如图 2-39 所示。单击"确定"按钮，填充图形。在"CMYK 调色板"中的"无填充"按钮 ☒ 上单击鼠标右键，去除图形的轮廓线，效果如图 2-40 所示。

图 2-38　　　　　　　　图 2-39　　　　　　　　图 2-40

2．绘制装饰图形

（1）选择"贝塞尔"工具 ▨，在页面中绘制一个不规则图形，如图 2-41 所示。在"CMYK 调色板"中的"白"色块上单击鼠标，填充图形，并去除图形的轮廓线，效果如图 2-42 所示。

（2）选择"矩形"工具 ▣，在页面中绘制两个矩形，如图 2-43 所示。选择"挑选"工具 ▨，用圈选的方法将矩形同时选取，在"CMYK 调色板"中的"20%黑"色块上单击鼠标，填充图形，并去除图形的轮廓线，效果如图 2-44 所示。

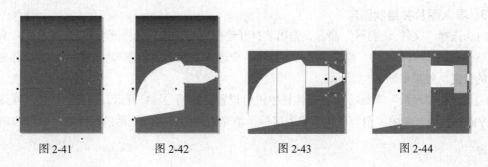

图 2-41　　　　　图 2-42　　　　　　图 2-43　　　　　图 2-44

（3）选择"效果 > 图框精确剪裁 > 放置在容器中"命令，鼠标的光标变为黑色箭头形状，在白色图形上单击，如图 2-45 所示。将灰色块图形置入到不规则图形中，效果如图 2-46 所示。

（4）选择"效果 > 图框精确剪裁 > 编辑内容"命令，选择"挑选"工具 ，选取灰色块图形，分别将其拖曳到适当的位置，如图 2-47 所示。选择"效果 > 图框精确剪裁 > 结束编辑"命令，效果如图 2-48 所示。

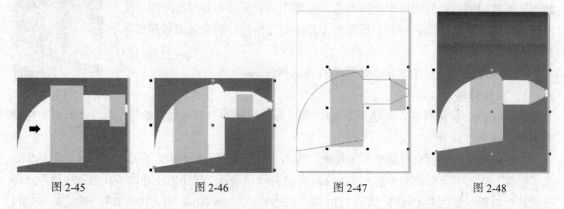

图 2-45   图 2-46   图 2-47   图 2-48

（5）选择"椭圆形"工具 ，按住 Ctrl 键的同时，绘制一个圆形，如图 2-49 所示。设置图形填充颜色的 CMYK 值为：50、6、60、0，填充图形，并在"CMYK 调色板"中的"绿"色块上单击鼠标右键，填充图形的轮廓线。在属性栏中将"轮廓宽度" 0.2 mm 选项设为 1.7，按 Enter 键，效果如图 2-50 所示。

（6）用相同的方法再绘制一个圆形。设置图形填充颜色的 CMYK 值为：62、6、99、0，填充图形，并设置轮廓线颜色的 CMYK 值为：100、20、100、0，填充图形的轮廓线。在属性栏中将"轮廓宽度" 0.2 mm 选项设为 1，按 Enter 键，效果如图 2-51 所示。

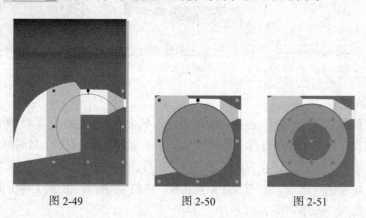

图 2-49   图 2-50   图 2-51

3. 导入图片并绘制图形

（1）选择"文件 > 打开"命令，弹出"打开绘图"对话框，选择光盘中的"Ch02 > 素材 > 制作杂志封面 > 01"文件，单击"打开"按钮，全选并复制图形，将其粘贴到页面中，并拖曳到适当的位置，效果如图 2-52 所示。

（2）选择"星形"工具 ，在属性栏中进行设置，如图 2-53 所示。拖曳鼠标绘制星形。在"CMYK 调色板"中的"白"色块上单击鼠标，填充图形，并去除图形的轮廓线，效果如图 2-54 所示。

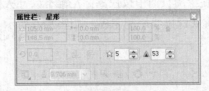

图 2-52　　　　　　　　　　　　图 2-53　　　　　　　　　　　　图 2-54

（3）选择"文件 > 打开"命令，弹出"打开绘图"对话框，选择光盘中的"Ch02 > 素材 > 制作杂志封面 > 02"文件，单击"打开"按钮，将图形粘贴到页面中，并拖曳到适当的位置，效果如图 2-55 所示。

（4）选择"贝塞尔"工具，在页面中绘制一个不规则图形，如图 2-56 所示。在"CMYK 调色板"中的"黄"色块上单击鼠标，填充图形，并去除图形的轮廓线，效果如图 2-57 所示。

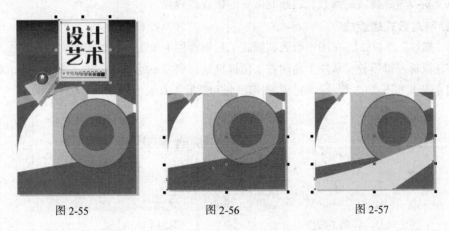

图 2-55　　　　　　　　　　图 2-56　　　　　　　　　　图 2-57

（5）选择"文本"工具，分别输入需要的文字。选择"挑选"工具，在属性栏中分别选择合适的字体并设置适当的文字大小，效果如图 2-58 所示。杂志封面效果制作完成，如图 2-59 所示。

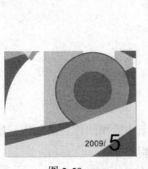

图 2-58　　　　　　　　　　　图 2-59

2.1.6　绘制螺旋线

1．绘制对称式螺旋线

选择"螺纹"工具，在绘图页面中按住鼠标左键不放，从左上角向右下角拖曳鼠标到需要的位置，松开鼠标左键，对称式螺旋线绘制完成，如图 2-60 所示。绘制的图形纸张和螺旋工具属性栏如图 2-61 所示。

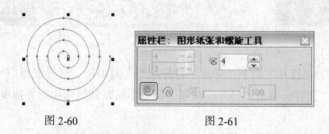

图 2-60　　　　　　　　　　　　图 2-61

如果从右下角向左上角拖曳鼠标到需要的位置，可以绘制出反向的对称式螺旋线。在 框中可以重新设定螺旋线的圈数，以绘制需要的螺旋线效果。

2．绘制对数式螺旋线

选择"螺纹"工具，在图形纸张和螺旋工具属性栏中单击"对数式螺纹"按钮，在绘图页面中按住鼠标左键不放，从左上角向右下角拖曳鼠标到需要的位置，松开鼠标左键，对数式螺旋线绘制完成，如图 2-62 所示。绘制的图形纸张和螺旋工具属性栏如图 2-63 所示。

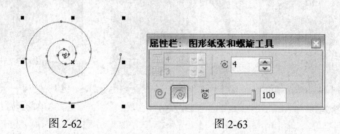

图 2-62　　　　　　　　　　　　图 2-63

在 中可以重新设定螺旋线的扩展参数。将数值设定为 80 时，如图 2-64 所示，螺旋线向外扩展的幅度如图 2-65 所示。当数值设定为 20 时，如图 2-66 所示，螺旋线向外扩展的幅度会逐渐变小，如图 2-67 所示。当数值为 1 时，将绘制出对称式螺旋线。

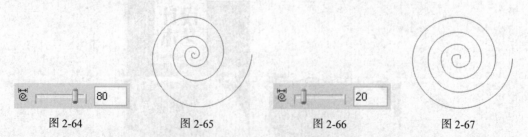

图 2-64　　　　　　图 2-65　　　　　　图 2-66　　　　　　图 2-67

按 A 键，选择"螺纹"工具，在绘图页面中适当的位置绘制螺旋线。

按住 Ctrl 键，在绘图页面中可以绘制正圆螺旋线。

按住 Shift 键，在绘图页面中会以当前点为中心绘制螺旋线。

同时按下 Shift+Ctrl 组合键，在绘图页面中会以当前点为中心绘制正圆螺旋线。

2.1.7　绘制基本形状

1．绘制基本形状

单击"基本形状"工具 ，在"基本形状"属性栏中的"完美形状"按钮 下选择需要的基本图形，如图 2-68 所示。

在绘图页面中按住鼠标左键不放，从左上角向右下角拖曳鼠标到需要的位置，松开鼠标左键，基本图形绘制完成，效果如图 2-69 所示。

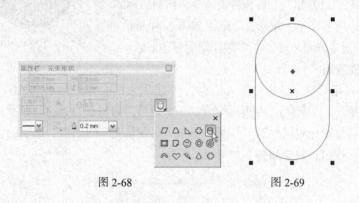

图 2-68　　　　　　　　　　图 2-69

2．绘制其他图形

除了基本形状外，CorelDRAW X4 还提供了箭头形状、流程图形状、标题形状和标注形状。各个形状的面板如图 2-70 所示，绘制的方法与绘制基本形状的方法相同。

箭头形状　　　　　流程图形状　　　　标题形状　　　　标注形状

图 2-70

3．调整基本形状

绘制一个基本形状，如图 2-71 所示。单击要调整的基本图形的红色菱形符号，并按住鼠标左键不放拖曳红色菱形符号，如图 2-72 所示。得到需要的形状后，松开鼠标，效果如图 2-73 所示。

图 2-71　　　　　　　图 2-72　　　　　　　图 2-73

提示 在流程图形状中没有红色菱形符号，所以不能对它进行调整。

2.1.8　课堂案例——制作蜗居标志

【案例学习目标】学习使用螺纹工具和透镜命令来制作蜗居标志。

【案例知识要点】使用矩形和底纹填充工具制作背景效果；使用螺纹工具、"贝塞尔"工具和透镜命令制作蜗居标志；使用文本工具输入内容文字。蜗居标志效果如图 2-74 所示。

图 2-74

【效果所在位置】光盘/Ch02/效果/制作蜗居标志.cdr。

1．制作背景效果

（1）按 Ctrl+N 组合键，新建一个 A4 页面，单击属性栏中的"横向"按钮，页面显示为横向页面。选择"矩形"工具，在页面中绘制一个矩形，如图 2-75 所示。

（2）选择"底纹填充对话框"工具，弹出"底纹填充"对话框，选项的设置如图 2-76 所示。单击"确定"按钮，效果如图 2-77 所示。

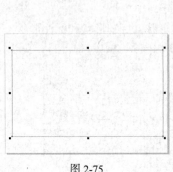

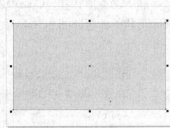

图 2-75　　　　　　　　　　　图 2-76　　　　　　　　　　　图 2-77

2．添加装饰效果并添加文字

（1）选择"文本"工具，输入需要的文字。选择"挑选"工具，在属性栏中选择合适的字体并设置文字大小，效果如图 2-78 所示。

（2）选择"交互式阴影"工具，在文字上从上至下拖曳光标，为文字添加阴影效果。在属性栏中进行设置，如图 2-79 所示。按 Enter 键，效果如图 2-80 所示。

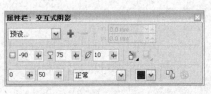

图 2-78　　　　　　　　　　　图 2-79　　　　　　　　　　　图 2-80

（3）选择"螺纹"工具，在属性栏中单击"对数式螺纹"按钮，在"螺纹回圈"选项中设置数值为 4，拖曳鼠标绘制图形，如图 2-81 所示。

（4）选择"效果 > 透镜"命令，弹出"透镜"面板，选项的设置如图 2-82 所示。单击"应用"按钮，效果如图 2-83 所示。

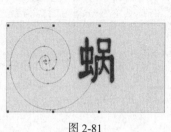

图 2-81　　　　　　　　图 2-82　　　　　　　　图 2-83

（5）选择"贝塞尔"工具，绘制一个不规则图形，如图 2-84 所示。选择"效果 > 透镜"命令，弹出"透镜"面板，选项的设置如图 2-85 所示。单击"应用"按钮，效果如图 2-86 所示。

图 2-84　　　　　　　　图 2-85　　　　　　　　图 2-86

（6）选择"文本"工具，输入需要的文字，选择"挑选"工具，在属性栏中选择合适的字体并设置文字大小，效果如图 2-87 所示。蜗居标志制作完成，效果如图 2-88 所示。

图 2-87　　　　　　　　　图 2-88

2.2　对象的编辑

在 CorelDRAW X4 中，可以使用强大的图形对象编辑功能对图形对象进行编辑，其中包括对象的多种选取方式，对象的缩放、移动、镜像、复制和删除以及对象的调整。本节将讲解多种编辑图形对象的方法和技巧。

2.2.1　对象的选取

在 CorelDRAW X4 中，新建一个图形对象时，一般图形对象呈选取状态，在对象的周围出现圈选框，圈选框是由 8 个控制手柄组成的。对象的中心有一个"X"形的中心标记。对象的选取状态如图 2-89 所示。

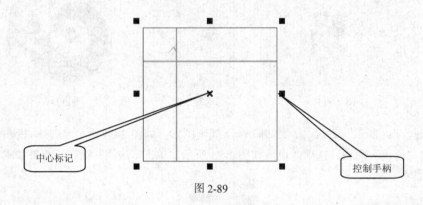

图 2-89

提示　在 CorelDRAW X4 中，如果要编辑一个对象，首先要选取这个对象。当选取多个图形对象时，多个图形对象共有一个圈选框。要取消对象的选取状态，只要在绘图页面中的其他位置单击或按 Esc 键即可。

1．用鼠标点选的方法选取对象

选择"挑选"工具，在要选取的图形对象上单击，即可以选取该对象。

选取多个图形对象时，按住 Shift 键，在依次选取的对象上连续单击即可。同时选取的效果如图 2-90 所示。

图 2-90

2．用鼠标圈选的方法选取对象

选择"挑选"工具，在绘图页面中要选取的图形对象外围单击并拖曳鼠标，拖曳后会出现一个蓝色的虚线圈选框，如图 2-91 所示。在圈选框完全圈选住对象后松开鼠标，被圈选的对象处于被选取状态，如图 2-92 所示。用圈选的方法可以同时选取一个或多个对象。

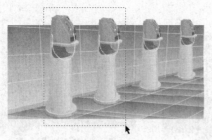
图 2-91

图 2-92

在圈选的同时按住 Alt 键，蓝色的虚线圈选框接触到的对象都将被选取，如图 2-93 所示。

图 2-93

3．使用命令选取对象

选择"编辑 > 全选"子菜单下的各个命令来选取对象。按 Ctrl+A 组合键，可以选取绘图页面中的全部对象。

提示　　当绘图页面中有多个对象时，按空格键，快速选择"挑选"工具⬚，连续按 Tab 键，可以依次选择下一个对象。按住 Shift 键，再连续按 Tab 键，可以依次选择上一个对象。按住 Ctrl键，用鼠标点选可以选取群组中的单个对象。

2.2.2　对象的缩放

1．使用鼠标缩放对象

使用"挑选"工具⬚选取要缩放的对象，对象的周围出现控制手柄。

用鼠标拖曳控制手柄可以缩放对象。拖曳对角线上的控制手柄可以按比例缩放对象，如图 2-94所示。拖曳中间的控制手柄可以不规则缩放对象，如图 2-95 所示。

图 2-94

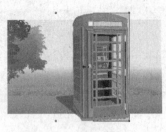

图 2-95

拖曳对角线上的控制手柄时，按住 Ctrl 键，对象会以 100%的比例放大。同时按下 Shift+Ctrl 组合键，对象会以 100%的比例从中心放大。

2. 使用"自由变换"工具 属性栏缩放对象

选择"挑选"工具 并选取要缩放的对象，对象的周围出现控制手柄。选择"形状"工具 展开工具栏中的"自由变换"工具 ，这时的属性栏如图 2-96 所示。

在自由变形工具属性栏中的"对象的大小" 中，输入对象的宽度和高度。如果选择了"缩放因子" 中的锁按钮 ，则宽度和高度将按比例缩放，只要改变宽度和高度中的一个值，另一个值就会自动按比例调整。

在自由变形工具属性栏中调整好宽度和高度后，按 Enter 键，完成缩放的对象。缩放的效果如图 2-97 所示。

图 2-96

图 2-97

3. 使用"变换"泊坞窗缩放对象

使用"挑选"工具 并选取要缩放的对象，如图 2-98 所示。选择"窗口 > 泊坞窗 > 变换 > 大小"命令，或按 Alt+F10 组合键，弹出"变换"泊坞窗，如图 2-99 所示。如选中 不按比例复选框，就可以不按比例缩放对象。

在"变换"泊坞窗中，如图 2-100 所示的是可供选择的圈选框控制手柄 8 个点的位置，单击一个按钮以定义一个在缩放对象时保持固定不动的点，缩放的对象将基于这个点缩放，这个点可以决定缩放后的图形与原图形的相对位置。

图 2-98

设置好需要的数值，如图 2-101 所示，单击"应用"按钮，对象的缩放完成，效果如图 2-102 所示。单击"应用到再制"按钮，可以复制多个缩放好的对象。

选择"窗口 > 泊坞窗 > 变换 > 比例"命令，或按 Alt+F9 组合键，在弹出的"变换"泊坞窗中可以对对象进行缩放。

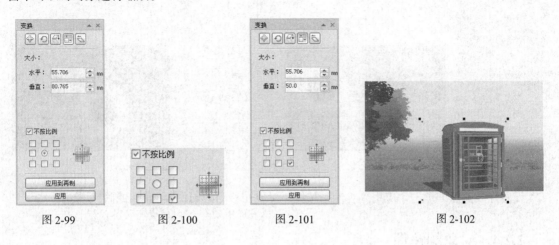

图 2-99　　　　　　图 2-100　　　　　　图 2-101　　　　　　图 2-102

2.2.3　对象的移动

1. 使用工具和键盘移动对象

使用"挑选"工具，单击选取要移动的对象，如图 2-103 所示。使用"挑选"工具或其他的绘图工具，将鼠标的光标移到对象的中心控制点，光标将变为十字箭头形，如图 2-104 所示。按住鼠标左键不放，将对象拖曳到需要的位置，松开鼠标，完成对象的移动，效果如图 2-105 所示。

图 2-103　　　　　　　　　图 2-104　　　　　　　　　图 2-105

选取要移动的对象，用键盘上的方向键可以微调对象的位置。系统使用默认值时，对象将以 0.1 英寸的增量移动。选择"挑选"工具后不选取任何对象，在属性栏中的 0.1 mm 框中可以重新设定每次微调移动的距离。

2. 使用属性栏移动对象

选取要移动的对象，在属性栏的"对象的位置" 框中输入对象要移动到的新位置的横坐标和纵坐标，可移动对象。

3. 使用变换泊坞窗移动对象

选取要移动的对象，选择"窗口 > 泊坞窗 > 变换 > 位置"命令，或按 Alt+F7 组合键，将弹出"变换"泊坞窗。如选中 相对位置 复选框，对象将相对于原位置的中心进行移动。设置好后，单击"应用"按钮或按 Enter 键，完成对象的移动。移动前后的位置如图 2-106 所示。

图 2-106

设置好数值后，单击"应用到再制"按钮，可以在移动的新位置复制出新的对象。

2.2.4　对象的镜像

镜像效果经常被应用到作品设计中。在 CorelDRAW X4 中，可以使用多种方法使对象沿水平、垂直或对角线的方向翻转镜像。

1．使用鼠标镜像对象

选取镜像对象，如图 2-107 所示。按住鼠标左键直接拖曳控制手柄到相对的边，直到显示对象的蓝色虚线框，如图 2-108 所示。松开鼠标左键就可以得到不规则的镜像对象，如图 2-109 所示。

图 2-107　　　　　　图 2-108　　　　　　图 2-109

按住 Ctrl 键，直接拖曳左边或右边中间的控制手柄到相对的边，可以完成保持原对象比例的水平镜像，如图 2-110 所示。按住 Ctrl 键，直接拖曳上边或下边中间的控制手柄到相对的边，可以完成保持原对象比例的垂直镜像，如图 2-111 所示。按住 Ctrl 键，直接拖曳边角上的控制手柄到相对的边，可以完成保持原对象比例的沿对角线方向的镜像，如图 2-112 所示。

图 2-110　　　　　　图 2-111　　　　　　图 2-112

| 注意 | 在镜像的过程中，只能使对象本身产生镜像。如果想产生图 2-110、图 2-111、图 2-112 |

所示的效果，就要在镜像的位置生成一个复制对象。方法很简单，在松开鼠标左键之前按下鼠标的右键，就可以在镜像的位置生成一个复制对象。

2．使用属性栏镜像对象

选择"挑选"工具，选取要镜像的对象，如图 2-113 所示。这时的属性栏如图 2-114 所示。

图 2-113　　　　　　　　　　图 2-114

单击属性栏中的"水平镜像"按钮，可以使对象沿水平方向翻转镜像。单击"垂直镜像"按钮，可以使对象沿垂直方向翻转镜像。

3．使用"变换"泊坞窗镜像对象

选取要镜像的对象，选择"窗口 > 泊坞窗 > 变换 > 比例"命令，或按 Alt+F9 组合键，弹出"变换"泊坞窗。单击"水平镜像"按钮，可以使对象沿水平方向翻转镜像。单击"垂直镜像"按钮，可以使对象沿垂直方向翻转镜像。设置需要的数值，单击"应用"按钮即可看到镜像效果。

还可以设置产生一个变形的镜像对象。如图 2-115 所示对"变换"泊坞窗进行设定，设置好后，单击"应用到再制"按钮，产生一个变形的镜像对象，效果如图 2-116 所示。

图 2-115　　　　　　图 2-116

2.2.5　课堂案例——制作 DVD

【案例学习目标】学习使用挑选工具选取、缩放并移动对象来制作 DVD。

【案例知识要点】使用矩形工具绘制圆角矩形；使用渐变填充命令为图形填充渐变色；使用水平镜像命令水平翻

图 2-117

转图形。DVD 效果如图 2-117 所示。

【效果所在位置】光盘/Ch02/效果/制作 DVD.cdr。

（1）选择"文件 > 打开"命令，弹出"打开绘图"对话框。选择光盘中的"Ch02 > 素材 > 制作 DVD > 01"文件，单击"打开"按钮，效果如图 2-118 所示。

（2）选择"矩形"工具 ，在页面左侧拖曳鼠标绘制一个矩形，效果如图 2-119 所示。设置图形填充颜色的 CMYK 值为：85、27、100、2，填充图形，并去除图形的轮廓线，效果如图 2-120 所示。

| 图 2-118 | 图 2-119 | 图 2-120 |

（3）选择"矩形"工具 ，在属性栏中将矩形上下左右 4 个角的"边角圆滑度"均设为 50，拖曳鼠标绘制圆角矩形，如图 2-121 所示。选择"渐变填充对话框"工具 ，弹出"渐变填充"对话框。点选"双色"单选框，将"从"选项颜色的 CMYK 值设置为：69、2、100、0，"到"选项颜色的 CMYK 值设置为：24、0、96、0，单击"确定"按钮，填充图形，并去除图形的轮廓线，效果如图 2-122 所示。

| 图 2-121 | 图 2-122 |

（4）选择"椭圆形"工具 ，按住 Ctrl 键的同时，拖曳鼠标绘制一个圆形，填充图形为白色，并去除图形的轮廓线，效果如图 2-123 所示。

（5）选择"挑选"工具 ，按住鼠标左键水平向右拖曳图形，并在适当的位置上单击鼠标右键，复制图形，效果如图 2-124 所示。按住 Ctrl 键，连续两次点按 D 键，再制出两个圆形，效果如图 2-125 所示。

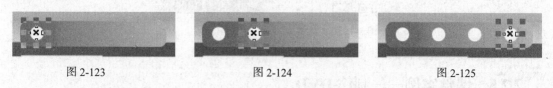

| 图 2-123 | 图 2-124 | 图 2-125 |

（6）选择"椭圆形"工具 ，按住 Ctrl 键的同时，拖曳鼠标绘制圆形，效果如图 2-126 所示。选择"渐变填充对话框"工具 ，弹出"渐变填充"对话框。点选"双色"单选框，将"从"选项颜色的 CMYK 值设置为：0、0、0、90，"到"选项颜色的 CMYK 值设置为：0、0、0、10，其他选项的设置如图 2-127 所示。单击"确定"按钮，填充图形，并去除图形的轮廓线，效果如图 2-128 所示。

（7）选择"挑选"工具，按数字键盘上的+键，复制图形。按住 Shift 键的同时，拖曳图形右上方的控制手柄，将其等比例缩小。单击属性栏中的"水平镜像"按钮，水平翻转复制的图形，效果如图 2-129 所示。

（8）选择"挑选"工具，用圈选的方法将两个圆形同时选取，按 Ctrl+G 组合键，将其群组。拖曳到适当的位置，并调整其大小，效果如图 2-130 所示。

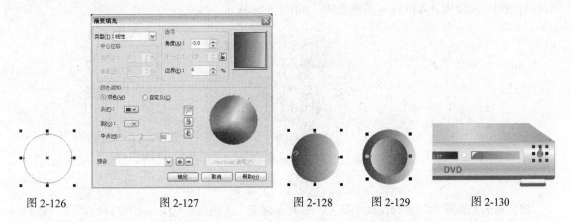

图 2-126　　　　　图 2-127　　　　　图 2-128　　　图 2-129　　　图 2-130

（9）选择"矩形"工具，拖曳鼠标绘制圆角矩形，如图 2-131 所示。选择"渐变填充对话框"工具，弹出"渐变填充"对话框。点选"自定义"单选框，在"位置"选项中分别添加并输入：0、39、100 几个位置点，单击右下角的"其它"按钮，分别设置几个位置点颜色的 CMYK 值为：0（0、0、0、50）、39（0、0、0、0）、100（0、0、0、20），其他选项的设置如图 2-132 所示。单击"确定"按钮，填充图形，效果如图 2-133 所示。

图 2-131　　　　　　　　图 2-132　　　　　　　　图 2-133

（10）选择"挑选"工具，按住鼠标左键水平向右拖曳图形，并在适当的位置上单击鼠标右键，复制图形，效果如图 2-134 所示。按住 Ctrl 键的同时，连续两次点按 D 键，再制出两个图形，效果如图 2-135 所示。DVD 制作完成。

图 2-134　　　　　　　图 2-135

2.2.6　对象的旋转

1．用鼠标旋转对象

选择"挑选"工具 ，选取要旋转的对象，对象的周围出现控制手柄。再次单击对象，这时对象的周围出现旋转 和倾斜 控制手柄，如图 2-136 所示。

图 2-136

将鼠标的光标移动到旋转控制手柄上，这时光标变为旋转符号 ，如图 2-137 所示。按住鼠标左键，拖曳鼠标旋转对象，旋转时对象会出现蓝色的虚线框指示旋转方向和角度，如图 2-138 所示。旋转到需要的角度后，松开鼠标左键，完成对象的旋转，效果如图 2-139 所示。

图 2-137　　　　　　　　　　图 2-138　　　　　　　　　　图 2-139

对象是围绕旋转中心 旋转的，默认的旋转中心 是对象的中心点，将鼠标光标移动到旋转中心上，按住鼠标左键拖曳旋转中心 到需要的位置，松开鼠标左键，完成对旋转中心的移动，然后可用新的旋转中心来旋转对象。

2．使用属性栏旋转对象

选取要旋转的对象，效果如图 2-140 所示。选择"挑选"工具 ，在属性栏中的"旋转角度" 文本框中输入旋转的角度数值 25，如图 2-141 所示。按 Enter 键确认操作，效果如图 2-142 所示。

图 2-140　　　　　　　　　　图 2-141　　　　　　　　　　图 2-142

3．使用"变换"泊坞窗旋转对象

选取要旋转的对象，如图 2-143 所示。选择"窗口 > 泊坞窗 > 变换 > 旋转"命令，或按 Alt+F8 组合键，弹出"变换"泊坞窗，如图 2-144 所示。也可以在已打开的"变换"泊坞窗中单击"旋转"按钮 ○。

在"变换"泊坞窗的"旋转"设置区的"角度"选项框中直接输入旋转的角度数值，旋转角度数值可以是正值也可以是负值。在"中心"选项的设置区中输入旋转中心的坐标位置。选中"相对中心"复选框，对象的旋转将以选中的旋转中心旋转。"变换"泊坞窗如图 2-145 所示进行设定，设置完成后，单击"应用"按钮，对象旋转的效果如图 2-146 所示。

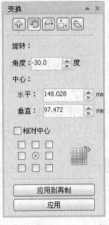

图 2-143　　　　　　图 2-144　　　　　　图 2-145　　　　　　图 2-146

2.2.7　对象的倾斜变形

1．使用鼠标倾斜变形对象

选取要倾斜变形的对象，对象的周围出现控制手柄。再次单击对象，这时对象的周围出现旋转 ↗ 和倾斜 ↔ 控制手柄，如图 2-147 所示。

将鼠标的光标移动到倾斜控制手柄上，光标变为倾斜符号 ⇄，如图 2-148 所示。按住鼠标左键，拖曳鼠标变形对象。倾斜变形时，对象会出现蓝色的虚线框指示倾斜变形的方向和角度，如图 2-149 所示。倾斜到需要的角度后，松开鼠标左键，对象倾斜变形的效果如图 2-150 所示。

图 2-147　　　　　　图 2-148　　　　　　图 2-149　　　　　　图 2-150

2．使用"变换"泊坞窗倾斜变形对象

选取倾斜变形对象，如图 2-151 所示。选择"窗口 > 泊坞窗 > 变换 > 倾斜"命令，弹出

"变换"泊坞窗，如图 2-152 所示。也可以在已打开的"变换"泊坞窗中单击"倾斜"按钮 。在"变换"泊坞窗中设定倾斜变形对象的数值，如图 2-153 所示，单击"应用"按钮，对象产生倾斜变形，效果如图 2-154 所示。

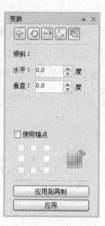

图 2-151   图 2-152   图 2-153   图 2-154

2.2.8　对象的复制

1. 使用命令复制对象

选取要复制的对象，如图 2-155 所示。选择"编辑 > 复制"命令，或按 Ctrl+C 组合键，对象的副本将被放置在剪贴板中。选择"编辑 > 粘贴"命令，或按 Ctrl+V 组合键，对象的副本被粘贴到原对象的下面，位置和原对象是相同的。用鼠标移动对象，可以显示复制的对象，如图 2-156 所示。

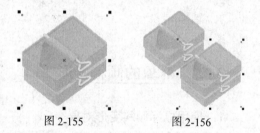

图 2-155   图 2-156

提示　选择"编辑 > 剪切"命令，或按 Ctrl+X 组合键，对象将从绘图页面中删除并被放置在剪贴板上。

2. 使用鼠标拖曳方式复制对象

选取要复制的对象，如图 2-157 所示。将鼠标光标移动到对象的中心点上，光标变为移动光标 ，如图 2-158 所示。按住鼠标左键拖曳对象到需要的位置，如图 2-159 所示。在位置合适后单击鼠标右键，对象的复制完成，效果如图 2-160 所示。

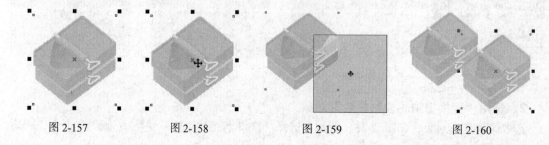

图 2-157   图 2-158   图 2-159   图 2-160

选取要复制的对象，用鼠标右键拖曳对象到需要的位置，松开鼠标右键后弹出如图 2-161 所示的快捷菜单，选择"复制"命令，对象的复制完成，如图 2-162 所示。

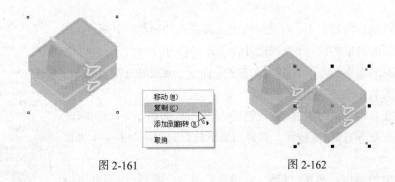

图 2-161　　　　　　　　　　　　　　　　　图 2-162

提示　使用"挑选"工具选取要复制的对象，在数字键盘上按+键，可快速复制对象。

3．使用命令复制对象属性

选取要复制属性的对象，如图 2-163 所示。选择"编辑 > 复制属性自"命令，弹出"复制属性"对话框，如图 2-164 所示。在对话框中勾选"填充"复选框，单击"确定"按钮，鼠标光标显示为黑色箭头，在要复制其属性的对象上单击，如图 2-165 所示，对象的属性复制完成，效果如图 2-166 所示。

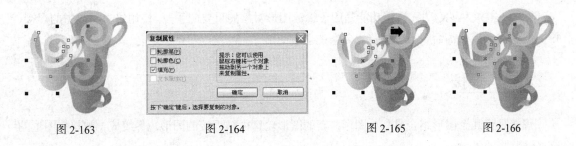

图 2-163　　　　　　　图 2-164　　　　　　　图 2-165　　　　　　　图 2-166

提示　可以在两个不同的绘图页面中复制对象。使用鼠标左键拖曳其中一个绘图页面中的对象到另一个绘图页面中，在松开鼠标左键前单击右键即可复制对象。

2.2.9　对象的删除

在 CorelDRAW X4 中，可以方便快捷地删除对象。下面介绍如何删除不需要的对象。

选取要删除的对象，选择"编辑 > 删除"命令，或按 Delete 键，可以将选取的对象删除。

提示　如果想删除多个或全部的对象，首先要选取这些对象，再执行"删除"命令或按 Delete 键。

2.2.10 撤销和恢复对象的操作

在进行设计制作的过程中，可能经常会出现错误的操作。下面，介绍如何撤销和恢复对象的操作，如图 2-167 所示。

撤销对对象的操作：选择"编辑 > 撤消"命令，或按 Ctrl+Z 组合键，可以撤销上一次的操作。

单击"常用工具栏"中的"撤消"按钮，也可以撤销上一次的操作。单击"撤消"按钮右侧的-按钮，在弹出的下拉列表中可以对多个操作步骤进行撤销。

恢复对对象的操作：选择"编辑 > 重做"命令，或按 Ctrl+Shift+Z 组合键，可以恢复上一次的操作。

单击"常用工具栏"中的"重做"按钮，也可以恢复上一次的操作。单击"重做"按钮右侧的-按钮，在弹出的下拉列表中可以对多个操作步骤进行恢复。

图 2-167

2.3 整形对象

在 CorelDRAW X4 中，修整功能是用于编辑图形对象的重要的手段。使用修整功能中的焊接、修剪、相交和简化等命令可以创建出复杂的全新图形。

2.3.1 焊接

焊接是将几个图形结合成一个图形，新的图形轮廓由被焊接的图形边界组成，被焊接图形的交叉线都将消失。

使用"挑选"工具选中要焊接的图形，如图 2-168 所示。选择"窗口 > 泊坞窗 > 造形"命令，可以弹出如图 2-169 所示的"造形"泊坞窗。在"造形"泊坞窗中选择"焊接"选项，再单击"焊接到"按钮，将鼠标的光标放到目标对象上单击，如图 2-170 所示。焊接后的效果如图 2-171 所示，新生成图形对象的边框和颜色填充与目标对象完全相同。

图 2-168

图 2-169

图 2-170

图 2-171

在进行焊接操作之前可以在"造形"泊坞窗中，可以设置是否保留"来源对象"和"目标对象"。选择保留"来源对象"和"目标对象"选项，如图 2-172 所示。再焊接图形对象时，来源对象和目标对象都被保留，效果如图 2-173 所示。保留来源对象和目标对象对"修剪"和"相交"功能也适用。

选择几个要焊接的图形后，选择"排列 > 造形 > 焊接"命令，或单击属性栏中的"焊接"按钮，可以完成多个对象的焊接。焊接前圈选多个图形时，在最底层的图形就是"目标对象"。按住 Shift 键，选择多个图形时，最后选中的图形就是"目标对象"。

图 2-172　　　　　　　　　图 2-173

2.3.2　修剪

修剪是将目标对象与来源对象的相交部分裁掉，使目标对象的形状被更改。修剪后的目标对象保留其填充和轮廓属性。

使用"挑选"工具选择其中的来源对象，如图 2-174 所示。在"造形"泊坞窗中选择"修剪"选项，如图 2-175 所示。单击"修剪"按钮，将鼠标的光标放到目标对象上单击，如图 2-176 所示。修剪后的效果如图 2-177 所示，修剪后的目标对象保留其填充和轮廓属性。

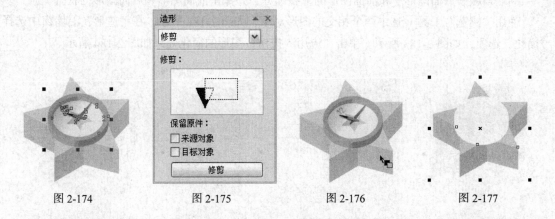

图 2-174　　　　　　图 2-175　　　　　　图 2-176　　　　　　图 2-177

选择"排列 > 造形 > 修剪"命令，或单击属性栏中的"修剪"按钮，也可以完成修剪，来源对象和被修剪的目标对象会同时存在于绘图页面中。

注意　圈选多个图形时，在最底层的图形对象就是目标对象。按住 Shift 键，选择多个图形时，最后选中的图形就是目标对象。

2.3.3　相交

相交是将两个或两个以上对象的相交部分保留，使相交的部分成为一个新的图形对象。新创建图形对象的填充和轮廓属性将与目标对象相同。

使用"挑选"工具 选择其中的来源对象，如图 2-178 所示。在"造形"泊坞窗中选择"相交"选项，如图 2-179 所示。单击"相交"按钮，将鼠标的光标放到目标对象上单击，如图 2-180 所示。相交后的效果如图 2-181 所示，相交后图形对象将保留目标对象的填充和轮廓属性。

图 2-178　　　　　图 2-179　　　　　图 2-180　　　　　图 2-181

选择"排列 > 造形 > 相交"命令，或单击属性栏中的"相交"按钮，也可以完成相交裁切。来源对象和目标对象以及相交后的新图形对象同时存在于绘图页面中。

2.3.4　简化

简化是减去后面图形中和前面图形的重叠部分，并保留前面图形和后面图形的状态。

使用"挑选"工具 选中两个相交的图形对象，如图 2-182 所示。在"造形"泊坞窗中选择"简化"选项，如图 2-183 所示。单击"应用"按钮，图形的简化效果如图 2-184 所示。

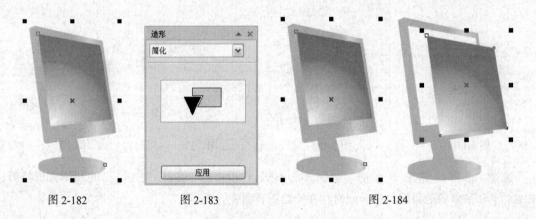

图 2-182　　　　　图 2-183　　　　　图 2-184

选择"排列 > 造形 > 简化"命令，或单击属性栏中的"简化"按钮，也可以完成图形的简化。

2.3.5　前减后

前减后是减去后面图形，并减去前后图形的重叠部分，保留前面图形的剩余部分。

使用"挑选"工具 选中两个相交的图形对象，如图 2-185 所示。在"造形"泊坞窗中选择"前减后"选项，如图 2-186 所示。单击"应用"按钮，图形的前减后效果如图 2-187 所示。

图 2-185　　　　　　图 2-186　　　　　　图 2-187

选择"排列 > 造形 > 前减后"命令，或单击属性栏中的"前减后"按钮，也可以完成图形的前减后裁切。

2.3.6　后减前

后减前是减去前面图形，并减去前后图形的重叠部分，保留后面图形的剩余部分。

使用"挑选"工具选中两个相交的图形对象，如图 2-188 所示。在"造形"泊坞窗中选择"后减前"选项，如图 2-189 所示。单击"应用"按钮，图形的后减前效果如图 2-190 所示。

图 2-188　　　　　　图 2-189　　　　　　图 2-190

选择"排列 > 造形 > 后减前"命令，或单击属性栏中的"后减前"按钮，也可以完成图形的后减前裁切。

2.3.7　课堂案例——制作扇子

【案例学习目标】学习使用基本绘图工具和修整中的后剪前命令来制作扇子。

【案例知识要点】使用"贝塞尔"工具绘制扇骨图形；使用椭圆形工具和后减前命令制作扇面图形；使用顺序命令调整图形顺序；使用形状工具对扇面和扇骨图形的节点进行编辑；使用文本工具添加文字。扇子效果如图 2-191 所示。

图 2-191

【效果所在位置】光盘/Ch02/效果/制作扇子.cdr。

1．制作扇面图形

（1）选择"文件 > 打开"命令，弹出"打开绘图"对话框。选择光盘中的"Ch02 > 素材 >

制作扇子 > 01"文件，单击"打开"按钮，效果如图 2-192 所示。

（2）选择"椭圆形"工具，按住 Ctrl 键的同时，绘制一个圆形，如图 2-193 所示。选择"贝塞尔"工具，绘制一个不规则图形，如图 2-194 所示。

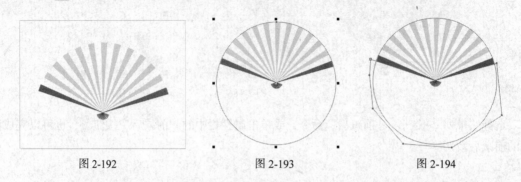

图 2-192   图 2-193   图 2-194

（3）选择"挑选"工具，用圈选的方法，同时选中圆形和不规则图形，单击属性栏中的"后减前"按钮，将图形剪切为扇形，效果如图 2-195 所示。

（4）选择"椭圆形"工具，按住 Ctrl 键的同时，绘制一个圆形，如图 2-196 所示。选择"挑选"工具，按住 Shift 键的同时，将圆形和扇形同时选取，单击属性栏中的"后减前"按钮，将两个图形剪切为一个图形，效果如图 2-197 所示。

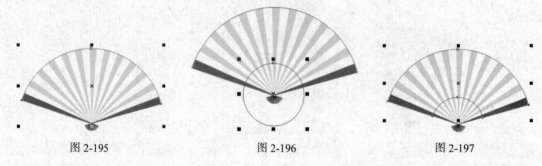

图 2-195   图 2-196   图 2-197

（5）选择"挑选"工具，设置图形填充颜色的 CMYK 值为：10、10、30、0，填充图形，效果如图 2-198 所示。选择"排列 > 顺序 > 到页面后面"命令，将扇形图形放置在其他图形的后面，如图 2-199 所示。

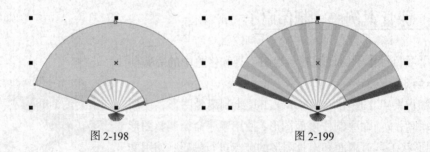

图 2-198   图 2-199

（6）选择"形状"工具，在扇面转折处双击鼠标，添加新的节点，效果如图 2-200 所示。用相同的方法，在扇面其他转折处添加节点，如图 2-201 所示。用圈选的方法同时选中所有添加的节点，单击属性栏中的"转换曲线为直线"按钮，将曲线节点转换为直线节点，效果如图 2-202 所示。

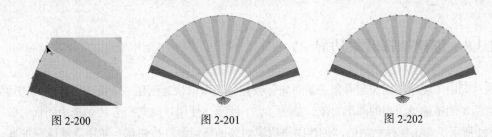

图 2-200　　　　　　　　　图 2-201　　　　　　　　　图 2-202

（7）选择"形状"工具 ⬚，单击选中一个节点，将其向外拖曳到适当的位置，如图 2-203 所示。用相同的方法调整其他节点，如图 2-204 所示。选择"形状"工具 ⬚，单击选中扇骨图形的节点，使之与扇面形状相符合，效果如图 2-205 所示。

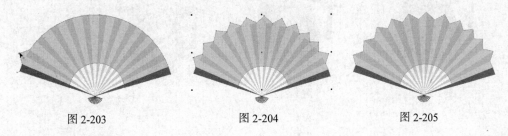

图 2-203　　　　　　　　　图 2-204　　　　　　　　　图 2-205

2.导入图片并编辑

（1）选择"文件 > 导入"命令，弹出"导入"对话框。选择光盘中的"Ch02 > 素材 > 制作扇子 >01"文件，单击"导入"按钮，在页面中单击导入图片，效果如图 2-206 所示。

（2）选择"效果 > 图框精确剪裁 > 放置在容器中"命令，鼠标的光标变为黑色箭头形状，在图形上单击，如图 2-207 所示。将图片置入到背景中，效果如图 2-208 所示。

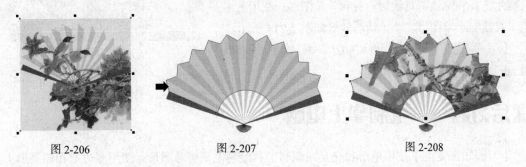

图 2-206　　　　　　　　　图 2-207　　　　　　　　　图 2-208

（3）选择"效果 > 图框精确剪裁 > 编辑内容"命令，进入编辑状态。选择"挑选"工具 ⬚，选取图片，并将其拖曳到适当的位置，如图 2-209 所示。选择"效果 > 图框精确剪裁 > 结束编辑"命令，结束编辑，效果如图 2-210 所示。扇子制作完成。

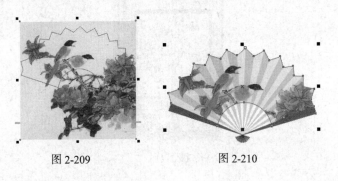

图 2-209　　　　　　　　　图 2-210

2.3.8 创建选择对象边界

通过应用"创建围绕选定对象的新对象"按钮[图]，可以快速创建一个所选图形的共同边界。

绘制要创建选择边界的图形对象，如图 2-211 所示。使用"挑选"工具[图]选中图形对象，如图 2-212 所示。单击属性栏中的"创建围绕选定对象的新对象"按钮[图]，使用"挑选"工具[图]移动图形，可以看到创建好的选择对象的边界，效果如图 2-213 所示。

图 2-211   图 2-212   图 2-213

课堂练习——绘制小羊插画

【练习知识要点】使用矩形工具和渐变工具制作背景；使用椭圆形工具和多边形工具绘制太阳图形；使用图框精确剪裁命令将云彩图形置入到背景图形中；使用贝赛尔工具和螺纹工具绘制羊身和羊角图形；使用艺术笔工具绘制小草图形。小羊插画效果如图 2-214 所示。

【效果所在位置】光盘/Ch02/效果/绘制小羊插画.cdr。

图 2-214

课后习题——绘制掌上电脑

【习题知识要点】使用矩形和交互式调和工具绘制电脑屏幕图形；使用多边形和椭圆形工具绘制按钮图形；使用文本工具添加注释文字。掌上电脑效果如图 2-215 所示。

【效果所在位置】光盘/Ch02/效果/绘制掌上电脑.cdr。

图 2-215

第3章

曲线的绘制和颜色填充

曲线的绘制和颜色填充是设计制作过程中必不可少的技能之一。本章主要讲解了 CorelDRAW X4 中曲线的绘制和编辑方法、图形填充的多种方式和应用技巧。通过这些内容的学习，读者可以绘制出优美的曲线图形并填充丰富多彩的颜色和底纹，使设计作品更加富于变化、生动精彩。

课堂学习目标

- 掌握曲线的绘制方法和技巧
- 掌握曲线的编辑方法和技巧
- 掌握轮廓线的编辑方法
- 掌握标准填充的方法
- 掌握渐变填充的方法
- 掌握图样填充和底纹填充的方法
- 掌握"交互式网状填充"工具的填充方法

3.1　曲线的绘制

在 CorelDRAW X4 中，绘制出的作品都是由几何对象构成的，而几何对象的构成元素是直线和曲线。通过学习绘制直线和曲线，读者可以进一步掌握 CorelDRAW X4 强大的绘图功能。

3.1.1　认识曲线

在 CorelDRAW X4 中，曲线是矢量图形的组成部分。可以使用绘图工具绘制曲线，也可以将任何的矩形、多边形、椭圆以及文本对象转换成曲线。下面先对曲线的节点、线段、控制线、控制点等概念进行讲解。

节点：构成曲线的基本要素，可以通过定位、调整节点、调整节点上的控制点来绘制和改变曲线的形状。通过在曲线上增加和删除节点可以使曲线的绘制更加简便。通过转换节点的性质，可以将直线和曲线的节点相互转换，使直线段转换为曲线段或曲线段转换为直线段。

线段：指两个节点之间的部分。线段包括直线段和曲线段，直线段在转换成曲线段后，可以进行曲线特性的操作，如图 3-1 所示。

控制线：在绘制曲线的过程中，节点的两端会出现蓝色的虚线。选择"形状"工具 ，在已经绘制好的曲线的节点上单击，节点的两端会出现控制线。

 直线的节点没有控制线。直线段转换为曲线段后，节点上会出现控制线。

控制点：在绘制曲线的过程中，节点的两端会出现控制线，在控制线的两端是控制点。通过拖曳或移动控制点可以调整曲线的弯曲程度，如图 3-2 所示。

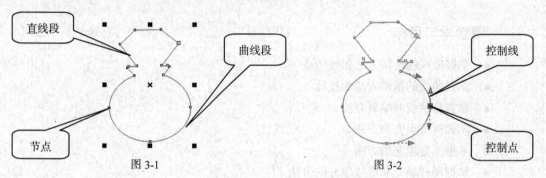

图 3-1　　　　　　　　　　　　　　　　　　图 3-2

3.1.2　"贝塞尔"工具的使用

"贝塞尔"工具 可以绘制平滑精确的曲线。可以通过确定节点和改变控制点的位置来控制曲线的弯曲度。可以使用节点和控制点对绘制完的直线和曲线进行精确的调整。

1．绘制直线和折线

选择"贝塞尔"工具 ，单击以确定直线的起点，拖曳鼠标光标到需要的位置，再单击以确定直线的终点，绘制出一段直线。只要再继续确定下一个节点，就可以绘制出折线的效果，如果想绘制出多个折角的折线，只要继续确定节点即可，如图 3-3 所示。

如果双击折线上的节点，将删除这个节点，折线的另外两个节点将连接起来，效果如图 3-4 所示。

图 3-3   图 3-4

2. 绘制曲线

选择"贝塞尔"工具 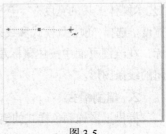，在绘图页面中按住鼠标左键并拖曳鼠标以确定曲线的起点，松开鼠标左键，这时该节点的两边出现控制线和控制点，如图 3-5 所示。

将鼠标的光标移动到需要的位置单击并按住鼠标左键不动，在两个节点间出现一条曲线段，拖曳鼠标，第 2 个节点的两边出现控制线和控制点，控制线和控制点会随着鼠标的移动而发生变化，曲线的形状也会随之发生变化，调整到需要的效果后松开鼠标左键，如图 3-6 所示。

图 3-5

在下一个需要的位置单击后，将出现一条连续的平滑曲线，如图 3-7 所示。用"形状"工具 在第 2 个节点处单击，出现控制线和控制点，效果如图 3-8 所示。

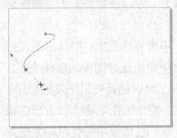   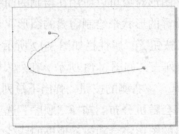   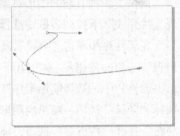

图 3-6   图 3-7   图 3-8

技巧 当确定一个节点后，在这个节点上双击，再单击确定下一个节点后将出现直线。当确定一个节点后，在这个节点上双击，再单击确定下一个节点并拖曳这个节点后将出现曲线。

3.1.3 艺术笔工具的使用

在 CorelDRAW X4 中，使用"艺术笔"工具 可以绘制出多种精美的线条和图形，可以模仿画笔的真实效果，在画面中产生丰富的变化。通过使用"艺术笔"工具可以绘制出不同风格的设计作品。

选择"艺术笔"工具 ，属性栏如图 3-9 所示，其中包含了 5 种模式 ，分别是"预设"模式、"笔刷"模式、"喷罐"模式、"书法"模式、"压力"模式。下面具体介绍这 5 种模式。

图 3-9

1. 预设模式

提供了多种线条类型，并且可以改变曲线的宽度。单击属性栏的"预设笔触列表"右侧的按钮，弹出其下拉列表，如图 3-10 所示。在线条列表框中单击选择需要的线条类型。

单击属性栏中的"手绘平滑"设置区，弹出滑动条，拖曳滑动条或输入数值可以调节绘图时线条的平滑程度。在"艺术媒体工具的宽度"中输入数值可以设置曲线的宽度。选择"预设"模式和线条类型后，鼠标的光标变为图标，在绘图页面中按住鼠标左键并拖曳鼠标，可以绘制出封闭的线条图形。

图 3-10

2. 笔刷模式

提供了多种颜色样式的笔刷，将笔刷运用在绘制的曲线上，可以绘制出漂亮的效果。

在属性栏中单击"笔刷"模式按钮，单击属性栏的"笔触列表"右侧的按钮，弹出其下拉列表，如图 3-11 所示。在列表框中单击选择需要的笔刷类型，在页面中按住鼠标左键并拖曳鼠标，绘制出需要的图形。

3. 喷罐模式

提供了多种有趣的图形对象，图形对象可以应用在绘制的曲线上。可以在属性栏的"喷涂列表文件列表"下拉列表框中选择喷雾的形状来绘制需要的图形。

在属性栏中单击"喷罐"模式按钮，属性栏如图 3-12 所示。单击属性栏中"喷涂列表文件列表"右侧的按钮，弹出其下拉列表，如图 3-13 所示。在列表框中单击选择需要的喷涂类型。单击属性栏中"选择喷涂顺序"随机右侧的按钮，弹出下拉列表，可以选择喷出图形的顺序。选择"随机"选项，喷出的图形将会随机分布。选择"顺序"选项，喷出的图形将会以方形区域分布。选择"按方向"选项，喷出的图形将会随鼠标拖曳的路径分布。在页面中按住鼠标左键并拖曳鼠标，绘制出需要的图形。

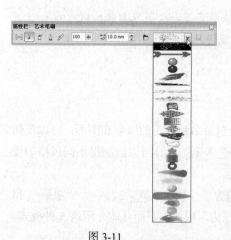

图 3-11

图 3-12

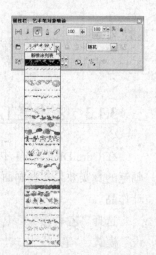

图 3-13

4. 书法模式

可以绘制出类似书法笔的效果，可以改变曲线的粗细。

在属性栏中单击"书法"模式按钮，属性栏如图 3-14 所示。在属性栏的"书法角度" 中，可以设置"笔触"和"笔尖"的角度。如果角度值设为 0°，书法笔垂直方向画出的线条最粗，笔尖是水平的。如果角度值设置为 90°，书法笔水平方向画出的线条最粗，笔尖是垂直的。在绘图页面中按住鼠标左键并拖曳鼠标，绘制出需要的图形。

图 3-14

5．压力模式

"压力"模式可以用压力感应笔或键盘输入的方式改变线条的粗细，应用好这个功能可以绘制出特殊的图形效果。

在属性栏的"预置笔触列表"模式中选择需要的笔刷，单击"压力"模式按钮，属性栏如图 3-15 所示。在"压力"模式中设置好压力感应笔的平滑度和笔刷的宽度，在绘图页面中按住鼠标左键并拖曳鼠标，绘制出需要的图形。

图 3-15

3.1.4　钢笔工具的使用

钢笔工具可以绘制出多种精美的曲线和图形，还可以对已绘制的曲线和图形进行编辑和修改。在 CorelDRAW X4 中绘制的各种复杂图形都可以通过钢笔工具来完成。

1．绘制直线和折线

选择"钢笔"工具，单击以确定直线的起点，拖曳鼠标光标到需要的位置，再单击以确定直线的终点，绘制出一段直线，效果如图 3-16 所示。再继续单击确定下一个节点，就可以绘制出折线的效果。如果想绘制出多个折角的折线，只要继续单击以确定节点就可以了，折线的效果如图 3-17 所示。要结束绘制，按 ESC 键或单击"钢笔"工具即可。

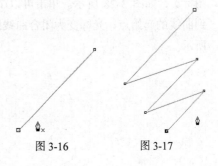

图 3-16　　　　图 3-17

2．绘制曲线

选择"钢笔"工具，在绘图页面中单击以确定曲线的起点，松开鼠标左键，将鼠标的光标移动到需要的位置再单击并按住左键不动，在两个节点间出现一条直线段，如图 3-18 所示。拖曳鼠标，第 2 个节点的两边出现控制线和控制点，控制线和控制点会随着鼠标的移动而发生变化，直线段变为曲线的形状，如图 3-19 所示。调整到需要的效果后松开鼠标左键，曲线的效果如图 3-20 所示。

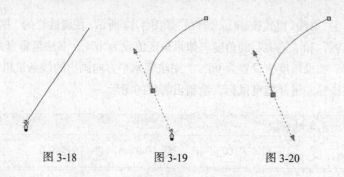

图 3-18　　　　　　图 3-19　　　　　　图 3-20

使用相同的方法可以对曲线继续绘制，效果如图 3-21、图 3-22 所示。绘制完成的曲线效果如图 3-23 所示。

如果想在曲线后绘制出直线，按住 C 键，在要继续绘制出直线的节点上按住鼠标左键并拖曳鼠标，这时出现节点的控制点。松开 C 键，将控制点拖曳到下一个节点的位置，如图 3-24 所示。松开鼠标左键，再单击鼠标，可以绘制出一段直线，效果如图 3-25 所示。

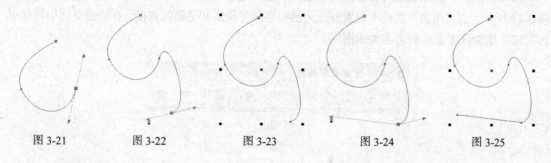

图 3-21　　　　　图 3-22　　　　　图 3-23　　　　　图 3-24　　　　　图 3-25

3．编辑曲线

在"钢笔"工具属性栏中选择"自动添加/删除"按钮，曲线绘制的过程变为自动添加/删除节点模式。

将"钢笔"工具的光标移动到节点上，光标变为删除节点图标，效果如图 3-26 所示。单击可以删除节点，效果如图 3-27 所示。将"钢笔"工具的光标移动到曲线上，光标变为添加节点图标，如图 3-28 所示。单击可以添加节点，效果如图 3-29 所示。将"钢笔"工具的光标移动到曲线的起始点，光标变为闭合曲线图标，如图 3-30 所示。单击可以闭合曲线，效果如图 3-31 所示。

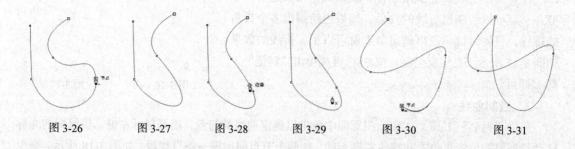

图 3-26　　　图 3-27　　　图 3-28　　　图 3-29　　　图 3-30　　　图 3-31

技巧　　绘制曲线的过程中，按住 Alt 键，可编辑曲线段，可以进行节点的转换、移动和调整等操作，松开 Alt 键可继续进行绘制。

3.1.5　课堂案例——绘制香水瓶

【案例学习目标】学习使用艺术笔工具和贝塞尔工具绘制香水瓶。

【案例知识要点】使用艺术笔工具绘制烟花图形；使用贝塞尔工具绘制香水瓶图形；使用渐变填充工具为图形填充渐变色。香水瓶效果如图 3-32 所示。

图 3-32

【效果所在位置】光盘/Ch03/效果/绘制香水瓶.cdr。

（1）按 Ctrl+N 组合键，新建一个页面，在属性栏"纸张宽度和高度"选项中分别设置宽度为 182mm，高度为 218mm，按 Enter 键，页面尺寸显示为设置的大小。

（2）选择"文件 > 导入"命令，弹出"导入"对话框。选择光盘中的"Ch03 > 素材 > 绘制香水瓶 > 01"文件，单击"导入"按钮，在页面中单击导入图形。选择"排列 > 顺序 > 在页面居中"命令，将图形在居中对齐，效果如图 3-33 所示。

（3）选择"艺术笔"工具，单击属性栏中的"喷罐"按钮，在"喷涂列表文件列表"选项的下拉列表中选择需要的图形，其他选项的设置如图 3-34 所示。拖曳鼠标，绘制图形，效果如图 3-35 所示。

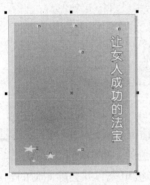

图 3-33

图 3-34

图 3-35

（4）选择"贝塞尔"工具，绘制一个图形，效果如图 3-36 所示。在属性栏中将"轮廓宽度"选项设置为 0.022。选择"渐变填充对话框"工具，弹出"渐变填充"对话框。点选"双色"单选框，将"从"选项颜色的 CMYK 值设置为：1、40、91、0，"到"选项颜色的 CMYK 值设置为：2、10、95、0，其他选项的设置为默认值，单击"确定"按钮，图形被填充，效果如图 3-37 所示。

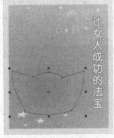

图 3-36

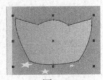

图 3-37

（5）选择"贝塞尔"工具，绘制一个图形，如图 3-38 所示。选择"渐变填充对话框"工具，弹出"渐变填充"对话框。点选"双色"单选框，将"从"选项颜色的 CMYK 值设置为：3、96、94、0，"到"选项颜色的 CMYK 值设置为：1、68、96、0，其他选项的设置如图 3-39 所示。单击"确定"按钮，图形被填充，并去除图形的轮廓线，效果如图 3-40 所示。

（6）选择"挑选"工具，按数字键盘上的+键，复制一个图形。单击属性栏中的"水平镜像"按钮，水平翻转复制的图形，拖曳图形到适当的位置，效果如图 3-41 所示。

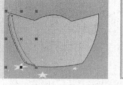
图 3-38

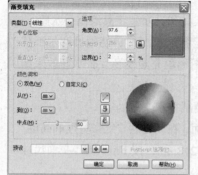
图 3-39

图 3-40

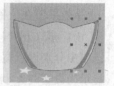
图 3-41

（7）选择"贝塞尔"工具，绘制一个图形，如图 3-42 所示。在"CMYK 调色板"中的"白"色块上单击鼠标，填充图形颜色，并去除图形轮廓线的颜色，效果如图 3-43 所示。选择"贝塞尔"工具，再次绘制一个图形，如图 3-44 所示。

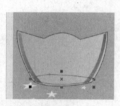
图 3-42

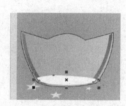
图 3-43

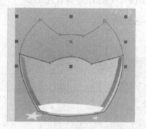
图 3-44

（8）选择"渐变填充对话框"工具，弹出"渐变填充"对话框。点选"双色"单选框，将"从"选项颜色的 CMYK 值设置为：44、99、98、5，"到"选项颜色的 CMYK 值设置为：5、100、96、0，其他选项的设置如图 3-45 所示。单击"确定"按钮，图形被填充，并去除图形的轮廓线，效果如图 3-46 所示。

（9）选择"钢笔"工具，绘制一个图形，如图 3-47 所示。在"CMYK 调色板"中的"白"色块上单击鼠标，填充图形颜色，并去除图形轮廓线的颜色，效果如图 3-48 所示。

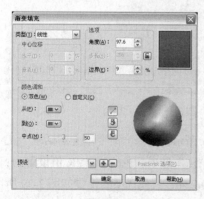
图 3-45

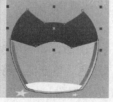
图 3-46

图 3-47

图 3-48

（10）选择"钢笔"工具，绘制一个图形，如图 3-49 所示。选择"渐变填充对话框"工具，弹出"渐变填充"对话框。点选"双色"单选框，将"从"选项颜色的 CMYK 值设置为：0、0、0、0，"到"选项颜色的 CMYK 值设置为：15、71、99、0，其他选项的设置如图 3-50 所示。单击"确定"按钮，图形被填充，并去除图形的轮廓线，效果如图 3-51 所示。

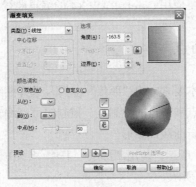

图 3-49　　　　　　　　　图 3-50　　　　　　　　　图 3-51

（11）选择"贝塞尔"工具，绘制一个图形，如图 3-52 所示。选择"渐变填充对话框"工具，弹出"渐变填充"对话框。点选"双色"单选框，将"从"选项颜色的 CMYK 值设置为：46、75、99、6，"到"选项颜色的 CMYK 值设置为：15、71、99、0，其他选项的设置如图 3-53 所示。单击"确定"按钮，图形被填充，并去除图形的轮廓线，效果如图 3-54 所示。

图 3-52　　　　　　　　　图 3-53　　　　　　　　　图 3-54

（12）选择"文件 > 导入"命令，弹出"导入"对话框。选择光盘中的"Ch03 > 素材 > 绘制香水瓶 > 02、03"文件，单击"导入"按钮，在页面中分别单击导入图形，效果如图 3-55、图 3-56 所示。香水瓶绘制完成，效果如图 3-57 所示。

图 3-55　　　　　　　　　图 3-56　　　　　　　　　图 3-57

3.2 编辑曲线

在 CorelDRAW X4 中，完成曲线或图形的绘制后，可能还需要进一步地调整曲线或图形来达到设计方面的要求，这时就需要使用 CorelDRAW X4 的编辑曲线功能来进行更完善的编辑。

3.2.1 编辑曲线的节点

节点是构成图形对象的基本要素，用"形状"工具 选择曲线或图形对象后，会显示曲线或图形的全部节点。通过移动节点和节点的控制点、控制线可以编辑曲线或图形的形状，还可以通过增加和删除节点来更好地编辑曲线或图形。

绘制一条曲线，如图 3-58 所示。使用"形状"工具 ，单击选中曲线上的节点，如图 3-59 所示。弹出的属性栏如图 3-60 所示。

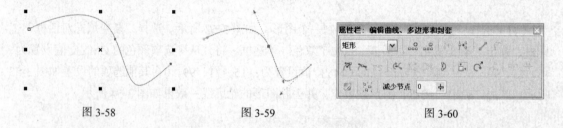

图 3-58   图 3-59   图 3-60

1．节点类型

在属性栏中有 3 种节点类型：尖突节点、平滑节点和对称节点。节点类型的不同决定了节点控制点的属性也不同，单击属性栏中的按钮可以转换 3 种节点的类型。

使节点成为尖突 ：尖突节点的控制点是独立的，当移动一个控制点时，另外一个控制点并不移动，从而使得通过尖突节点的曲线能够尖突弯曲。

平滑节点 ：平滑节点的控制点之间是相关的，当移动一个控制点时，另外一个控制点也会随之移动，通过平滑节点连接的线段将产生平滑的过渡。

生成对称节点 ：对称节点的控制点不仅是相关的，而且控制点和控制线的长度是相等的，从而使得对称节点两边曲线的曲率也是相等的。

2．选取并移动节点

绘制一个图形，如图 3-61 所示。选择"形状"工具 ，单击选取节点，如图 3-62 所示。按住鼠标左键拖曳鼠标，节点被移动，如图 3-63 所示。松开鼠标，图形调整的效果如图 3-64 所示。

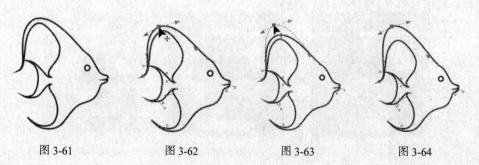

图 3-61   图 3-62   图 3-63   图 3-64

使用"形状"工具 ![选中并拖曳节点上的控制点，如图 3-65 所示。松开鼠标，图形调整的效果如图 3-66 所示。

使用"形状"工具 ![圈选图形上的部分节点，如图 3-67 所示。松开鼠标，图形被选中的部分节点如图 3-68 所示。拖曳任意一个被选中的节点，其他被选中的节点也会随着移动。

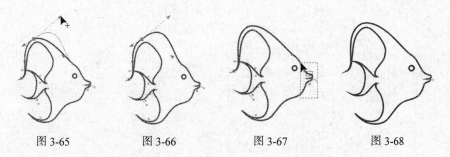

图 3-65　　　　　图 3-66　　　　　图 3-67　　　　　图 3-68

注意　　因为在 CorelDRAW X4 中有 3 种节点类型，所以当移动不同类型节点上的控制点时，图形的形状也会有不同形式的变化。

3. 增加或删除节点

绘制一个图形，如图 3-69 所示。使用"形状"工具 ![，选择需要增加和删除节点的曲线，在曲线上要增加节点的位置双击，如图 3-70 所示，则可以在这个位置增加一个节点，效果如图 3-71 所示。

单击属性栏中的"添加节点"按钮 ![，也可以在曲线上增加节点。

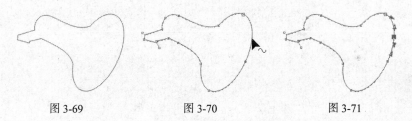

图 3-69　　　　　　　图 3-70　　　　　　　图 3-71

将鼠标的光标放在要删除的节点上双击，如图 3-72 所示，可以删除这个节点，效果如图 3-73 所示。选中要删除的节点，单击属性栏中的"删除节点"按钮 ![，也可以在曲线上删除选中的节点。

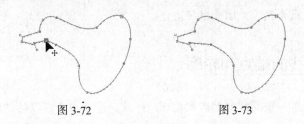

图 3-72　　　　　　　图 3-73

技巧　　如果需要在曲线和图形中删除多个节点，可以先按住 Shift 键，再用鼠标选择要删除的多个节点，选择好后按 Delete 键就可以了。当然也可以使用圈选的方法选择需要删除的多个节点，选择好后按 Delete 键即可。

4．合并和连接节点

使用"形状"工具圈选两个需要合并的节点，如图 3-74 所示。两个节点被选中，如图 3-75 所示。单击属性栏中的"连接两个节点"按钮，将节点合并，使曲线成为闭合的曲线，效果如图 3-76 所示。

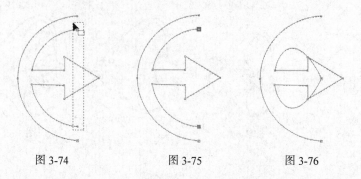

图 3-74　　　　　　图 3-75　　　　　　图 3-76

使用"形状"工具圈选两个需要连接的节点，单击属性栏中的"自动闭和曲线"按钮，可以将两个节点以直线连接，使曲线成为闭合的曲线。

5．断开曲线的节点

在曲线中要断开的节点上单击，选中该节点，如图 3-77 所示。单击属性栏中的"分割曲线"按钮，断开节点。选择"挑选"工具，曲线效果如图 3-78 所示。

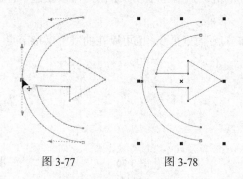

图 3-77　　　　　　　图 3-78

技巧　在绘制图形的过程中有时需要将开放的路径闭合，选择"排列 > 闭合路径"下的各个菜单命令，可以以直线或曲线方式闭合路径。

3.2.2　编辑曲线的端点和轮廓

通过属性栏可以设置一条曲线的端点和轮廓的样式，这项功能可以帮助用户制作出非常实用的效果。

绘制一条曲线，再用"挑选"工具选择曲线，如图 3-79 所示。这时的属性栏如图 3-80 所示。在属性栏中单击"轮廓宽度" 右侧的按钮，弹出轮廓宽度的下拉列表，如图 3-81 所示。在其中进行选择，将曲线变宽，效果如图 3-82 所示。也可以在"轮廓宽度"中输入数值后，按 Enter 键，设置曲线宽度。

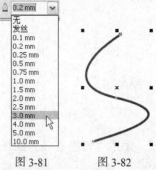

图 3-79　　　　　　　　图 3-80　　　　　　　图 3-81　　　　图 3-82

在属性栏中有 3 个可供选择的下拉列表按钮 ，按从左到右的顺序分别是"起始箭头选择器" 、"轮廓样式选择器" 和"终止箭头选择器" 。单击"起始箭头选择器" 上的黑色三角按钮，弹出"起始箭头"下拉列表框，如图 3-83 所示。单击需要的箭头样式，在曲线的起始点会出现选择的箭头，效果如图 3-84 所示。单击"轮廓样式选择器" 上的黑色三角按钮，弹出"轮廓样式"下拉列表框，如图 3-85 所示。单击需要的轮廓样式，曲线的样式被改变，效果如图 3-86 所示。单击"终止箭头选择器" 上的黑色三角按钮，弹出"终止箭头"下拉列表框，如图 3-87 所示。单击需要的箭头样式，在曲线的终止点会出现选择的箭头，效果如图 3-88 所示。

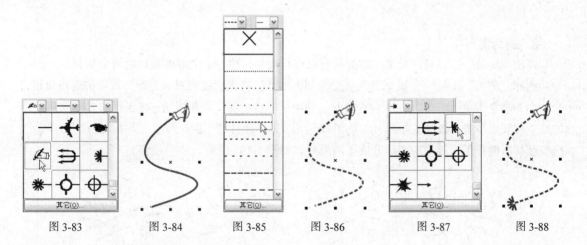

图 3-83　　　图 3-84　　　图 3-85　　　图 3-86　　　图 3-87　　　图 3-88

3.2.3　编辑和修改几何图形

使用矩形、椭圆和多边形工具绘制的图形都是简单的几何图形。这类图形有其特殊的属性，图形上的节点比较少，只能对其进行简单的编辑。如果想对其进行更复杂的编辑，就需要将简单的几何图形转换为曲线。

1. 使用"转换为曲线"按钮

使用"椭圆形"工具 ，绘制一个椭圆形，效果如图 3-89 所示。在属性栏中单击"转换成曲线"按钮 ，将椭圆图形转换成曲线图形，曲线图形上增加了多个节点，如图 3-90 所示。使用"形状"工具 ，拖曳椭圆形上的节点，如图 3-91 所示。松开鼠标，调整的图形效果如图 3-92 所示。

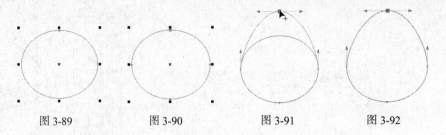

图 3-89   图 3-90   图 3-91   图 3-92

2. 使用"转换直线为曲线"按钮

使用"多边形"工具，绘制一个多边形，如图 3-93 所示。选择"形状"工具，单击需要选中的节点，如图 3-94 所示。单击属性栏中的"转换直线为曲线"按钮，将直线转换为曲线，曲线上出现节点，图形的对称性被保持，如图 3-95 所示。使用"形状"工具，拖曳节点调整图形，如图 3-96 所示。松开鼠标，图形效果如图 3-97 所示。

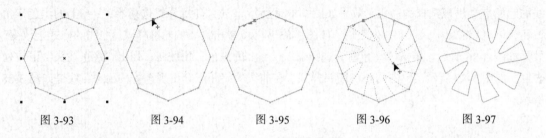

图 3-93   图 3-94   图 3-95   图 3-96   图 3-97

3. 裁切图形

使用"刻刀"工具可以对单一的图形对象进行裁切，使一个图形被裁切成两个部分。

选择"刻刀"工具，鼠标的光标变为刻刀形状。将光标放到图形上准备裁切的起点位置，光标变为竖直形状后单击，如图 3-98 所示。移动鼠标会出现一条裁切线，将鼠标的光标放在裁切的终点位置后单击，如图 3-99 所示。图形裁切完成的效果如图 3-100 所示。使用"挑选"工具，拖曳裁切后的图形，裁切的图形分成了两部分，如图 3-101 所示。

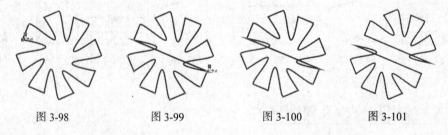

图 3-98   图 3-99   图 3-100   图 3-101

成为一个对象：单击此按钮，在图形被裁切后，裁切的两部分还属于一个图形对象。若不单击此按钮，在裁切后可以得到两个相互独立的图形。按 Ctrl+K 组合键，拆分切割后的曲线。

裁切时自动闭合：单击此按钮，在图形被裁切后，裁切的两部分将自动生成闭合的曲线图形，并保留其填充的属性。若不单击此按钮，在图形被裁切后，裁切的两部分将不会自动闭合，同时图形会失去填充属性。

技巧　按住 Shift 键，使用的"刻刀"工具将以贝塞尔曲线的方式裁切图形。已经经过渐变、群组及特殊效果处理的图形和位图都不能使用刻刀工具来裁切。

4．擦除图形

使用"橡皮擦"工具可以擦除图形的部分或全部，并可以将擦除后图形的剩余部分自动闭合。橡皮擦工具只能对单一的图形对象进行擦除。

绘制一个多边形，效果如图 3-102 所示。选择"橡皮擦"工具，鼠标的光标变为擦除工具图标，单击并按住鼠标左键，拖曳鼠标可以擦除图形，如图 3-103 所示。擦除后的图形效果如图 3-104 所示。

"橡皮擦"工具属性栏如图 3-105 所示。"橡皮擦厚度"　可以设置擦除的宽度。单击"擦除时自动减少"按钮，可以在擦除时自动平滑边缘。单击"圆形/方形"按钮可以转换橡皮擦的形状。

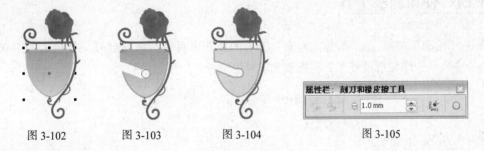

图 3-102　　　　图 3-103　　　　图 3-104　　　　　　　图 3-105

5．修饰图形

使用"涂抹笔刷"工具和"粗糙笔刷"工具可以修饰已绘制的矢量图形。

绘制一个图形，如图 3-106 所示。选择"涂抹笔刷"工具，其属性栏如图 3-107 所示。在图上拖曳，制作出需要的涂抹效果，如图 3-108 所示。

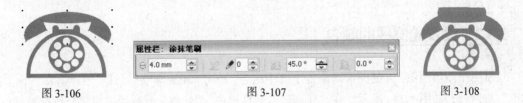

图 3-106　　　　　　　　　　图 3-107　　　　　　　　　　图 3-108

绘制一个图形，如图 3-109 所示。选择"粗糙笔刷"工具，其属性栏如图 3-110 所示。在图形边缘拖曳，制作出需要的粗糙效果，如图 3-111 所示。

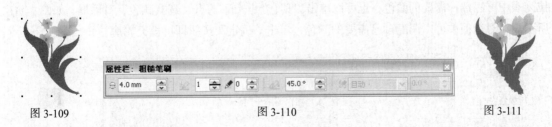

图 3-109　　　　　　　　　　图 3-110　　　　　　　　　　图 3-111

提示　　"涂抹笔刷"工具和"粗糙笔刷"工具可以应用的矢量对象有开放/闭合的路径、纯色和交互式渐变填充、交互式透明、交互式阴影效果的对象。不可以应用的矢量对象有交互式调和、立体化的对象、位图。

3.3 编辑轮廓线

轮廓线是指一个图形对象的边缘或路径。在系统默认的状态下，CorelDRAW X4 中绘制出的图形基本上已画出了细细的黑色轮廓线。通过调整轮廓线的宽度，可以绘制出不同宽度的轮廓线，如图 3-112 所示。还可以将轮廓线设置为无轮廓。

图 3-112

3.3.1 使用轮廓工具

单击"轮廓"工具，弹出"轮廓"工具的展开工具栏，拖曳展开工具栏上的主灰色线 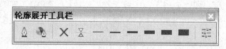，将轮廓展开工具栏拖曳到需要的位置，如图 3-113 所示。

图 3-113

"轮廓展开工具栏"中的按钮为"轮廓画笔对话框"工具，可以编辑图形对象的轮廓线。按钮为"轮廓颜色对话框"工具，可以编辑图形对象的轮廓线颜色。8 个按钮用于设置图形对象的轮廓宽度，分别是无轮廓、细线轮廓、1/2 点轮廓、1 点轮廓、2 点轮廓、8 点轮廓、16 点轮廓(中粗)、24 点轮廓(粗)。

3.3.2 设置轮廓线的颜色

绘制一个图形对象，并使图形对象处于选中状态，单击"轮廓画笔对话框"工具，弹出"轮廓笔"对话框，如图 3-114 所示。在"轮廓笔"对话框中，"颜色"选项可以设置轮廓线的颜色。在 CorelDRAW X4 的默认状态下，轮廓线被设置为黑色。

在颜色列表框的黑色三角按钮上单击，打开颜色下拉列表，如图 3-115 所示。在颜色下拉列表中可以选择需要的颜色，也可以单击"其它"按钮，打开"选择颜色"对话框，如图 3-116所示。在对话框中可以调配自己需要的颜色，单击"确定"按钮即可填充轮廓。

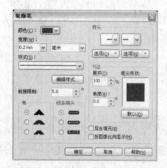

图 3-114

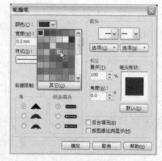

图 3-115

图 3-116

技巧 图形对象在选取状态下，直接在调色板中需要的颜色上单击鼠标的右键，可以快速填充轮廓线颜色。

3.3.3 设置轮廓线的粗细及样式

在"轮廓笔"对话框中，"宽度"选项可以设置轮廓线的宽度值和宽度的度量单位。在左边黑色三角按钮上单击，弹出下拉列表，可以选择宽度数值，如图 3-117 所示，也可以在数值框中直接输入宽度数值。在右边黑色三角按钮上单击，弹出下拉列表，可以选择宽度的度量单位，如图 3-118 所示。单击"样式"选项右侧的黑色三角按钮，弹出下拉列表，可以选择轮廓线的样式，如图 3-119 所示。

图 3-117
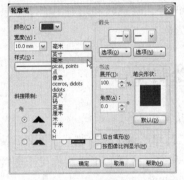
图 3-118
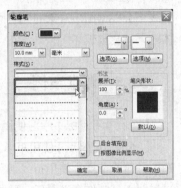
图 3-119

3.3.4 设置轮廓线角的样式及端头样式

在"轮廓笔"对话框中，"角"设置区可以设置轮廓线角的样式，如图 3-120 所示。"角"设置区提供了 3 种拐角的方式，它们分别是尖角、圆角和平角。

将轮廓线的宽度增加，因为较细的轮廓线在设置拐角后效果不明显。3 种拐角的效果如图 3-121 所示。

在"轮廓笔"对话框中，"线条端头"设置区可以设置线条端头的样式，如图 3-122 所示。3 种样式分别是削平两端点、两端点延伸成半圆形、削平两端点并延伸。分别选择 3 种端头样式，效果如图 3-123 所示。

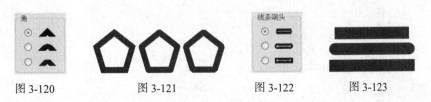
图 3-120　　　　图 3-121　　　　图 3-122　　　　图 3-123

在"轮廓笔"对话框中，"箭头"设置区可以设置线条两端的箭头样式，如图 3-124 所示。"箭头"设置区中提供了两个样式框。左侧的样式框用来设置箭头样式，单击样式框上的黑色三角按钮，弹出"箭头样式"列表，如图 3-125 所示。右侧的样式框 用来设置箭尾样式，单击样式框上的黑色三角按钮，弹出"箭尾样式"列表，如图 3-126 所示。

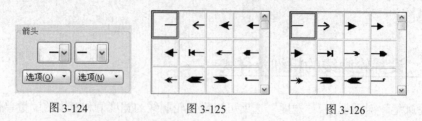

| 图 3-124 | 图 3-125 | 图 3-126 |

"后台填充"选项：会将图形对象的轮廓置于图形对象的填充之后。图形对象的填充会遮挡图形对象的轮廓颜色，只能观察到轮廓的一段宽度的颜色。

"按图像比例显示"选项：在缩放图形对象时，图形对象的轮廓线会根据图形对象的大小而改变，使图形对象的整体效果保持不变。如果不选择此选项，在缩放图形对象时，图形对象的轮廓线不会根据图形对象的大小而改变，轮廓线和填充不能保持原图形对象的效果，图形对象的整体效果就会被破坏。

3.3.5 课堂案例——绘制尺子

【案例学习目标】学习使用折线工具绘制尺子。

【案例知识要点】使用矩形工具和形状工具绘制尺子图形；使用形状工具选取并删除节点；使用折线工具和交互式调和工具制作尺子刻度；使用交互式透明工具制作高光图形，尺子效果如图 3-127 所示。

【效果所在位置】光盘/Ch03/效果/绘制尺子.cdr。

图 3-127

1．制作尺子和刻度

（1）按 Ctrl+N 组合键，新建一个 A4 页面。选择"文件 > 导入"命令，弹出"导入"对话框。选择光盘中的"Ch03 > 素材 > 绘制尺子 > 01"文件，单击"导入"按钮，在页面中单击导入图片，如图 3-128 所示。

（2）选择"矩形"工具 ，按住 Ctrl 键，绘制一个正方形，效果如图 3-129 所示。单击属性栏中的"转换为曲线"按钮 ，将图形转换为曲线。选择"形状"工具 ，单击选取图形左上角的节点，按 Delete 键，删除节点，图形变为等腰直角三角形，效果如图 3-130 所示。

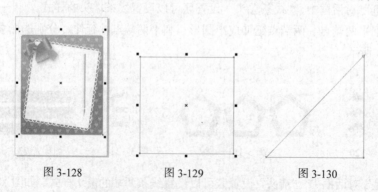

| 图 3-128 | 图 3-129 | 图 3-130 |

（3）选择"挑选"工具 ，按数字键盘上的+键，复制一个图形。按住 Shift 键，向内拖曳图

形右上角的控制手柄，将图形缩小，并移动到适当的位置，如图 3-131 所示。按住 Alt 键，单击鼠标将较大的三角形同时选取，单击属性栏中的"后减前"按钮，将两个图形剪切为一个图形，如图 3-132 所示。设置图形填充颜色的 CMYK 值为：0、40、0、0，填充图形。

（4）选择"折线"工具，绘制一条直线，如图 3-133 所示。选择"挑选"工具，按数字键盘上的+键，复制一条直线，将直线垂直向下移动到适当的位置，如图 3-134 所示。

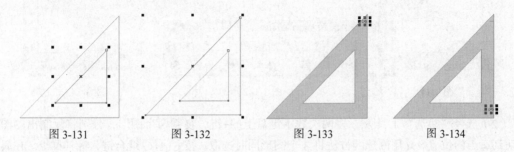

图 3-131   图 3-132   图 3-133   图 3-134

（5）选择"挑选"工具，选取上方的直线。选择"交互式调和"工具，将光标从上方直线拖曳到下方直线上，在属性栏中进行设置，如图 3-135 所示。按 Enter 键，效果如图 3-136 所示。

（6）选择"挑选"工具，按数字键盘上的+键，复制一个调和图形，将其宽度调整到原先大小的一半，并将图形向右移动适当的位置，如图 3-137 所示。

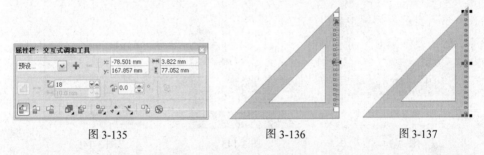

图 3-135   图 3-136   图 3-137

（7）选择"交互式调和"工具，在属性栏中将"调和步数"选项设为 94，其他选项的设置如图 3-138 所示。按 Enter 键，取消图形的选取状态，效果如图 3-139 所示。

（8）选择"挑选"工具，用圈选的方法将调和图形同时选取，按 Ctrl+G 组合键，将其群组。按数字键盘上的+键，复制图形，在属性栏中将"旋转角度" ○ 0.0 选项设置为 270，并将图形拖曳到适当的位置，取消图形的选取状态，效果如图 3-140 所示。

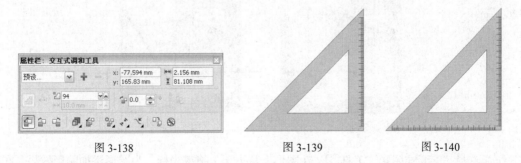

图 3-138   图 3-139   图 3-140

2．制作高光图形

（1）选择"矩形"工具，绘制一个矩形。填充图形为白色，并去除图形的轮廓线，效果如

图 3-141 所示。选择"交互式透明"工具 ，在属性栏中进行设置，如图 3-142 所示。按 Enter 键，图形的透明效果如图 3-143 所示。

图 3-141　　　　　　　　　　图 3-142　　　　　　　　　　图 3-143

（2）选择"挑选"工具 ，按两次数字键盘上的+键，复制两个图形，分别将复制出的图形移动到适当的位置。并用圈选的方法将 3 个图形同时选取，按 Ctrl+G 组合键，将其群组。在属性栏中将"旋转角度" 选项设为 6.2，按 Enter 键，效果如图 3-144 所示。

（3）选择"效果 > 图框精确剪裁 > 放置在容器中"命令，鼠标的光标变为黑色箭头形状，在图形上单击，如图 3-145 所示。将群组图形置入到图形中，效果如图 3-146 所示。

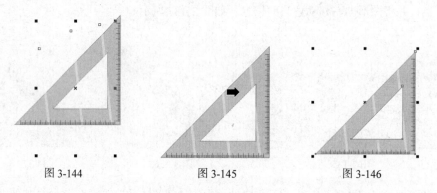

图 3-144　　　　　　　　　　图 3-145　　　　　　　　　　图 3-146

（4）选择"挑选"工具 ，用圈选的方法选取图形，按 Ctrl+G 组合键，将其群组。在属性栏中将"旋转角度" 选项设为 115.2，按 Enter 键，效果如图 3-147 所示。用相同的方法制作其他颜色的直角三角形，效果如图 3-148 所示。

图 3-147　　　　　　　　　　图 3-148

（5）选择"交互式阴影"工具 ，在图形上从下至上拖曳光标，为图形添加阴影效果。在属性栏中进行设置，如图 3-149 所示。按 Enter 键，效果如图 3-150 所示。尺子绘制完成，效果如图 3-151 所示。

图 3-149

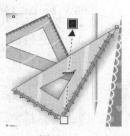

图 3-150

图 3-151

3.4 标准填充

在 CorelDRAW X4 中，颜色的填充包括对图形对象的轮廓和内部的填充。图形对象的轮廓只能填充单色，而图形对象的内部可以进行单色、渐变、图案等多种方式的填充。通过对图形对象的轮廓和内部进行颜色填充，可以制作出绚丽的作品。

3.4.1 使用调色板填充颜色

调色板是给图形对象填充颜色的最快途径。通过选取调色板中的颜色，可以把一种新颜色快速填充到图形对象中。

在 CorelDRAW X4 中提供了多种调色板，选择"窗口 > 调板色"命令，将弹出可供选择的多种颜色调色板。CorelDRAW X4 在默认状态下使用的是 CMYK 调色板。

调色板一般在屏幕的右侧。使用"挑选"工具 ，选中屏幕右侧的条形色板，如图 3-152 所示。用鼠标左键拖曳条形色板到屏幕的中间，调色板变为如图 3-153 所示。

绘制一个要填充的图形对象。使用"挑选"工具 选中要填充的图形对象，如图 3-154 所示。在调色板中选中的颜色上单击鼠标左键，如图 3-155 所示，图形对象的内部即被选中的颜色填充，如图 3-156 所示。单击调色板中的 ，可取消对图形对象内部的颜色填充。

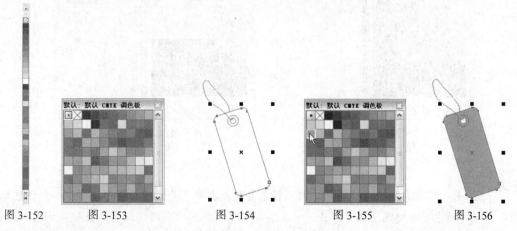

图 3-152　　　图 3-153　　　　　图 3-154　　　　　图 3-155　　　　　图 3-156

选取需要的图形，如图 3-157 所示。在调色板中选中的颜色上单击鼠标右键，如图 3-158 所示，图形对象的轮廓线即被选中的颜色填充，填充适当的轮廓宽度，如图 3-159 所示。

图 3-157   图 3-158   图 3-159

技巧 选中调色板中的色块，按住鼠标左键不放，拖曳色块到图形对象上，松开鼠标左键，也可填充对象。

3.4.2 标准填充对话框

选择"填充"工具 展开工具栏中的"填充对话框"按钮 ，或按 Shift+F11 组合键，弹出"均匀填充"对话框，可以在对话框中设置需要的颜色。

在对话框中提供了 3 种设置颜色的方式，分别是模型、混合器和调色板，选择其中的任何一种方式都可以设置需要的颜色。

1．模型

模型设置框如图 3-160 所示，在设置框中提供了完整的色谱。通过操作颜色关联控件可更改颜色，也可以通过在颜色模式的各参数值框中设置数值来设定需要的颜色。在设置框中还可以选择不同的颜色模式，模型设置框默认的是 CMYK 模式，如图 3-161 所示。

图 3-160   图 3-161

技巧 如果有经常需要使用的颜色，调配好需要的颜色后，单击对话框中的"添加到调色板"按钮，可以将颜色添加到调色板中。在下一次需要使用时就不需要再调配了，直接在调色板中调用就可以了。

调配好需要的颜色后，单击"确定"按钮，可以将需要的颜色填充到图形对象中。

2．混和器

混和器设置框如图 3-162 所示，混和器设置框是通过组合其他颜色的方式来生成新颜色。通过转动色环或从"色度"选项的下拉列表中选择各种形状，可以设置需要的颜色。从"变化"选项的下拉列表中选择各种选项，可以调整颜色的明度。调整"大小"选项下的滑动块可以使选择的颜色更丰富。

可以通过在颜色模式的各参数值框中设置数值来设定需要的颜色。在设置框中还可以选择不同的颜色模式，混合器设置框默认的是 CMYK 模式，如图 3-163 所示。

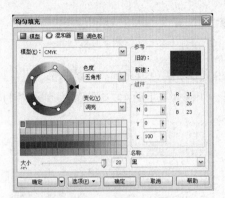
图 3-162

图 3-163

3．调色板

调色板设置框如图 3-164 所示，调色板设置框是使用 CorelDRAW X4 中已有颜色库中的颜色来填充图形对象。在"调色板"选项的下拉列表中可以选择需要的颜色库，如图 3-165 所示。

在调色板中的颜色上单击就可以选中需要的颜色，调整"淡色"选项下的滑块可以使选择的颜色变淡。调配好需要的颜色后，单击"确定"按钮，可以将需要的颜色填充到图形对象中。

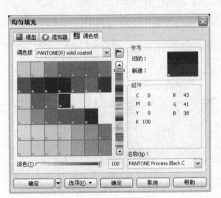
图 3-164

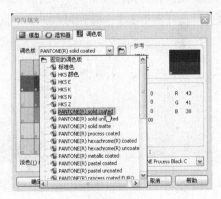
图 3-165

3.4.3 使用"颜色"泊坞窗填充

"颜色"泊坞窗是为图形对象填充颜色的辅助工具，特别适合在实际工作中应用。

选择"填充"工具展开工具栏下的"颜色泊坞窗"按钮，弹出"颜色"泊坞窗，如图 3-166 所示。

绘制一个酒杯，如图 3-167 所示。在"颜色"泊坞窗中调配颜色，如图 3-168 所示。

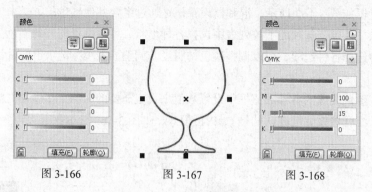

图 3-166 图 3-167 图 3-168

调配好颜色后，单击"填充"按钮，如图 3-169 所示，颜色填充到酒杯的内部，效果如图 3-170 所示。也可在调配好颜色后，单击"轮廓"按钮，如图 3-171 所示，填充颜色到酒杯的轮廓线，效果如图 3-172 所示。

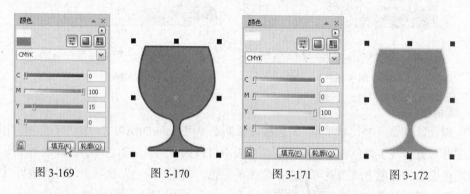

图 3-169 图 3-170 图 3-171 图 3-172

在"颜色"泊坞窗的右上角有 3 个按钮，分别是"显示颜色滑块"、"显示颜色查看器"、"显示调色板"。分别单击 3 个按钮可以选择不同的调配颜色的方式，如图 3-173 所示。

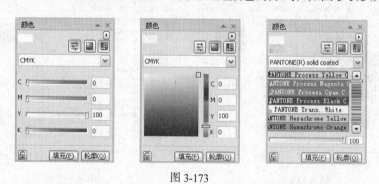

图 3-173

3.5 渐变填充

渐变填充是一种非常实用的功能，在设计制作中经常会用到。在 CorelDRAW X4 中，渐变填充提供了线性、射线、圆锥和方角 4 种渐变色彩的形式，可以绘制出多种渐变颜色效果。下面介绍使用渐变填充的方法和技巧。

3.5.1　使用属性栏和工具进行填充

1．使用属性栏进行填充

绘制一个图形，效果如图 3-174 所示。单击"交互式填充"工具，弹出其属性栏，如图 3-175 所示。选择"线性"填充选项，图形以预设的颜色填充，效果如图 3-176 所示。

图 3-174　　　　　　　　　　　图 3-175　　　　　　　　　　　图 3-176

单击属性栏右侧的黑色三角按钮，弹出其下拉选项，可以选择渐变的类型。射线、圆锥、方角的填充效果如图 3-177 所示。

图 3-177

属性栏中的"填充下拉式"用于选择渐变起点颜色，"最终填充挑选器"用于选择渐变终点颜色，"渐变填充中心点"文本框用于设置渐变的中心点，"渐变填充角和边界"文本框用于设置渐变填充的角度和边缘宽度，"渐变步长值"文本框用于设置渐变的层次。

2．使用工具填充

绘制一个图形，效果如图 3-178 所示。选择"交互式填充"工具，在起点颜色的位置单击并按住鼠标左键拖曳鼠标到适当的位置，松开鼠标左键，图形被填充了预设的颜色，效果如图 3-179 所示。在拖曳的过程中可以控制渐变的角度、渐变的边缘宽度等渐变属性。

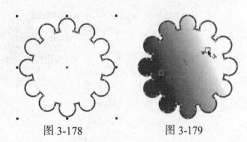

图 3-178　　　　图 3-179

拖曳起点颜色和终点颜色可以改变渐变的角度和边缘宽度。拖曳中间点可以调整渐变颜色的分布。拖曳渐变虚线可以控制颜色渐变与图形之间的相对位置。

3.5.2　使用"渐变填充"对话框填充

选择"填充"工具展开工具栏中的"渐变填充对话框"工具，弹出"渐变填充方式"对话框。在对话框中的"颜色调和"设置区中可选择渐变填充的两种类型："双色"或"自定义"渐变填充。

1. 双色渐变填充

"双色"渐变填充的对话框如图 3-180 所示。在对话框中的"预设"选项中包含了 CorelDRAW X4 预设的一些渐变效果。如果调配好一个渐变效果，可以单击"预设"选项右侧的 ■ 按钮，将调配好的渐变效果添加到预设选项中；单击"预设"选项右侧的 ■ 按钮，可以删除预设选项中的渐变效果。

在"颜色调和"设置区的中部有 3 个按钮，可以用它们来确定颜色在"色轮"中所要遵循的路径。在上方的 按钮表示由沿直线变化的色相和饱和度来决定中间的填充颜色。在中间的 按钮表示以"色轮"中沿逆时针路径变化的色相和饱和度决定中间的填充颜色。在下面的 按钮表示以"色轮"中沿顺时针路径变化的色相和饱和度决定中间的填充颜色。

在对话框中设置好渐变颜色后，单击"确定"按钮，完成图形的渐变填充。

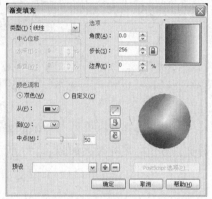

图 3-180

2. 自定义渐变填充

单击选择"自定义"单选项，如图 3-181 所示。在"颜色调和"设置区中，出现了"预览色带"和"调色板"。在"预览色带"上方的左右两侧各有一个小正方形，分别表示自定义渐变填充的起点和终点颜色。单击终点的小正方形将其选中，小正方形由白色变为黑色，如图 3-182 所示。再单击调色板中的颜色，可改变自定义渐变填充终点的颜色。

图 3-181

图 3-182

在"预览色带"上的起点和终点颜色之间双击，将在预览色带上产生一个黑色倒三角形 ▼，也就是新增了一个渐变颜色标记，如图 3-183 所示。"位置"选项中显示的百分数就是当前新增渐变颜色标记的位置。"当前"选项中显示的颜色就是当前新增渐变颜色标记的颜色。

在"调色板"中单击需要的渐变颜色，"预览色带"上新增渐变颜色标记上的颜色将改变为需要的新颜色。"当前"选项中将显示新选择的渐变颜色，如图 3-184 所示。

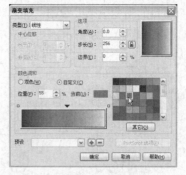

图 3-183　　　　　　　　　　　　图 3-184

在"预览色带"上的新增渐变颜色标记上单击并拖曳鼠标，可以调整新增渐变颜色的位置，"位置"选项中的百分数的数值将随着改变。直接改变"位置"选项中的百分数的数值也可以调整新增渐变颜色的位置，如图 3-185 所示。

使用相同的方法可以在"预览色带"上新增多个渐变颜色，制作出更符合设计需要的渐变效果，如图 3-186 所示。

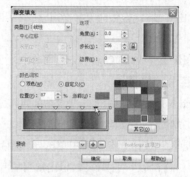

图 3-185　　　　　　　　　　　　图 3-186

3.5.3　渐变填充的样式

绘制一个图形，效果如图 3-187 所示。在"渐变填充方式"对话框中的"预设"选项中包含了 CorelDRAW X4 预设的一些渐变效果，如图 3-188 所示。

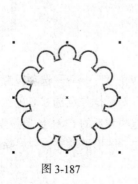

图 3-187　　　　　　　　　　　　图 3-188

選擇好一個預設的漸變效果，單擊"確定"按鈕，可以完成漸變填充。使用預設的漸變效果填充的各種漸變效果如圖 3-189 所示。

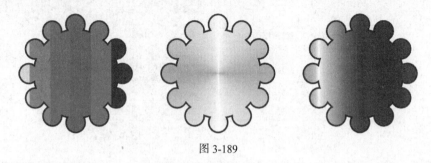

图 3-189

3.5.4 课堂案例——制作百分比拼图

【案例学习目标】学习使用渐变填充工具制作百分比拼图。

【案例知识要点】使用椭圆形工具绘制饼形图；使用渐变填充工具为图形填充渐变色；使用交互式立体化工具制作图形立体效果。百分比拼图效果如图 3-190 所示。

【效果所在位置】光盘/Ch03/效果/制作百分比拼图.cdr。

图 3-190

1. 绘制百分比拼图

（1）按 Ctrl+N 组合键，新建一个 A4 页面。选择"文件 > 导入"命令，弹出"导入"对话框。选择光盘中的"Ch03 > 素材 > 制作百分比拼图 > 01"文件，单击"导入"按钮，在页面中单击导入图片，如图 3-191 所示。

（2）选择"椭圆形"工具○，单击属性栏中的"饼形"按钮○，其他选项的设置如图 3-192 所示。按住 Ctrl 键，绘制一个图形，如图 3-193 所示。

图 3-191

图 3-192

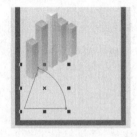

图 3-193

（3）选择"挑选"工具，在属性栏中将"旋转角度" 选项设置为 127，按 Enter 键。选择"渐变填充对话框"工具■，弹出"渐变填充"对话框。点选"双色"单选框，将"从"选项颜色的 CMYK 值设置为：100、0、0、0，"到"选项颜色的 CMYK 值设置为：46、0、19、0，其他选项的设置如图 3-194 所示。单击"确定"按钮，图形被填充，并去除图形的轮廓线，效果如图 3-195 所示。

74

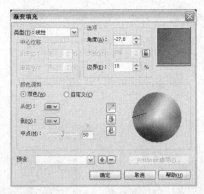

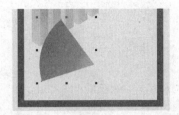

图 3-194   图 3-195

（4）选择"挑选"工具 ，按数字键盘上的+键，复制一个图形。再次单击图形，将旋转中心拖曳到适当的位置，如图 3-196 所示。拖曳旋转控制手柄到适当的角度，效果如图 3-197 所示。

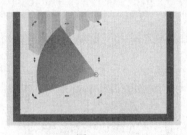

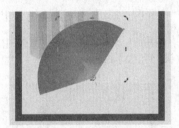

图 3-196   图 3-197

（5）选择"渐变填充对话框"工具 ，弹出"渐变填充"对话框。点选"双色"单选框，将"从"选项颜色的 CMYK 值设置为：100、0、0、0，"到"选项颜色的 CMYK 值设置为：46、0、19、0，其他选项的设置如图 3-198 所示。单击"确定"按钮，图形被填充，并去除图形的轮廓线，效果如图 3-199 所示。

（6）选择"挑选"工具 ，按数字键盘上的+键，复制一个图形。再次单击图形，拖曳旋转控制手柄到适当的角度，效果如图 3-200 所示。

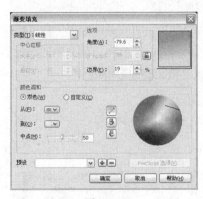

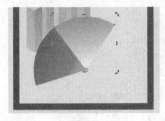

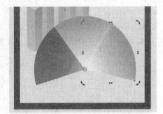

图 3-198   图 3-199   图 3-200

（7）选择"渐变填充对话框"工具 ，弹出"渐变填充"对话框。点选"双色"单选框，将"从"选项颜色的 CMYK 值设置为：100、0、0、0，"到"选项颜色的 CMYK 值设置为：46、0、19、0，其他选项的设置如图 3-201 所示。单击"确定"按钮，填充图形，并去除图形的轮廓线，效果如图 3-202 所示。选择"挑选"工具 ，在属性栏中将"起始角度" 选项设为 16，按 Enter 键，效果如图 3-203 所示。

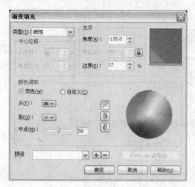

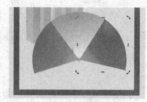

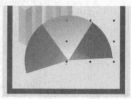

图 3-201 　　　　　　　图 3-202 　　　　　　　图 3-203

（8）选择"挑选"工具 ，按数字键盘上的+键，复制一个图形。再次单击图形，拖曳旋转控制手柄到适当的角度，效果如图 3-204 所示。在属性栏中将"起始角度" 选项设为 62，按 Enter 键，效果如图 3-205 所示。

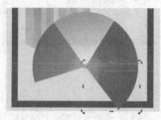

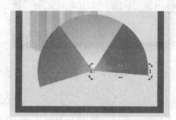

图 3-204 　　　　　　　　　　　　图 3-205

（9）选择"渐变填充对话框"工具 ，弹出"渐变填充"对话框。点选"双色"单选框，将"从"选项颜色的 CMYK 值设置为：0、61、0、0，"到"选项颜色的 CMYK 值设置为：0、100、0、0，其他选项的设置如图 3-206 所示。单击"确定"按钮，填充图形，并去除图形的轮廓线，效果如图 3-207 所示。

（10）选择"挑选"工具 ，按数字键盘上的+键，复制一个图形。再次单击图形，拖曳旋转控制手柄到适当的角度。设置图形填充颜色的 CMYK 值为：100、100、0、0，填充图形，效果如图 3-208 所示。用圈选的方法将图形同时选取，按 Ctrl+G 组合键，将图形群组。

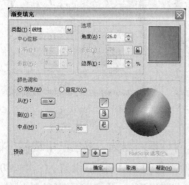

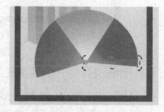

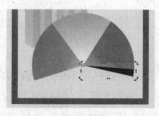

图 3-206 　　　　　　　图 3-207 　　　　　　　图 3-208

2．添加图形的立体效果

（1）选择"椭圆形"工具 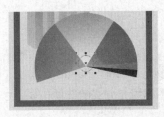，单击属性栏中的"椭圆形"按钮，按住 Ctrl 键的同时，绘制一个图形，如图 3-209 所示。

（2）选择"挑选"工具，按住 Shift 键的同时，单击选取群组图形，单击属性栏中的"后减前"按钮，将两个图形剪切为一个图形，效果如图 3-210 所示。

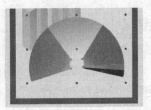

图 3-209　　　　　　　　　　图 3-210

（3）选择"交互式立体化"工具，鼠标的光标变为 图标，在图形上从中心至下拖曳光标，为图形添加立体效果。单击属性栏中"颜色"按钮，在弹出的面板中单击"使用递减的颜色"按钮，将"从"选项颜色的 CMYK 值设为 10、100、0、0，"到"选项颜色的 CMYK 值设为 0、0、100、0，其他选项的设置如图 3-211 所示。按 Enter 键，效果如图 3-212 所示。

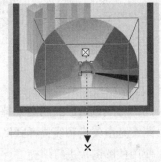

图 3-211　　　　　　　　　　图 3-212

（4）选择"文本"工具，分别输入需要的文字。选择"挑选"工具，分别在属性栏中选择合适的字体并设置文字大小，填充文字为白色，效果如图 3-213 所示。百分比拼图制作完成，效果如图 3-214 所示。

图 3-213　　　　　　　　　　图 3-214

3.6 图样填充和底纹填充

底纹填充是随机产生的填充，它使用小块的位图填充图形，可以给图形一个自然的外观。底纹填充只能使用 RGB 颜色，所以在打印输出时可能会与屏幕显示的颜色有差别。

3.6.1 图样填充

选择"填充"工具 展开工具栏中的"图样填充对话框"工具 ，弹出"图样填充"对话框。在对话框中有"双色"、"全色"和"位图"3 种图样填充方式的选项，如图 3-215 所示。

双色

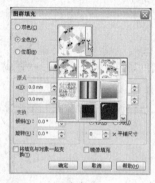
全色

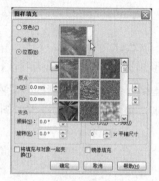
位图

图 3-215

双色：用两种颜色构成的图案来填充，也就是通过设置前景色和背景色的颜色来填充。

全色：图案是由矢量和线描样式图像来生成的。

位图：使用位图图片进行填充。

装入：可载入已有图片。

创建：弹出"双色图案编辑器"对话框，单击鼠标左键绘制图案。

：用来设置平铺图案的尺寸大小。

：用来使图案产生倾斜及旋转变化。

：用来使填充图案的行或列产生位移。

3.6.2 底纹填充

选择"填充"工具 展开工具栏中的"底纹填充对话框"工具 ，弹出"底纹填充"对话框。在对话框中，CorelDRAW X4 的底纹库提供了多个样本组和几百种预设的底纹填充图案，如图 3-216 所示。

在对话框中的"底纹库"选项的下拉列表中可以选择不同的样本组。CorelDRAW X4 底纹库提供了 9 个样本组。选择样本组后，在下面的"底纹列表"中，显示出样本组中的多个底纹的名称。单击选中一个底纹样式，下面的"预览"框中显示出底纹的效果。

绘制一个图形，在"底纹列表"中选择需要的底纹效果后，单击"确定"按钮，可以将底纹填充到图形对象中。几个填充不同底纹的图形效果如图 3-217 所示。

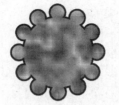

图 3-216　　　　　　　　　　　　　　　图 3-217

选择"交互式填充"工具，弹出其属性栏，选择"底纹填充"选项，单击属性栏中的"填充下拉式"图标，在弹出的"填充底纹"下拉列表中可以选择底纹填充的样式。

注意　底纹填充会增加文件的大小，并使操作的时间增长，在对大型的图形对象使用底纹填充时要慎重。

3.6.3　课堂案例——绘制底纹

【案例学习目标】学习使用基本形状工具和图样填充工具绘制底纹。

【案例知识要点】使用基本形状工具绘制水滴形、心形、星形和圆环图形；使用图样填充对话框工具制作图案填充效果。底纹效果如图 3-218 所示。

【效果所在位置】光盘/Ch03/效果/绘制底纹.cdr。

（1）按 Ctrl+N 组合键，新建一个 A4 页面，单击属性栏中的"横向"按钮，页面显示为横向页面。

图 3-218

（2）选择"文件 > 导入"命令，弹出"导入"对话框。选择光盘中的"Ch03 > 素材 > 绘制底纹 > 01"文件，单击"导入"按钮，在页面中单击导入图片，效果如图 3-219 所示。

（3）选择"基本形状"工具，在属性栏中单击"完美图形"按钮，在弹出的面板中选择需要的形状，如图 3-220 所示。拖曳鼠标绘制图形，单击属性栏中的"垂直镜像"按钮，垂直翻转图形。设置图形轮廓色的 CMYK 值为：55、15、100、0，填充图形轮廓线的颜色，如图 3-221 所示。

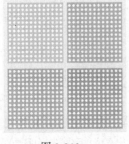
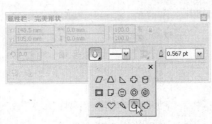
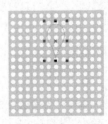

图 3-219　　　　　　　　　图 3-220　　　　　　　　　图 3-221

（4）选择"挑选"工具 ，在数字键盘上按+键，复制一个图形。再次单击图形，使其处于旋转状态，将旋转中心向下拖曳到适当的位置，如图 3-222 所示。在属性栏中将"旋转角度" ↻ 0.0 。选项设为 40，按 Enter 键，效果如图 3-223 所示。按住 Ctrl 键，再连续点按 D 键，按需要再制出多个图形，效果如图 3-224 所示。

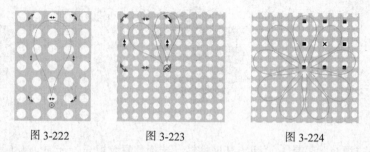

| 图 3-222 | 图 3-223 | 图 3-224 |

（5）选择"挑选"工具 ，用圈选的方法将图形同时选取，按 Ctrl+G 组合键，将其群组。选择"图样填充对话框"工具 ，弹出"图样填充"对话框。设置"前部"选项颜色的 CMYK 值为：46、2、99、0，单击"图样"选项右侧的按钮 ，在弹出的面板中选择需要的图案，如图 3-225 所示。单击"确定"按钮，填充效果如图 3-226 所示。

（6）选择"椭圆形"工具 ，按住 Ctrl 键，绘制一个圆形，填充图形颜色为白色，并在"CMYK 调色板"中的"绿"色块上单击鼠标右键，填充图形轮廓线的颜色，效果如图 3-227 所示。

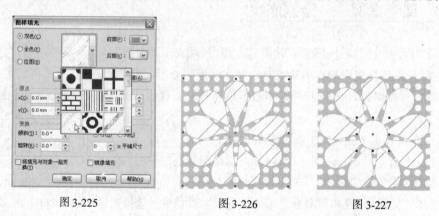

| 图 3-225 | 图 3-226 | 图 3-227 |

（7）选择"基本形状"工具 ，在属性栏中单击"完美图形"按钮 ，在弹出的面板中选择需要的形状，如图 3-228 所示。拖曳鼠标绘制图形，效果如图 3-229 所示。

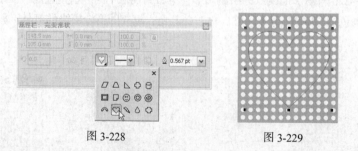

| 图 3-228 | 图 3-229 |

（8）选择"图样填充对话框"工具 ，弹出"图样填充"对话框。设置"前部"选项颜色的 CMYK 值为：0、40、20、0，单击"图样"选项右侧的按钮 ，在弹出的面板中选择需要的图案，

如图 3-230 所示。单击"确定"按钮，填充效果如图 3-231 所示。

（9）在"CMYK 调色板"中的"粉"色块上单击鼠标右键，填充图形轮廓线的颜色，效果如图 3-232 所示。

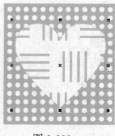

图 3-230　　　　　　　　图 3-231　　　　　　　　图 3-232

（10）选择"星形"工具，在属性栏中进行设置，如图 3-233 所示。按住 Ctrl 键，在页面中绘制一个星形，如图 3-234 所示。

（11）选择"图样填充对话框"工具，弹出"图样填充"对话框。单击"图样"选项右侧的按钮，在弹出的面板中选择需要的图案，并将"前部"颜色设为"黄"，其他选项的设置如图 3-235 所示。单击"确定"按钮，去除图形的轮廓线，效果如图 3-236 所示。

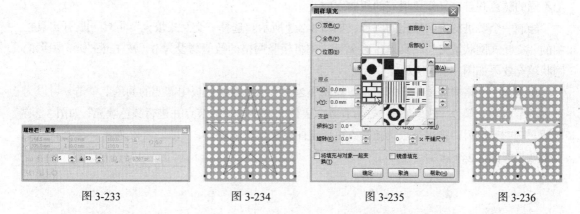

图 3-233　　　　　　图 3-234　　　　　　　图 3-235　　　　　　　图 3-236

（12）选择"基本形状"工具，在属性栏中单击"完美图形"按钮，在弹出的面板中选择需要的形状，如图 3-237 所示。按住 Ctrl 键，拖曳鼠标绘制图形，效果如图 3-238 所示。

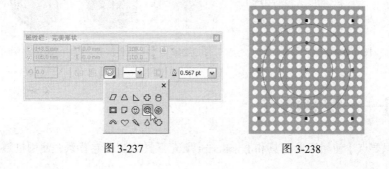

图 3-237　　　　　　图 3-238

（13）选择"图样填充对话框"工具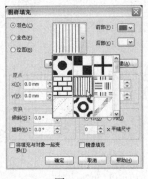，弹出"图样填充"对话框。单击"图样"选项右侧的按钮，在弹出的面板中选择需要的图案，并将"前部"颜色设为"天蓝"，其他选项的设置如图 3-239 所示。单击"确定"按钮，效果如图 3-240 所示。

（14）在"CMYK 调色板"中的"蓝"色块上单击鼠标右键，填充图形轮廓线的颜色，效果如图 3-241 所示。底纹绘制完成，效果如图 3-242 所示。

 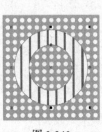 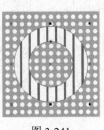 

图 3-239　　　　　图 3-240　　　　　图 3-241　　　　　图 3-242

3.7 "交互式网状填充"工具填充

使用"交互式网状填充"工具可以制作出变化丰富的网状填充效果，还可以将每个网点填充上不同的颜色并且定义颜色填充的扭曲方向。

绘制一个要进行网状填充的图形，如图 3-243 所示。选择"交互式填充"工具展开工具栏中的"交互式网状填充"工具，在属性栏中将横竖网格的数值均设为 3，按 Enter 键，图形的网状填充效果如图 3-244 所示。

单击选中网格中需要填充的节点，如图 3-245 所示。在调色板中需要的颜色上单击，可以为选中的节点填充颜色，效果如图 3-246 所示。再依次选中需要的节点并进行颜色填充，如图 3-247 所示。选中节点后，拖曳节点的控制点可以扭曲颜色填充的方向，如图 3-248 所示。交互式网状填充效果如图 3-249 所示。

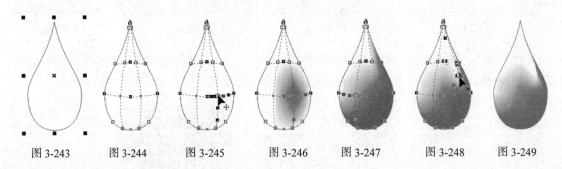

图 3-243　　图 3-244　　图 3-245　　图 3-246　　图 3-247　　图 3-248　　图 3-249

课堂练习——绘制画卷

【练习知识要点】使用矩形工具和 PostScript 填充工具绘制画卷背景；使用贝塞尔工具和交互

式调和工具绘制荷叶图形；使用椭圆形工具和后剪前命令制作月亮图形；使用图框精确剪裁命令将图形和文字置入到底图中。画卷效果如图 3-250 所示。

【效果所在位置】光盘/Ch03/效果/绘制画卷.cdr。

图 3-250

课后习题——绘制新年贺卡

【习题知识要点】使用矩形和渐变填充工具绘制贺卡背景；使用文本工具和交互式轮廓图工具为文字添加轮廓；使用矩形工具和交互式透明工具绘制底图图形；使用艺术笔工具绘制装饰图形。新年贺卡效果如图 3-251 所示。

【效果所在位置】光盘/Ch03/效果/绘制新年贺卡.cdr。

图 3-251

第4章

对象的排序和组合

　　排序和组合图形对象是设计工作中最基本的对象编辑操作方法。本章主要讲解了对象的编辑方法和组合技巧，通过这些内容的学习，可以自如地排列和组合对象来提高设计效率，使整体设计元素的布局和组织更加合理。

课堂学习目标

- 掌握对齐和分布对象的方法和技巧
- 掌握对象排序的方法
- 掌握锁定对象的方法和技巧
- 掌握群组和结合图形的技巧

4.1　对象的对齐和分布

在 CorelDRAW X4 中，提供了对齐和分布功能来设置对象的对齐和分布方式。下面介绍对齐和分布的使用方法和技巧。

4.1.1　多个对象的对齐

使用"挑选"工具选中多个要对齐的对象，选择"排列 > 对齐和分布 > 对齐与分布"命令，或按 A 键，或单击属性栏中的"对齐与分布"按钮，弹出如图 4-1 所示的"对齐与分布"对话框。

在"对齐与分布"对话框中的"对齐"选项卡下，可以选择两组对齐方式选项，如左、中、右对齐或者上、中、下对齐。两组对齐方式选项可以单独使用，也可以配合使用，如对齐右下、左上等设置就需要配合使用。

图 4-1

在"对齐对象到"选项中包括"页边"或"页面中心"选项，用于设置图形对象以页面的什么位置为基准进行对齐。"页边"或"页面中心"选项必须与左、中、右对齐或者上、中、下对齐选项同时使用，以指定图形对象的某个部分去和页面边缘或页面中心对齐。

> **提示**　在"对齐与分布"对话框中，还可以进行多种图形对齐方式的设置，只要多练习就可以很快掌握。

选择"挑选"工具，按住 Shift 键，单击几个要对齐的图形对象将它们全选，如图 4-2 所示。注意要将图形目标对象最后选中，因为其他图形对象将以图形目标对象为基准对齐，本例中以右下角的盒子图形为图形目标对象，所以最后一个选中它。

选择"排列 > 对齐和分布 > 对齐与分布"命令，弹出"对齐与分布"对话框。在对话框中，单击选择"右"对齐复选框，如图 4-3 所示进行设定。再单击"应用"按钮，将几个图形对象右对齐，效果如图 4-4 所示。

图 4-2

图 4-3

图 4-4

原图如图 4-2 所示。在"对齐与分布"对话框中，选择"对齐对象到"选项中的"页面中心"选项，并取消勾选上方的"中"对齐复选框，如图 4-5 所示。再单击"应用"按钮，几个图形对象的对齐效果如图 4-6 所示。

图 4-5   图 4-6

4.1.2　多个对象的分布

使用"挑选"工具 ，选择多个要分布的图形对象，如图 4-7 所示。再选择"排列 > 对齐和分布 > 对齐与分布"命令，弹出"对齐与分布"对话框。单击"分布"选项卡，显示"分布"对话框，如图 4-8 所示。

图 4-7   图 4-8

在"分布"对话框中有两种分布形式，分别是沿垂直方向分布和沿水平方向分布。可以选择不同的基准点来分布对象。

在"分布"对话框中，分别选择"选定的范围"和"页面的范围"选项，如图 4-9 所示进行设定。再单击"应用"按钮，几个图形对象的分布效果如图 4-10 所示。

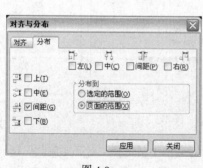

图 4-9   图 4-10

4.2　对象的排序

在 CorelDRAW X4 中，绘制的图形对象都存在着重叠的关系，如果在绘图页面中的同一位置先后绘制两个不同的背景图形对象，后绘制的图形对象将位于先绘制图形对象的上方。

使用 CorelDRAW X4 的排序功能可以安排多个图形对象的前后排序，也可以使用图层来管理图形对象。

4.2.1　图形对象的排序

在绘图页面中先后绘制几个不同的图形对象，如图 4-11 所示。使用"挑选"工具 ，选择要进行排序的图形对象，效果如图 4-12 所示。

选择"排列 > 顺序"子菜单下的各个命令，可将已选择的图形对象排序，如图 4-13 所示。

图 4-11　　　　　　　　　图 4-12　　　　　　　　　　　　　　　　图 4-13

选择"到页面前面"命令，可以将背景图形从当前层移动到绘图页面中其他图形对象的最前面，效果如图 4-14 所示。按 Shift+PageUp 组合键，也可以完成这个操作。

选择"到图层后面"命令，可以将背景图形从当前层移动到绘图页面中其他图形对象的最后面，效果如图 4-15 所示。按 Shift+PageDown 组合键，也可以完成这个操作。

选择"向前一层"命令，可以将选定的背景图形从当前位置向前移动一个图层，效果如图 4-16 所示。按 Ctrl+PageUp 组合键，也可以完成这个操作。

图 4-14　　　　　　　　　图 4-15　　　　　　　　　图 4-16

当图形位于图层最前面的位置时，选择"向后一层"命令，可以将选定的背景图形从当前位置向后移动一个图层，效果如图 4-17 所示。按 Ctrl+PageDown 组合键，也可以完成这个操作。

选择"置于此对象前"命令，可以将选择的图形放置到指定图形对象的前面。选择"置于此对象前"命令后，鼠标的光标变为黑色箭头，使用黑色箭头单击指定的图形对象，如图 4-18 所示。图形被放置到指定的图形对象的前面，效果如图 4-19 所示。

图 4-17   图 4-18   图 4-19

选择"置于此对象后"命令，可以将选择的图形放置到指定图形对象的后面。选择"置于此对象后"命令后，鼠标的光标变为黑色箭头，使用黑色箭头单击指定的图形对象，如图 4-20 所示。图形被放置到指定的图形对象的后面，效果如图 4-21 所示。

图 4-20   图 4-21

4.2.2　课堂案例——室内平面图

【案例学习目标】学习使用对齐和分布命令来制作室内平面图。

【案例知识要点】使用对齐和分布命令对齐图形。室内平面图效果如图 4-22 所示。

【效果所在位置】光盘/Ch04/效果/室内平面图.cdr。

（1）按 Ctrl+N 组合键，新建一个页面，在属性栏"纸张宽度和高度"选项中分别设置宽度为 210mm，高度为 210mm，按 Enter 键，页面尺寸显示为设置的大小。

（2）选择"文件 > 打开"命令，弹出"打开绘图"对话框。

图 4-22

选择光盘中的"Ch04 > 素材 > 室内平面图 > 01"文件，单击"打开"按钮，将图形粘贴到页面中，并拖曳到适当的位置，效果如图 4-23 所示。

（3）选择"文件 > 导入"命令，弹出"导入"对话框。选择光盘中的"Ch04 > 素材 > 室内平面图 > 02"文件，单击"导入"按钮，在页面中单击导入沙发图形，将其拖曳到适当的位置，效果如图 4-24 所示。

（4）选择"挑选"工具，按两次数字键盘上的+键，复制两个图形，分别将图形拖曳到适当的位置，如图 4-25 所示。

　　　图 4-23　　　　　　　　　　　图 4-24　　　　　　　　　　　图 4-25

（5）选择"挑选"工具，用圈选的方法将图形同时选取，选择"排列 > 对齐和分布 > 对齐和分布"命令，弹出"对齐与分布"对话框，选项的设置如图 4-26 所示。单击"应用"按钮，效果如图 4-27 所示。

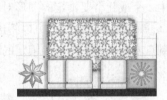

　　　　　　图 4-26　　　　　　　　　　　　　图 4-27

（6）选择"分布"选项，切换到相应的对话框，设置如图 4-28 所示。单击"应用"按钮，效果如图 4-29 所示。

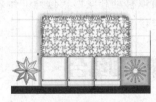

　　　　　　图 4-28　　　　　　　　　　　　　图 4-29

（7）选择"挑选"工具，单击选取沙发图形，按数字键盘上的+键，复制一个图形，并将其拖曳到适当的位置。在属性栏中将"旋转角度" 选项设为 90，按 Enter 键，效果如图 4-30 所示。按住 Shift 键的同时，单击鼠标的同时选取另一个图形，如图 4-31 所示。

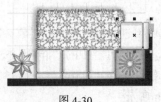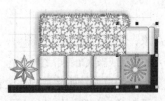

　　　　图 4-30　　　　　　　　　　图 4-31

（8）单击属性栏中的"对齐和分布"按钮，弹出"对齐与分布"对话框，设置如图 4-32 所示。单击"应用"按钮，效果如图 4-33 所示。室内平面图制作完成，效果如图 4-34 所示。

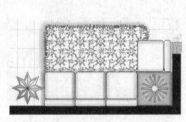

图 4-32   图 4-33   图 4-34

4.3 锁定对象

在绘图页面中绘制几个图形对象，如图 4-35 所示。使用"挑选"工具，选中需要锁定的图形对象，可以选中一个或几个要锁定的图形对象，如图 4-36 所示。

选择"排列 > 锁定对象"命令，可以将选中的图形对象锁定，如图 4-37 所示。被锁定后的图形对象周围控制点变为小锁头图标，锁定的图形对象不能移动和变形。

图 4-35   图 4-36   图 4-37

选中被锁定的图形对象，再选择"排列 > 解除锁定对象"命令，可以将图形对象解锁，解锁后的图形对象可以移动和变形。选择"排列 > 解除锁定全部对象"命令，可以同时解除所有被锁定对象的锁定状态。

4.4 群组和结合

在 CorelDRAW X4 中，提供了群组和结合功能。群组可以将多个不同的图形对象组合在一起，方便整体操作。结合可以将多个图形对象合并在一起，创建一个新的对象。下面介绍群组和结合的方法和技巧。

4.4.1 群组

绘制几个图形对象，使用"挑选"工具，选中要进行群组的图形对象，如图 4-38 所示。选择"排列 > 群组"命令，或按 Ctrl+G 组合键，或单击属性栏中的"群组"按钮，都可以将多个图形对象群组，效果如图 4-39 所示。按住 Ctrl 键，选择"挑选"工具，单击需要选取的子对象，松开 Ctrl 键，子对象被选取，效果如图 4-40 所示。

図 4-38　　　　　　　　　図 4-39　　　　　　　　　图 4-40

群组后的图形对象变成一个整体，移动一个对象，其他的对象将会随着移动；填充一个对象，其他的对象也将随着被填充。

选择"排列 > 取消群组"命令，或按 Ctrl+U 组合键，或单击属性栏中的"取消群组"按钮，可以取消对象的群组状态。选择"排列 > 取消全部群组"命令，或单击属性栏中的"取消全部群组"按钮，可以取消所有对象的群组状态。

提示　　在群组中，子对象可以是单个的对象，也可以是多个对象组成的群组，称之为群组的嵌套。使用群组的嵌套可以管理多个对象之间的关系。

4.4.2　结合

绘制几个图形对象，如图 4-41 所示。使用"挑选"工具，选中要进行结合的图形对象，如图 4-42 所示。

选择"排列 > 结合"命令，或按 Ctrl+L 组合键，或单击属性栏中的"结合"按钮，可以将多个图形对象结合，效果如图 4-43 所示。

使用"形状"工具，选中结合后的图形对象，可以对图形对象的节点进行调整，改变图形对象的形状，效果如图 4-44 所示。

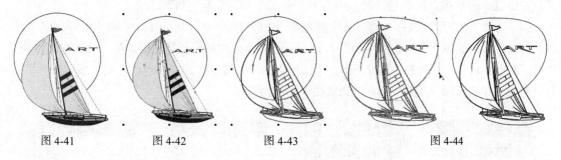

图 4-41　　　　　　图 4-42　　　　　　图 4-43　　　　　　图 4-44

选择"排列 > 拆分"命令，或按 Ctrl+K 组合键，或单击属性栏中的"拆分"按钮，可以取消图形对象的结合状态，原来结合的图形对象将变为多个单独的图形对象。

注意　　如果对象结合前有颜色填充，那么结合后的对象将显示最后选取对象的颜色。如果使用圈选的方法选取对象，将显示圈选框最下方对象的颜色。

4.4.3 课堂案例——绘制装饰图

【案例学习目标】学习使用矩形工具和结合命令制作装饰图。

【案例知识要点】使用矩形工具绘制矩形色块；使用交互式阴影工具为图形添加阴影效果；使用贝塞尔工具绘制不规则图形。装饰图效果如图 4-45 所示。

图 4-45

【效果所在位置】光盘/Ch04/效果/绘制装饰图.cdr。

1. 绘制背景效果

（1）按 Ctrl+N 组合键，新建一个 A4 页面。选择"矩形"工具 □，在页面中绘制一个矩形，如图 4-46 所示。在"CMYK 调色板"中的"青"色块上单击鼠标，填充图形，并去除图形的轮廓线，效果如图 4-47 所示。

（2）选择"挑选"工具 ▶，按住鼠标左键水平向右拖曳图形，并在适当的位置上单击鼠标右键，复制一个图形，效果如图 4-48 所示。按住 Ctrl 键，再连续点按 D 键，再制出 3 个图形，效果如图 4-49 所示。

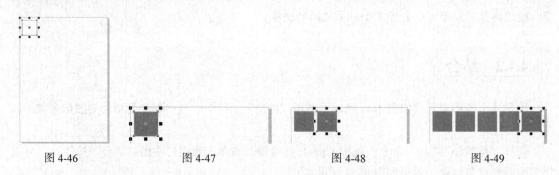

图 4-46   图 4-47   图 4-48   图 4-49

（3）选择"挑选"工具 ▶，用圈选的方法将矩形同时选中，按 Ctrl+G 组合键，将其群组。按住鼠标左键垂直向下拖曳图形，并在适当的位置上单击鼠标右键，复制图形，效果如图 4-50 所示。按住 Ctrl 键，再连续点按 D 键，再制出多个图形，效果如图 4-51 所示。

（4）选择"挑选"工具 ▶，单击选中页面第二行的群组图形，在"CMYK 调色板"中的"黄"色块上单击鼠标，填充图形，效果如图 4-52 所示。单击选中第四行的图形，在"CMYK 调色板"中的"红"色块上单击鼠标，填充图形。单击选中第六行的图形，在"CMYK 调色板"中的"橘红"色块上单击鼠标，填充图形，效果如图 4-53 所示。

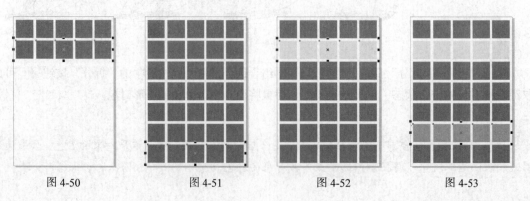

图 4-50   图 4-51   图 4-52   图 4-53

2．绘制底图效果

（1）选择"矩形"工具⬜，在页面中绘制一个矩形。在"CMYK 调色板"中的"白"色块上单击鼠标，填充图形，并去除图形的轮廓线，效果如图 4-54 所示。

（2）选择"交互式阴影"工具⬚，在图形上从上至下拖曳光标，为图形添加阴影效果。在属性栏中进行设置，如图 4-55 所示。按 Enter 键，效果如图 4-56 所示。

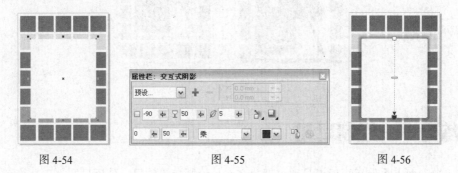

图 4-54　　　　　　　　　　　图 4-55　　　　　　　　　　　图 4-56

（3）选择"贝塞尔"工具✎，绘制一个不规则图形，如图 4-57 所示。在"CMYK 调色板"中的"绿"色块上单击鼠标，填充图形，在"橘红"色块上单击鼠标右键，填充图形的轮廓线，效果如图 4-58 所示。

（4）选择"贝塞尔"工具✎，绘制两个不规则图形，如图 4-59 所示。选择"挑选"工具▮，用圈选的方法选取三个图形，单击属性栏中的"结合"按钮▣，将三个图形结合为一个图形，效果如图 4-60 所示。

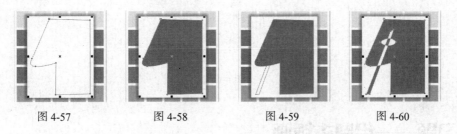

图 4-57　　　　　　图 4-58　　　　　　图 4-59　　　　　　图 4-60

（5）选择"螺纹"工具◎，在属性栏中单击"对称式螺纹"按钮◎，将"螺纹回圈"选项设为 2，如图 4-61 所示。拖曳鼠标绘制螺旋形。按 F12 键，弹出"轮廓笔"对话框，在"颜色"选项中设置轮廓线的颜色为"白"，将"宽度"选项设为 3，其他选项的设置为默认值，单击"确定"按钮，效果如图 4-62 所示。

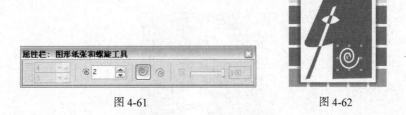

图 4-61　　　　　　　　　　　图 4-62

（6）选择"文件 > 打开"命令，弹出"打开绘图"对话框。选择光盘中的"Ch04 > 素材 > 绘制装饰图 > 01"文件，单击"打开"按钮，将图形粘贴到页面中，并拖曳到适当的位置，效果如图 4-63 所示。装饰图绘制完成，效果如图 4-64 所示。

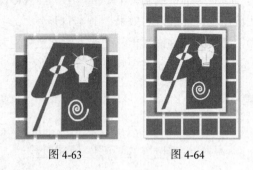

图 4-63　　　　　　　图 4-64

课堂练习——绘制耳机

【练习知识要点】使用矩形工具和纹理填充工具绘制背景效果；使用贝塞尔工具绘制耳机线；使用 3 点椭圆形工具绘制耳麦；使用闭合路径命令将两条曲线闭合；使用矩形工具和交互式调和工具制作装饰图形。耳机效果如图 4-65 所示。

【效果所在位置】光盘/Ch04/效果/绘制耳机.cdr。

图 4-65

课后习题——绘制木版画

【习题知识要点】使用椭圆形工具绘制小鸡身体图形；使用贝塞尔工具绘制小鸡腿部图形；使用矩形和渐变填充工具绘制木版画背景；使用文本工具添加直排文字；使用结合命令将多个图形结合为一个图形。木版画效果如图 4-66 所示。

【效果所在位置】光盘/Ch04/效果/绘制木版画.cdr。

图 4-66

第 5 章
文本的编辑

文本是设计的重要组成部分，是最基本的设计元素。本章主要讲解了文本的操作方法和技巧、文本效果的制作方法、插入字符等内容。通过学习这些内容，可以快速地输入文本并设计制作出多样的文本效果，准确传达出要表述的信息，丰富视觉效果，提高阅读兴趣。

课堂学习目标

- 掌握文本的基本操作方法和技巧
- 掌握制作文本效果的方法和技巧
- 掌握插入字符的方法
- 掌握将文字转化为曲线的方法

5.1 文本的基本操作

在 CorelDRAW X4 中，文本是具有特殊属性的图形对象。下面介绍在 CorelDRAW X4 中处理文本的一些基本操作。

5.1.1 创建文本

CorelDRAW X4 中的文本具有两种类型，分别是美术字文本和段落文本。它们在使用方法、应用编辑格式、应用特殊效果等方面有很大的区别。

1. 输入美术字文本

选择"文本"工具 字，在绘图页面中单击，出现"I"形插入文本光标，这时属性栏显示为"文本"属性栏。选择字体，设置字号和字符属性，如图 5-1 所示。设置好后，直接输入美术字文本，效果如图 5-2 所示。

图 5-1   图 5-2

2. 输入段落文本

选择"文本"工具 字，在绘图页面中按住鼠标左键不放，沿对角线拖曳鼠标，出现一个矩形的文本框，松开鼠标左键，文本框如图 5-3 所示。在"文本"属性栏中选择字体，设置字号和字符属性，如图 5-4 所示。设置好后，直接在虚线框中输入段落文本，效果如图 5-5 所示。

图 5-3   图 5-4   图 5-5

技巧   利用剪切、复制和粘贴等命令，可以将其他文本处理软件（如 Office 软件）中的文本复制到 CorelDRAW X4 的文本框中。

3．转换文本模式

使用"挑选"工具 ![icon]，选中美术字文本，如图 5-6 所示。选择"文本 > 转换到段落文本"命令，或按 Ctrl+F8 组合键，可以将其转换到段落文本，如图 5-7 所示。再次按 Ctrl+F8 组合键，可以将其转换回美术字文本，如图 5-8 所示。

图 5-6　　　　　　　　　　　图 5-7　　　　　　　　　　　图 5-8

注意　当美术字文本转换成段落文本后，它就不是图形对象了，也就不能进行特殊效果的操作。当段落文本转换成美术字文本后，它会失去段落文本的格式。

5.1.2　改变文本的属性

选择"文本"工具 ![icon]，属性栏如图 5-9 所示。各选项的含义如下所示。

图 5-9

字体：单击 ![Arial] 右侧的三角按钮，可以选取需要的字体。

字号：单击 ![24 pt] 右侧的三角按钮，可以选取需要的字号。

![B I U]：设定字体为粗体、斜体或下划线的属性。

对齐方式 ![icon]：在其下拉列表中选择文本的对齐方式。

字符格式化 ![icon]：可以打开"字符格式化"泊坞窗。

编辑文本 ![icon]：可以打开"编辑文本"对话框，可以编辑文本的各种属性。

![icon]：设置文本的排列方式为水平或垂直。

单击属性栏中的"字符格式化"按钮 ![icon]，打开"字符格式化"泊坞窗，如图 5-10 所示。可以设置文字的字体及大小等属性。

图 5-10

5.1.3　设置间距

输入美术字文本或段落文本，效果如图 5-11 所示。使用"形状"工具 ![icon] 选中文本，文本的节点将处于编辑状态，如图 5-12 所示。

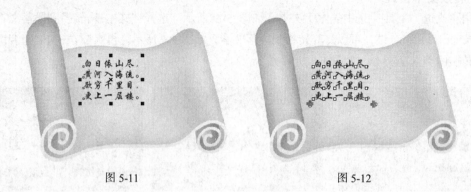

图 5-11　　　　　　　　　　　　　图 5-12

用鼠标拖曳 ▥ 图标，可以调整文本中字符和字的间距；拖曳 ▤ 图标，可以调整文本中行的间距，如图 5-13 所示。使用键盘上的方向键，可以对文本进行微调。按住 Shift 键，将段落中第二行文字左下角的节点全部选中，如图 5-14 所示。

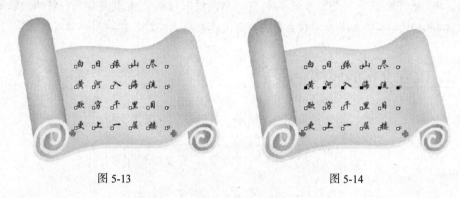

图 5-13　　　　　　　　　　　　　图 5-14

将鼠标放在黑色的节点上并拖曳鼠标，如图 5-15 所示。可以将第二行文字移动到需要的位置，效果如图 5-16 所示。使用相同的方法可以对单个字进行移动调整。

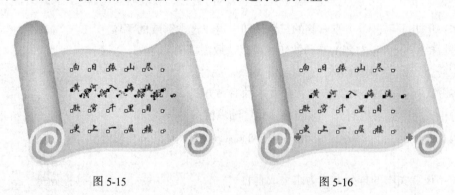

图 5-15　　　　　　　　　　　　　图 5-16

技巧　单击"文本"属性栏中的"字符格式化"按钮 ▨，弹出"字符格式化"对话框。在"字距调整范围"选项的数值框中可以设置字符的间距。选择"文本 > 段落格式化"命令，弹出"段落格式化"对话框。在"段落与行"设置区的"行距"选项中可以设置行的间距，用来控制段落中行与行的距离。

5.1.4　课堂案例——制作会员卡

【案例学习目标】学习使用文本工具添加相关信息来制作会员卡。

【案例知识要点】使用文本工具输入文字；使用转换为曲线命令将文本转换为曲线；使用交互式阴影工具和交互式透明工具制作图形特殊效果；使用形状工具调整文字间距。会员卡效果如图 5-17 所示。

图 5-17

【效果所在位置】光盘/Ch05/效果/制作会员卡.cdr。

1．制作标志文字

（1）选择"文件 > 打开"命令，弹出"打开绘图"对话框。选择光盘中的"Ch05 > 素材 > 制作会员卡 > 01"文件，单击"打开"按钮，效果如图 5-18 所示。

（2）选择"文本"工具，输入需要的文字，选择"挑选"工具，在属性栏中选择合适的字体并设置文字大小，效果如图 5-19 所示。选择"挑选"工具，选中文字右侧中间的控制点，向右拖曳到适当的位置，再选中文字下方的控制点，向下拖曳到适当的位置，使文字变形。

图 5-18

图 5-19

（3）按 Ctrl+Q 组合键，将文字转换为曲线。选择"渐变填充对话框"工具，弹出"渐变填充"对话框。点选"自定义"单选框，在"位置"选项中分别添加并输入：0、64、100 几个位置点，单击右下角的"其它"按钮，分别设置几个位置点颜色的 CMYK 值为：0（0、100、0、60）、64（0、100、0、30）、100（0、100、0、70），其他选项的设置如图 5-20 所示。单击"确定"按钮，填充文字，效果如图 5-21 所示。

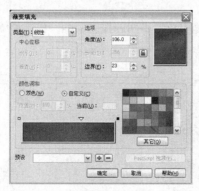

图 5-20

图 5-21

（4）选择"交互式阴影"工具，在文字上从上至下拖曳光标，为文字添加阴影效果。在属性栏中设置文字阴影颜色的 CMYK 值为：29、99、3、0，其他选项的设置如图 5-22 所示。按 Enter 键，效果如图 5-23 所示。

（5）选择"挑选"工具，选取文字，在数字键盘上按+键，复制一个文字。在"CMYK 调色板"中的"洋红"色块上单击鼠标，填充文字，效果如图 5-24 所示。按向上方向键和向左方向键微调文字的位置，如图 5-25 所示。

图 5-22　　　　　图 5-23　　　　　图 5-24　　　　　图 5-25

（6）选择"文件 > 导入"命令，弹出"导入"对话框。选择光盘中的"Ch05 > 素材 > 制作会员卡 > 02"文件，单击"导入"按钮，在页面中单击导入图形，调整其大小，效果如图 5-26 所示。在"CMYK 调色板"中的"白"色块上单击鼠标，填充图形，效果如图 5-27 所示。

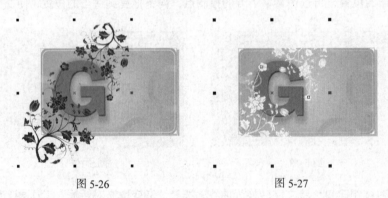

图 5-26　　　　　　　　　　图 5-27

（7）选择"效果 > 图框精确剪裁 > 放置在容器中"命令，鼠标的光标变为黑色箭头形状，在 G 图形上单击，如图 5-28 所示。将花形置入到 G 图形中，效果如图 5-29 所示。

（8）选择"挑选"工具，在数字键盘上按+键，复制一个图形。选择"效果 > 图框精确剪裁 > 提取内容"命令，使白色花形处于选取状态，按 Delete 键，删除白色图形，效果如图 5-30 所示。

（9）选择"挑选"工具，分别向内拖曳图形中间的控制手柄，将图形缩小。并在"CMYK 调色板"中的"白"色块上单击，填充图形，效果如图 5-31 所示。

图 5-28　　　　　图 5-29　　　　　图 5-30　　　　　图 5-31

（10）选择"交互式透明"工具 ，鼠标的光标变为 图标，在图片上从左上方至中心拖曳光标，为图形添加透明效果。在属性栏中进行设置，如图 5-32 所示。按 Enter 键，图形的透明效果如图 5-33 所示。

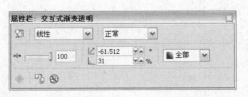

图 5-32　　　　　　　　　　　　　　图 5-33

2．添加并编辑内容文字

（1）选择"文本"工具 ，输入文字，分别选取需要的文字，在属性栏中选择合适的字体并设置文字大小，效果如图 5-34 所示。

（2）选择"文本"工具 ，选取文字"健康瘦身"，设置文字颜色的 CMYK 值为：20、80、0、20，填充文字。选取文字"G 计划"，设置文字颜色的 CMYK 值为：0、100、0、0，填充文字，效果如图 5-35 所示。

图 5-34　　　　　　　　　　　　　　图 5-35

（3）选择"交互式轮廓图"工具 ，将鼠标放在文字上，按住鼠标左键向外侧拖曳光标，为文字添加轮廓化效果。在属性栏中进行设置，如图 5-36 所示。按 Enter 键，文字的轮廓效果如图 5-37 所示。

图 5-36　　　　　　　　　　　　　　图 5-37

（4）选择"文本"工具 ，输入需要的文字。选择"挑选"工具 ，在属性栏中选择合适的字体并设置文字大小，设置文字颜色的 CMYK 值为：20、80、0、20，填充文字，如图 5-38 所示。选择"形状"工具 ，向右拖曳文字下方的 图标，调整文字的间距，效果如图 5-39 所示。用相同的方法添加其他文字，如图 5-40 所示。会员卡制作完成。

图 5-38 图 5-39 图 5-40

5.2 制作文本效果

在 CorelDRAW X4 中，可以根据设计制作任务的需要，制作多种文本效果。下面，将具体讲解文本效果的制作。

5.2.1 设置首字下沉和项目符号

1. 设置首字下沉

在绘图页面中打开一个段落文本，效果如图 5-41 所示。选择"文本 > 首字下沉"命令，弹出"首字下沉"对话框，勾选"使用首字下沉"复选框，如图 5-42 所示。

图 5-41 图 5-42

单击"确定"按钮，各段落首字下沉效果如图 5-43 所示。勾选"首字下沉使用悬挂式缩进"复选框，单击"确定"按钮，悬挂式缩进首字下沉效果如图 5-44 所示。

图 5-43 图 5-44

2. 设置项目符号

在绘图页面中打开一个段落文本，效果如图 5-45 所示。选择"文本 > 项目符号"命令，弹出"项目符号"对话框，勾选"使用项目符号"复选框，效果如图 5-46 所示。

图 5-45

图 5-46

在对话框 "外观"设置区的"字体"选项中可以设置字体的类型；在"符号"选项中可以选择项目符号样式；在"大小"选项中可以设置字体符号的大小；在"基线偏移"选项中可以选择基线的距离。在"间距"设置区中可以调节文本和项目符号的缩进距离。

设置需要的选项，如图 5-47 所示。单击"确定"按钮，段落文本中添加了新的项目符号，效果如图 5-48 所示。在段落文本中需要另起一段的位置插入光标，按 Enter 键，项目符号会自动添加在新段落的前面，效果如图 5-49 所示。

图 5-47

图 5-48

图 5-49

5.2.2　文本绕路径

选择"文本"工具字，在绘图页面中输入美术字文本。使用"椭圆形"工具〇，绘制一个椭圆形路径，选中美术字文本，效果如图 5-50 所示。

选择"文本 > 使文本适合路径"命令，出现箭头图标，将箭头放在椭圆路径上，文本自动绕路径排列，如图 5-51 所示。单击鼠标左键确定，效果如图 5-52 所示。

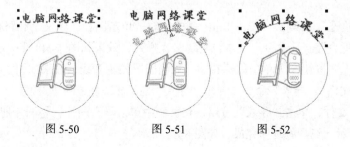

图 5-50　　　　　图 5-51　　　　　图 5-52

选中绕路径排列的文本，如图 5-53 所示。在图 5-54 所示的属性栏中可以设置"文字方向"、"与路径距离"、"水平偏移"选项。通过设置可以产生多种文本绕路径的效果，如图 5-55 所示。

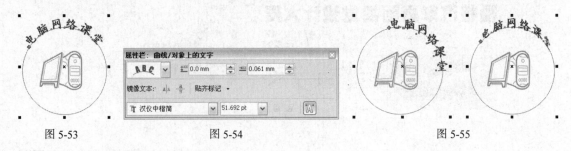

图 5-53　　　　　　　　　　　　　　图 5-54　　　　　　　　　　　　　　图 5-55

5.2.3　课堂案例——制作纪念牌

　　【案例学习目标】学习使用文本适合路径命令来绘制纪念牌。

　　【案例知识要点】使用文本适合路径命令将文字沿着路径排列。纪念牌效果如图 5-56 所示。

　　【效果所在位置】光盘/Ch05/效果/制作纪念牌.cdr。

　　（1）选择"文件 > 打开"命令，弹出"打开绘图"对话框。选择光盘中的"Ch05 > 素材 > 制作纪念牌 > 01"文件，单击"打开"按钮，效果如图 5-57 所示。

　　（2）选择"贝塞尔"工具　，绘制一条曲线，效果如图 5-58 所示。选择"文本"工具　，输入需要的文字。选择"挑选"工具　，在属性栏中选择合适的字体并设置文字大小。选择"形状"工具　，适当调整文字间距，效果如图 5-59 所示。在"CMYK 调色板"中的"白"色块上单击鼠标，填充文字颜色。

图 5-56

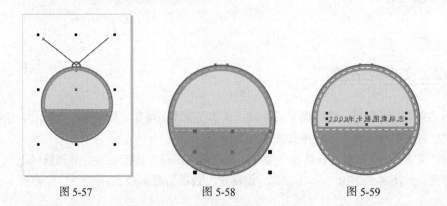

图 5-57　　　　　　　　　　　　　图 5-58　　　　　　　　　　　　　图 5-59

　　（3）选择"挑选"工具　，按住 Shift 键的同时，单击路径，将文字和路径同时选取。选择"文本 > 使文本适合路径"命令，文本自动绕路径排列，效果如图 5-60 所示。在"CMYK 调色板"中的"无填充"按钮　上单击鼠标右键，取消图形的轮廓线，效果如图 5-61 所示。

　　（4）选择"文件 > 导入"命令，弹出"导入"对话框。选择光盘中的"Ch05 > 素材 > 制作纪念牌 > 02"文件，单击"导入"按钮，在页面中单击导入图片，将图片拖曳到适当的位置，效果如图 5-62 所示。纪念牌制作完成，如图 5-63 所示。

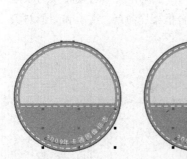
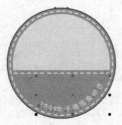

图 5-60　　　　　　　图 5-61　　　　　　　图 5-62　　　　　　　图 5-63

5.2.4　对齐文本

选择"文本"工具字，在绘图页面中输入段落文本，单击"文本"属性栏中的"水平对齐"按钮，弹出其下拉列表，其中共有 6 种对齐方式，如图 5-64 所示。

无：CorelDRAW X4 默认的对齐方式。选择它将不对文本产生影响，文本可以自由地变换，但单纯的无对齐方式文本的边界会参差不齐。

左：选择左对齐后，段落文本会以文本框的左边界对齐。

居中：选择居中对齐后，段落文本的每一行都会在文本框中居中。

右：选择右对齐后，段落文本会以文本框的右边界对齐。

全部对齐：选择全部对齐后，段落文本的每一行都会同时对齐文本框的左右两端。

强制调整：选择强制调整后，可以对段落文本的所有格式进行调整。

选择"文本 > 段落格式化"命令，弹出"段落格式化"对话框。在"段落格式化"对话框中的"对齐"选项的下拉列表中可以选择文本的对齐方式，如图 5-65 所示。

选中进行过移动调整的文本，如图 5-66 所示。选择"文本 > 对齐基准"命令，可以将文本重新对齐，效果如图 5-67 所示。

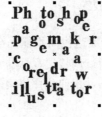

图 5-64　　　　　　　图 5-65　　　　　　　图 5-66　　　　　　　图 5-67

5.2.5　内置文本

选择"文本"工具字，在绘图页面中输入美术字文本。使用"基本形状"工具绘制一个图形，选中美术字文本，效果如图 5-68 所示。

用鼠标的右键拖曳文本到图形内，当光标变为十字形的圆环时，松开鼠标右键，弹出快捷菜单，选择"内置文本"命令，如图 5-69 所示。文本被置入到图形内，美术字文本自动转换为段落文本，效果如图 5-70 所示。选择"文本 > 段落文本框 > 文本适合框架"命令，文本和图形对象基本适配，效果如图 5-71 所示。

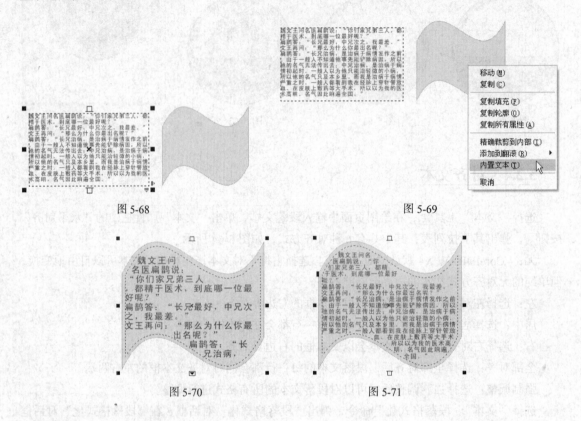

图 5-68　　　　　　　　　　图 5-69

图 5-70　　　　　　　　　　图 5-71

提示　选择"排列 > 拆分路径内的段落文本"命令，可以将路径内的文本与路径分离。

5.2.6　段落文字的连接

在文本框中经常出现文本被遮住而不能完全显示的问题，如图 5-72 所示。可以通过调整文本框的大小来使文本完全显示，还可以通过多个文本框的连接来使文本完全显示。

选择"文本"工具，单击文本框下部的图标，鼠标光标变为形状，在页面中按住鼠标左键不放，沿对角线拖曳鼠标，绘制一个新的文本框，如图 5-73 所示。松开鼠标左键，在新绘制的文本框中显示出被遮住的文字，效果如图 5-74 所示。拖曳文本框到适当的位置，如图 5-75 所示。

图 5-72

图 5-73

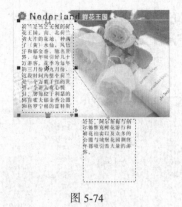

图 5-74

图 5-75

5.2.7 段落分栏

选择一个段落文本,如图 5-76 所示。选择"文本 > 栏"命令,弹出"栏设置"对话框。将"栏数"选项设置为"2",栏间宽度设置为"10mm",如图 5-77 所示。设置好后,单击"确定"按钮,段落文本被分为 2 栏,效果如图 5-78 所示。

图 5-76

图 5-77

图 5-78

5.2.8 课堂案例——制作书签

【案例学习目标】学习使用文本工具和段落格式化面板制作书签。

【案例知识要点】使用文本工具输入段落文字;使用段落格式化面板调整文本行距;使用段落文本换行面板制作绕排文本。书签效果如图 5-79 所示。

【效果所在位置】光盘/Ch05/效果/制作书签.cdr。

(1)选择"文件 > 打开"命令,弹出"打开绘图"对话框。选择光盘中的"Ch05> 素材 > 制作书签 >01"文件,单击"打开"按钮,效果如图 5-80 所示。

(2)选择"文本"工具 字,拖曳一个文本框,输入需要的文字。选择"挑选"工具 ,在属性栏中选择合适的字体并设置文字大小,效果如图 5-81 所示。

图 5-79

（3）选择"文本 > 段落格式化"命令，弹出"段落格式化"面板。选项的设置如图 5-82 所示，按 Enter 键，效果如图 5-83 所示。

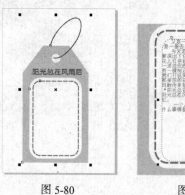

| 图 5-80 | 图 5-81 | 图 5-82 | 图 5-83 |

（4）选择"文件 > 打开"命令，弹出"打开绘图"对话框。选择光盘中的"Ch05 > 素材 > 制作书签 > 02"文件，单击"打开"按钮，将图形粘贴到页面中，并拖曳到适当的位置，效果如图 5-84 所示。

（5）选择"挑选"工具，单击属性栏中的"段落文本换行"按钮，在弹出的面板中进行设置，如图 5-85 所示。单击右上方的"关闭"按钮，文字效果如图 5-86 所示。书签制作完成，如图 5-87 所示。

| 图 5-84 | 图 5-85 | 图 5-86 | 图 5-87 |

5.2.9　文本绕图

在 CorelDRAW X4 中提供了多种文本绕图的形式，应用好文本绕图可以使设计制作的杂志或报刊更加生动美观。

选择"文件 > 导入"菜单命令，或按 Ctrl+I 组合键，弹出"导入"对话框。在对话框的"查找范围"列表框中选择需要的文件夹，在文件夹中选取需要的位图文件，单击"导入"按钮，在页面中单击，位图被导入到页面中，将位图调整到段落文本中的适当位置，效果如图 5-88 所示。

图 5-88

在位图上单击鼠标右键，在弹出的快捷菜单中选择"段落文本换行"命令，如图 5-89 所示。文本绕图效果如图 5-90 所示。在属性栏中单击"段落文本换行"按钮，在弹出的下拉菜单中可以设置换行样式，在"文本换行偏移"选项的数值框中可以设置偏移距离，如图 5-91 所示。

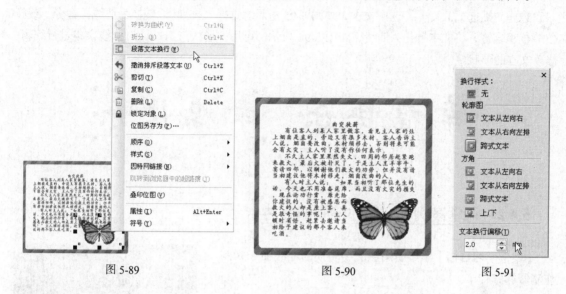

| 图 5-89 | 图 5-90 | 图 5-91 |

5.3　插入字符

选择"文本"工具，在文本中需要的位置单击插入字符，如图 5-92 所示。选择"文本 > 插入符号字符"命令，或按 Ctrl+F11 组合键，弹出"插入字符"泊坞窗，在需要的字符上双击，或选中字符后单击"插入"按钮，如图 5-93 所示。字符插入到文本中，效果如图 5-94 所示。

| 图 5-92 | 图 5-93 | 图 5-94 |

5.4　将文字转化为曲线

当 CorelDRAW X4 编辑好美术文本后，通常需要将文本转换为曲线。转换后既可以对美术文本任意变形，又可以使转曲后的文本对象不会丢失其文本格式。

5.4.1　文本的转换

选择"挑选"工具，选中文本，如图 5-95 所示。选择"排列 > 转换为曲线"命令，或按 Ctrl+Q 组合键，将文本转化为曲线，如图 5-96 所示。可用"形状"工具对曲线文本进行编辑，修改文本的形状。

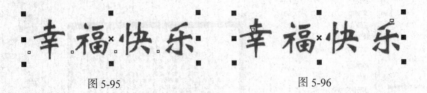

图 5-95　　　　　　　　　　图 5-96

5.4.2　课堂案例——制作滴眼露宣传卡

【案例学习目标】学习使用将文字转换为曲线命令来制作滴眼露宣传卡。

【案例知识要点】使用文本工具输入标题文字；使用形状工具调整文字节点；使用转换为曲线命令将文字转换为图形；使用手绘工具绘制直线。滴眼露宣传卡效果如图 5-97 所示。

图 5-97

【效果所在位置】光盘/Ch05/效果/制作滴眼露宣传卡.cdr。

（1）选择"文件 > 打开"命令，弹出"打开绘图"对话框。选择光盘中的"Ch05 > 素材 >制作滴眼露宣传卡 > 01"文件，单击"打开"按钮，效果如图 5-98 所示。

（2）选择"文本"工具，输入需要的文字。选择"挑选"工具，在属性栏中选择合适的字体并设置文字大小，效果如图 5-99 所示。在"CMYK 调色板"中的"蓝"色块上单击鼠标，填充文字，效果如图 5-100 所示。

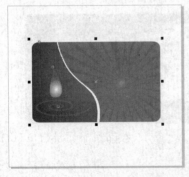

图 5-98

图 5-99

图 5-100

（3）按 Ctrl+K 组合键，将文字拆分。选择"挑选"工具，选取文字"晶"，按 Ctrl+Q 组合键，将文字转换为曲线，如图 5-101 所示。选择"形状"工具，用圈选的方法选取不需要的节点，如图 5-102 所示。按 Delete 键，删除节点，效果如图 5-103 所示。

图 5-101

图 5-102

图 5-103

（4）选择"文件 > 打开"命令，弹出"打开绘图"对话框。选择光盘中的"Ch05 > 素材 > 制作滴眼露宣传卡 > 02"文件，单击"打开"按钮，将图形粘贴到页面中，并拖曳到适当的位置，效果如图 5-104 所示。

（5）选择"文本"工具字，输入需要的文字。选择"挑选"工具，在属性栏中选择合适的字体并设置文字大小，效果如图 5-105 所示。在"CMYK 调色板"中的"白"色块上单击鼠标，填充文字，效果如图 5-106 所示。

图 5-104

图 5-105

图 5-106

（6）选择"文本"工具字，再次输入需要的文字。选择"挑选"工具，在属性栏中选择合适的字体并设置文字大小。填充文字为白色，效果如图 5-107 所示。

（7）选择"手绘"工具，按住 Ctrl 键的同时，绘制一条直线。在属性栏中的"轮廓宽度"框中设置数值为 0.7，效果如图 5-108 所示。

图 5-107

图 5-108

（8）在"CMYK 调色板"中的"白"色块上单击鼠标右键，填充直线，效果如图 5-109 所示。滴眼露宣传卡制作完成，如图 5-110 所示。

图 5-109

图 5-110

课堂练习——制作台历

【练习知识要点】使用矩形工具制作台历背景图形；使用文本工具和制表位命令制作台历文字。台历效果如图 5-111 所示。

【效果所在位置】光盘/Ch05/效果/制作台历.cdr。

图 5-111

课后习题——制作杂志内文

【习题知识要点】使用艺术笔工具绘制装饰图形；使用图框精确剪裁命令将叶子图形置入到背景中；使用插入字符命令在文字前方插入字符；使用星形工具绘制五角星；使用文本工具将文字粘贴到路径上并编辑。杂志内文效果如图 5-112 所示。

【效果所在位置】光盘/Ch05/效果/制作杂志内文.cdr。

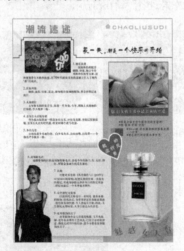

图 5-112

第6章

位图的编辑

位图是设计的重要组成元素。本章主要讲解了位图的转换方法和位图特效滤镜的使用技巧。通过对位图效果的设计和制作，既能介绍产品、表达主题，又能丰富和完善设计，起到画龙点睛的效果。

课堂学习目标

- 掌握转换为位图的方法和技巧
- 运用特效滤镜编辑和处理位图

6.1 转换为位图

CorelDRAW X4 提供了将矢量图形转换为位图的功能，下面介绍具体的操作方法。

打开一个矢量图形并保持其选中状态，选择"位图 > 转换为位图"命令，弹出"转换为位图"对话框，如图 6-1 所示。

分辨率：在弹出的下拉列表中选择转换为位图的分辨率。

颜色模式：在弹出的下拉列表中选择要转换的色彩模式。

光滑处理：可以在转换成位图后消除位图的锯齿。

透明背景：可以在转换成位图后保留原对象的通透性。

图 6-1

6.2 使用位图的特效滤镜

CorelDRAW X4 提供了多种滤镜，可以对位图进行各种效果的处理。使用好位图的滤镜，可以为设计的作品增色不少。下面具体介绍几种常见滤镜的使用方法。

6.2.1 三维效果

选取导入的位图，选择"位图 > 三维效果"子菜单下的命令，如图 6-2 所示。CorelDRAW X4 提供了 7 种不同的三维效果，下面介绍几种常用的三维效果。

1. 三维旋转

选择"位图 > 三维效果 > 三维旋转"命令，弹出"三维旋转"对话框。单击对话框中的 ▥ 按钮，显示对照预览窗口，如图 6-3 所示。左窗口显示的是位图原始效果，右窗口显示的是完成各项设置后的位图效果。

对话框中各选项的含义如下。

▦：用鼠标拖动立方体图标，可以设定图像的旋转角度。

垂直：可以设置绕垂直轴旋转的角度。

水平：可以设置绕水平轴旋转的角度。

最适合：经过三维旋转后的位图尺寸将接近原来的位图尺寸。

预览：预览设置后的三维旋转效果。

重置：对所有参数重新设置。

▣：可以在改变设置时自动更新预览效果。

图 6-2

2. 柱面

选择"位图 > 三维效果 > 柱面"命令，弹出"柱面"对话框。单击对话框中的 ▥ 按钮，显示对照预览窗口，如图 6-4 所示。

对话框中各选项的含义如下。

柱面模式：可以选择"水平"或"垂直"模式。

百分比：可以分别设置水平或垂直模式的百分比。

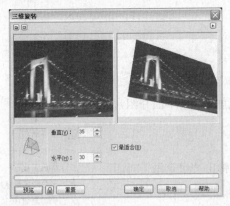

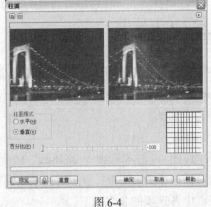

图 6-3　　　　　　　　　　　　　　　　　图 6-4

3．卷页

选择"位图 > 三维效果 > 卷页"命令，弹出"卷页"对话框。单击对话框中的▣按钮，显示对照预览窗口，如图 6-5 所示。

对话框中各选项的含义如下。

▦▦：4 个卷页类型按钮，可以设置位图卷起页角的位置。

定向：选择"垂直的"和"水平的"两个单选项，可以设置卷页效果从哪一边缘卷起。

纸张："不透明"和"透明的"两个单选项可以设置卷页部分是否透明。

弯曲：可以设置卷页颜色。

背景：可以设置卷页后面的背景颜色。

宽度：可以设置卷页的宽度。

高度：可以设置卷页的高度。

4．球面

选择"位图 > 三维效果 > 球面"命令，弹出"球面"对话框。单击对话框中的▣按钮，显示对照预览窗口，如图 6-6 所示。

对话框中各选项的含义如下。

优化：可以选择"速度"和"质量"选项。

百分比：可以控制位图球面化的程度。

⊞：用来在预览窗口中设定变形的中心点。

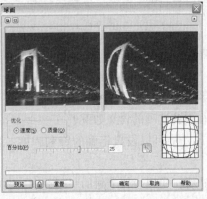

图 6-5　　　　　　　　　　　　　　　　　图 6-6

6.2.2 艺术笔触

选中位图，选择"位图 > 艺术笔触"子菜单下的命令，如图 6-7 所示。CorelDRAW X4 提供了 14 种不同的艺术笔触效果，下面介绍常用的几种艺术笔触。

1. 炭画笔

选择"位图 > 艺术笔触 > 炭笔画"命令，弹出"炭笔画"对话框。单击对话框中的 ▣ 按钮，显示对照预览窗口，如图 6-8 所示。

对话框中各选项的含义如下。

大小：可以设置位图炭笔画的像素大小。

边缘：可以设置位图炭笔画的黑白度。

2. 印象派

选择"位图 > 艺术笔触 > 印象派"命令，弹出"印象派"对话框。单击对话框中的 ▣ 按钮，显示对照预览窗口，如图 6-9 所示。

对话框中各选项的含义如下。

样式：选择"笔触"或"色块"选项，会得到不同的印象派位图效果。

色块大小：可以设置印象派效果笔触大小及其强度。

着色：可以调整印象派效果的颜色，数值越大，颜色越重。

亮度：可以对印象派效果的亮度进行调节。

图 6-7

图 6-8

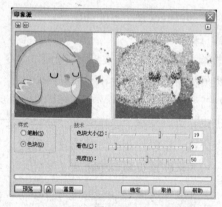

图 6-9

3. 调色刀

选择"位图 > 艺术笔触 > 调色刀"命令，弹出"调色刀"对话框。单击对话框中的 ▣ 按钮，显示对照预览窗口，如图 6-10 所示。

对话框中各选项的含义如下。

刀片尺寸：可以设置笔触的锋利程度，数值越小，笔触越锋利，位图的油画刻画效果越明显。

柔软边缘：可以设置笔触的坚硬程度，数值越大，位图的油画刻画效果越平滑。

角度：可以设置笔触的角度。

4．素描

选择"位图 > 艺术笔触 > 素描"命令，弹出"素描"对话框。单击对话框中的▥按钮，显示对照预览窗口，如图 6-11 所示。

对话框中各选项的含义如下。

铅笔类型：可以分别选择"碳色"或"颜色"类型，不同的类型可以产生不同的位图素描效果。

样式：可以设置石墨或彩色素描效果的平滑度。

笔芯：可以设置素描效果的精细和粗糙程度。

轮廓：可以设置素描效果的轮廓线宽度。

图 6-10　　　　　　　　　　　　　　　　图 6-11

6.2.3　模糊

选中位图，选择"位图 > 模糊"子菜单下的命令，如图 6-12 所示。CorelDRAW X4 提供了 9 种不同的模糊效果，下面介绍几个常用的模糊效果。

1．高斯式模糊

选择"位图 > 模糊 > 高斯式模糊"命令，弹出"高斯式模糊"对话框。单击对话框中的▥按钮，显示对照预览窗口，对话框效果如图 6-13 所示。

对话框中选项的含义如下。

半径：可以设置高斯模糊的程度。

2．缩放

选择"位图 > 模糊 > 缩放"命令，弹出"缩放"对话框。单击对话框中的▥按钮，显示对照预览窗口，如图 6-14 所示。

对话框中各选项的含义如下。

▦：在左边的原始图像预览框中单击，可以确定移动模糊的中心位置。

数量：可以设定图像的模糊程度。

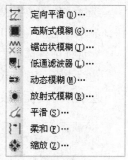

图 6-12

117

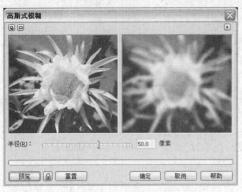

图 6-13   图 6-14

6.2.4 轮廓图

选中位图，选择"位图 > 轮廓图"子菜单下的命令，如图 6-15 所示。CorelDRAW X4 提供了 3 种不同的轮廓图效果，下面介绍几个常用的轮廓图效果。

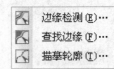

图 6-15

1．边缘检测

选择"位图 > 轮廓图 > 边缘检测"命令，弹出"边缘检测"对话框。单击对话框中的 ▥ 按钮，显示对照预览窗口，如图 6-16 所示。

对话框中各选项的含义如下。

背景色：用来设定图像的背景颜色为白色、黑色或其他颜色。

▱：可以在位图中吸取背景色。

灵敏度：用来设定探测边缘的灵敏度。

2．查找边缘

选择"位图 > 轮廓图 > 查找边缘"命令，弹出"查找边缘"对话框。单击对话框中的 ▥ 按钮，显示对照预览窗口，如图 6-17 所示。

对话框中各选项的含义如下。

边缘类型：有"软"和"纯色"两种类型，选择不同的类型，会得到不同的效果。

层次：可以设定效果的纯度。

图 6-16

图 6-17

6.2.5 创造性

选中位图，选择"位图 > 创造性"子菜单下的命令，如图 6-18 所示。CorelDRAW X4 提供了 14 种不同的创造性效果，下面介绍几种常用的创造性效果。

1. 框架

选择"位图 > 创造性 > 框架"命令，弹出"框架"对话框，单击"修改"选项卡，单击对话框中的▥按钮，显示对照预览窗口，如图 6-19 所示。

对话框中各选项的含义如下。

"选择"选项卡：用来选择框架，并为选取的列表添加新框架。

"修改"选项卡：用来对框架进行修改。此选项卡中各选项的含义如下。

颜色、不透明：用来设定框架的颜色和透明度。

模糊/羽化：用来设定框架边缘的模糊及羽化程度。

调和：用来选择框架与图像之间的混合方式。

水平、垂直：用来设定框架的大小比例。

旋转：用来设定框架的旋转角度。

翻转：用来将框架垂直或水平翻转。

对齐：用来在图像窗口中设定框架效果的中心点。

回到中心位置：用来在图像窗口中重新设定中心点。

图 6-18

2. 马赛克

选择"位图 > 创造性 > 马赛克"命令，弹出"马赛克"对话框。单击对话框中的▥按钮，显示对照预览窗口，如图 6-20 所示。

对话框中各选项的含义如下。

大小：设置马赛克显示的大小。

背景色：设置马赛克的背景颜色。

虚光：为马赛克图像添加模糊的羽化框架。

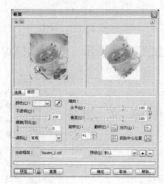

图 6-19

图 6-20

3. 彩色玻璃

选择"位图 > 创造性 > 彩色玻璃"命令，弹出"彩色玻璃"对话框。单击对话框中的▥按钮，显示对照预览窗口，如图 6-21 所示。

对话框中各选项的含义如下。

大小：设定彩色玻璃块的大小。

光源强度：设彩色玻璃的光源的强度。强度越小，显示越暗；强度越大，显示越亮。

焊接宽度：设定玻璃块焊接处的宽度。

焊接颜色：设定玻璃块焊接处的颜色。

三维照明：显示彩色玻璃图像的三维照明效果。

4．虚光

选择"位图 > 创造性 > 虚光"命令，弹出"虚光"对话框。单击对话框中的▣按钮，显示对照预览窗口，如图 6-22 所示。

对话框中各选项的含义如下。

颜色：设定光照的颜色。

形状：设定光照的形状。

偏移：设定框架的大小。

褪色：设定图像与虚光框架的混合程度。

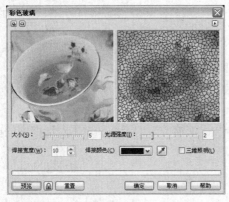

图 6-21

图 6-22

6.2.6 扭曲

选中位图，选择"位图 > 扭曲"子菜单下的命令，如图 6-23 所示。CorelDRAW X4 提供了 10 种不同的扭曲效果，下面介绍几种常用的扭曲效果。

1．块状

选择"位图 > 扭曲 > 块状"命令，弹出"块状"对话框。单击对话框中的▣按钮，显示对照预览窗口，如图 6-24 所示。

对话框中各选项的含义如下。

未定义区域：在其下拉列表中可以设定背景部分的颜色。

块宽度、块高度：设定块状图像的尺寸大小。

最大偏移：设定块状图像的打散程度。

2．置换

选择"位图 > 扭曲 > 置换"命令，弹出"置换"对话框。单击对话框中的▣按钮，显示对

图 6-23

照预览窗口, 如图 6-25 所示。

对话框中各选项的含义如下。

缩放模式: 可以选择"平铺"或"伸展适合"两种模式。

▨: 可以选择置换的图形。

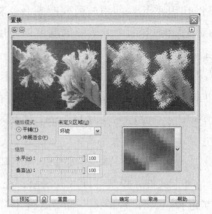

图 6-24　　　　　　　　　　　　　　图 6-25

3. 像素

选择"位图 > 扭曲 > 像素"命令, 弹出"像素"对话框。单击对话框中的▥按钮, 显示对照预览窗口, 如图 6-26 所示。

对话框中各选项的含义如下。

像素化模式: 当选择"射线"模式时, 可以在预览窗口中设定像素化的中心点。

宽度、高度: 设定像素色块的大小。

不透明: 设定像素色块的不透明度, 数值越小, 色块就越透明。

4. 龟纹

选择"位图 > 扭曲 > 龟纹"命令, 弹出"龟纹"对话框。单击对话框中的▥按钮, 显示对照预览窗口, 如图 6-27 所示。

对话框中各选项的含义如下。

周期、振幅: 默认的波纹是同图像的顶端和底端平行的。拖动此滑块, 可以设定波纹的周期和振幅, 在右边可以看到波纹的形状。

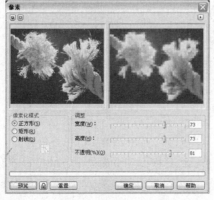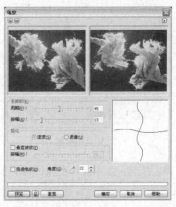

图 6-26　　　　　　　　　　　　　　图 6-27

6.2.7　课堂案例——制作卡片

【案例学习目标】使用位图调整命令和文本工具来制作卡片。

【案例知识要点】使用放射式模糊命令制作图形模糊效果；使用亮度/对比度/强度命令调整图像颜色；使用文本工具输入文字。卡片效果如图 6-28 所示。

【效果所在位置】光盘/Ch06/效果/制作卡片.cdr。

图 6-28

（1）按 Ctrl+N 组合键，新建一个页面，在属性栏"纸张宽度和高度"选项中分别设置宽度为 187mm，高度为 187mm，按 Enter 键，页面尺寸显示为设置的大小。

（2）选择"文件 > 导入"命令，弹出"导入"对话框。选择光盘中的"Ch06 > 素材 > 制作卡片 > 01"文件，单击"导入"按钮，在页面中单击导入图片，效果如图 6-29 所示。

（3）选择"文件 > 导入"命令，弹出"导入"对话框。选择光盘中的"Ch06 > 素材 > 制作卡片 > 02"文件，单击"导入"按钮，在页面中单击导入图片，效果如图 6-30 所示。选择"挑选"工具，选取图形，在数字键盘上按+键，复制一个图形，并将其拖曳到页面以外的位置。

图 6-29　　　　　　　　　　图 6-30

（4）选择"挑选"工具，选取页面下方的图形。选择"位图 > 模糊 > 放射式模糊"命令，弹出"放射状模糊"对话框，进行设置，如图 6-31 所示。单击"确定"按钮，效果如图 6-32 所示。

图 6-31　　　　　　　　　　　图 6-32

（5）选择"挑选"工具，选取页面外的图形，将其拖曳到页面最下方的位置，效果如图 6-33 所示。选择"效果 > 调整 > 亮度/对比度/强度"命令，弹出"亮度/对比度/强度"对话框，如图 6-34 所示进行设置。单击"确定"按钮，效果如图 6-35 所示。

图 6-33　　　　　　　　　　图 6-34　　　　　　　　　　图 6-35

（6）选择"文本"工具 字，在页面左下方输入需要的文字。选择"挑选"工具 ，在属性栏中选择合适的字体并设置文字大小，效果如图 6-36 所示。选择"形状"工具 ，向下拖曳文字下方的 图标，调整文字的行距，如图 6-37 所示。卡片制作完成，效果如图 6-38 所示。

图 6-36　　　　　　　　　　　图 6-37　　　　　　　　　　图 6-38

课堂练习——制作彩色玻璃字

【练习知识要点】使用矩形和复杂星形工具绘制背景效果；使用文本工具添加内容文字；使用彩色玻璃命令制作玻璃效果。彩色玻璃字效果如图 6-39 所示。

【效果所在位置】光盘/Ch06/效果/制作彩色玻璃字.cdr。

图 6-39

课后习题——制作公园门票

【习题知识要点】使用矩形和交互式透明工具制作门票背景图形；使用图框精确剪裁命令将图片置入到矩形中；使用贝塞尔和填充工具添加装饰线段和图形；使用文本工具添加内容文字。公园门票效果如图 6-40 所示。

【效果所在位置】光盘/Ch06/效果/制作公园门票.cdr。

图 6-40

第7章

图形的特殊效果

在 CorelDRAW X4 中提供了强大的图形特殊效果编辑功能。本章主要讲解了多种图形特效效果的编辑方法和制作技巧，充分利用好图形的特殊效果，可以使设计效果更加独特、新颖，使设计主题更加明确、突出。

课堂学习目标

- 掌握透明效果的应用
- 掌握调和效果的应用
- 掌握阴影效果的应用
- 掌握轮廓图效果的应用
- 掌握变形效果的应用
- 掌握封套效果的应用
- 掌握立体效果的应用
- 掌握透视效果的应用
- 掌握图框精确剪裁效果的应用

7.1　透明效果

使用"交互式透明"工具 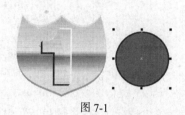，可以制作出如均匀、渐变、图案和底纹等许多漂亮的透明效果。

7.1.1　制作透明效果

绘制并填充两个图形，选择"挑选"工具 ，选择右侧的圆形，如图 7-1 所示。选择"交互式透明"工具 ，在属性栏中的"透明度类型"下拉列表中选择一种透明类型，如图 7-2 所示。圆形的透明效果如图 7-3 所示。用"挑选"工具 将圆形选中并拖放到左侧的图案上，透明效果如图 7-4 所示。

图 7-1

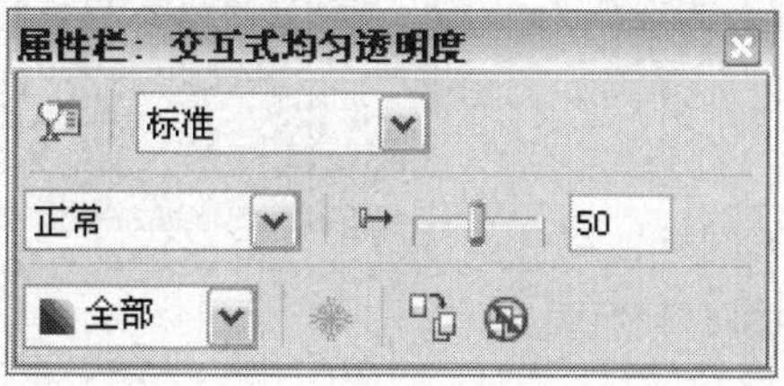

图 7-2

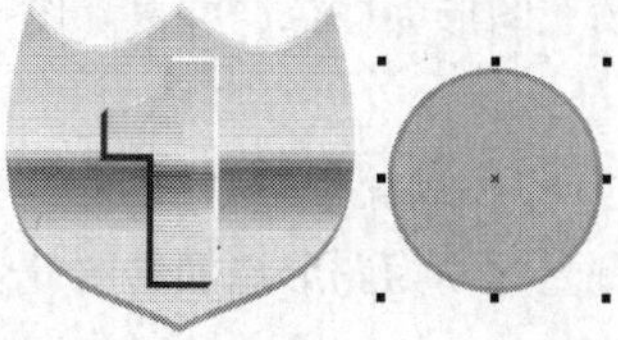

图 7-3

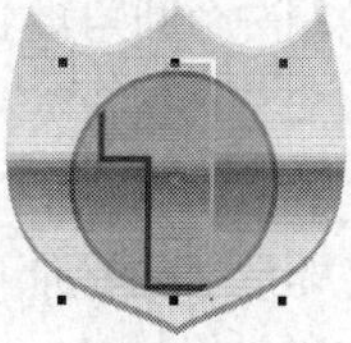

图 7-4

交互式透明属性栏中各选项的含义如下。

、：选择透明类型和透明样式。

开始透明度：拖曳滑块或直接输入数值，可以改变对象的透明度。

：设置应用透明度到"填充"、"轮廓"或"全部"效果。

冻结：进一步调整透明度。

编辑透明度：打开"渐变透明度"对话框，可以对渐变透明度进行具体的设置。

复制透明度属性：可以复制对象的透明效果。

清除透明度：可以清除对象中的透明效果。

7.1.2　课堂案例——制作音乐卡片

【案例学习目标】学习使用矩形工具和交互式透明工具来制作音乐卡片。

【案例知识要点】使用矩形工具和交互式透明工具制作按钮图形；使用文本工具输入文字；使用形状工具调整文字间距。音乐卡片效果如图 7-5 所示。

【效果所在位置】光盘/Ch07/效果/制作音乐卡片.cdr。

图 7-5

（1）选择"文件 > 打开"命令，弹出"打开"对话框。选择光盘中的"Ch07 > 素材 > 制作音乐卡片 > 01"文件，单击"打开"按钮，在页面中打开图片，效果如图 7-6 所示。

（2）选择"矩形"工具▢，绘制一个矩形。在属性栏中将"边角圆滑度"□选项均设为 20，如图 7-7 所示。按 Enter 键，效果如图 7-8 所示。

图 7-6   图 7-7   图 7-8

（3）在"CMYK 调色板"中的"青"色块上单击鼠标，填充图形，并去除图形的轮廓线，效果如图 7-9 所示。用上述所讲的方法，再绘制一个圆角矩形，填充图形为白色，并去除图形的轮廓线，效果如图 7-10 所示。

图 7-9

（4）选择"交互式透明"工具▢，鼠标的光标变为✎图标，在白色矩形上从上向下拖曳光标，为图形添加透明效果。在属性栏中进行设置，如图 7-11 所示。按 Enter 键，效果如图 7-12 所示。

图 7-10   图 7-11   图 7-12

（5）选择"挑选"工具▢，用圈选的方法将蓝色块和透明块图形同时选取，在数字键盘上按+键，复制图形。按住 Shift 键的同时，垂直向下拖曳图形到适当的位置，效果如图 7-13 所示。用相同的方法再次复制图形，并向下拖曳到适当的位置，效果如图 7-14 所示。

（6）选择"挑选"工具▢，选取第 2 个蓝色块图形，在"CMYK 调色板"中的"洋红"色块上单击鼠标，填充图形，效果如图 7-15 所示。单击选取第 3 个蓝色块图形，在"CMYK 调色板"中的"橘红"色块上单击鼠标，填充图形，效果如图 7-16 所示。

图 7-13   图 7-14   图 7-15   图 7-16

（7）选择"文本"工具 字，分别输入需要的文字。选择"挑选"工具 ，在属性栏中分别选择合适的字体并设置文字大小，填充文字为白色，效果如图 7-17 所示。

（8）选择"形状"工具 ，选取文字"轻音乐"，向右拖曳文字下方的 图标，调整文字的间距，效果如图 7-18 所示。音乐卡片制作完成，效果如图 7-19 所示。

图 7-17　　　　　　　　　图 7-18　　　　　　　　　图 7-19

7.2　调和效果

交互式调和工具是 CorelDRAW X4 中应用最广泛的工具之一。制作出的调和效果可以在绘图对象间产生形状、颜色的平滑变化。下面具体讲解调和效果的使用方法。

绘制两个要制作调和效果的图形，如图 7-20 所示。选择"交互式调和"工具 ，将鼠标的光标放在左边的图形上，鼠标的光标变为 ，按住鼠标左键并拖曳鼠标到右边的图形上，如图 7-21 所示。松开鼠标，两个图形的调和效果如图 7-22 所示。

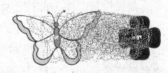

图 7-20　　　　　　　　　图 7-21　　　　　　　　　图 7-22

"交互式调和"工具 的属性栏如图 7-23 所示。各选项的含义如下。

步长或调和形状之间的偏移量 20 ：可以设置调和的步数，效果如图 7-24 所示。

调和方向 0.0 ：可以设置调和的旋转角度，效果如图 7-25 所示。

图 7-23　　　　　　　　　图 7-24　　　　　　图 7-25

环绕调和 ：调和的图形除了自身旋转外，同时将以起点图形和终点图形的中间位置为旋转中心做旋转分布，如图 7-26 所示。

直接调和 、顺时针调和 、逆时针调和 ：设定调和对象之间颜色过渡的方向，效果如图 7-27 所示。

图 7-26   顺时针调和   图 7-27   逆时针调和

对象和颜色加速 ：调整对象和颜色的加速属性。单击此按钮，弹出如图 7-28 所示的对话框，拖动滑块到需要的位置，对象加速调和效果如图 7-29 所示，颜色加速调和效果如图 7-30 所示。

图 7-28   图 7-29   图 7-30

加速调和时的大小调整：可以控制调和的加速属性。

起始和结束对象属性：可以显示或重新设定调和的起始及终止对象。

路径属性：使调和对象沿绘制好的路径分布。单击此按钮弹出如图 7-31 所示的菜单，选择"新路径"选项，鼠标的光标变为，在新绘制的路径上单击，如图 7-32 所示。沿路径进行调和的效果如图 7-33 所示。

杂项调和选项：可以进行更多的调和设置。单击此按钮弹出如图 7-34 所示的菜单。"映射节点"按钮，可指定起始对象的某一节点与终止对象的某一节点对应，以产生特殊的调和效果。"拆分"按钮，可将过渡对象分割成独立的对象，并可与其他对象进行再次调和。勾选"沿全路径调和"复选框，可以使调和对象自动充满整个路径。勾选"旋转全部对象"复选框，可以使调和对象的方向与路径一致。

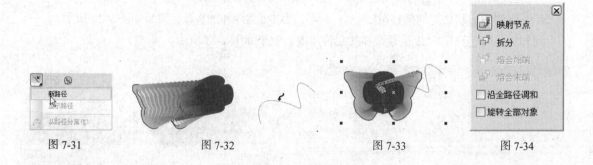

图 7-31   图 7-32   图 7-33   图 7-34

7.3 阴影效果

阴影效果是经常使用的一种特效。使用"交互式阴影"工具 可以快速给图形制作阴影效果，还可以设置阴影的透明度、角度、位置、颜色和羽化程度。下面介绍如何制作阴影效果。

7.3.1 制作阴影效果

打开一个图形，使用"挑选"工具 选取，如图 7-35 所示。再选择"交互式阴影"工具 ，将鼠标光标放在图形上，按住鼠标左键并向阴影投射的方向拖曳鼠标，如图 7-36 所示。到需要的位置后松开鼠标，阴影效果如图 7-37 所示。

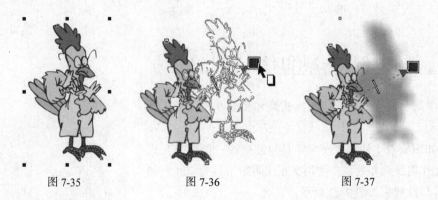

图 7-35　　　　　　图 7-36　　　　　　图 7-37

拖曳阴影控制线上的 图标，可以调节阴影的透光程度。拖曳时越靠近 图标，透光度越小，阴影越淡，效果如图 7-38 所示。拖曳时越靠近 图标，透光度越大，阴影越浓，效果如图 7-39 所示。

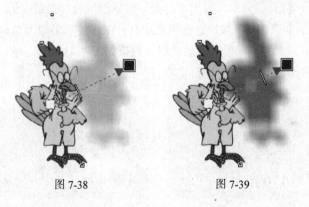

图 7-38　　　　　　图 7-39

"交互式阴影"工具 的属性栏如图 7-40 所示。各选项的含义如下。

预设列表 ：选择需要的预设阴影效果。单击预设框后面的 或 按钮，可以添加或删除预设框中的阴影效果。

阴影偏移 、阴影角度 125 ：可以设置阴影的偏移位置和角度。

阴影的不透明 50 ：可以设置阴影的透明度。

阴影羽化 15 ：可以设置阴影的羽化程度。

阴影羽化方向 ：可以设置阴影的羽化方向。单击此按钮可弹出"羽化方向"设置区，如图 7-41 所示。

阴影羽化边缘 ：可以设置阴影的羽化边缘模式。单击此按钮可弹出"羽化边缘"设置区，如图 7-42 所示。

阴影淡出、阴影延展 0 50 ：可以设置阴影的淡化和延展。

阴影颜色 ：可以改变阴影的颜色。

图 7-40　　　　　　　图 7-41　　　　　　图 7-42

7.3.2　课堂案例——制作口红

【案例学习目标】学习使用交互式调和和交互式阴影工具制作口红。

【案例知识要点】使用贝塞尔工具绘制曲线；使用交互式调和工具制作曲线调和效果；使用交互式阴影工具为口红添加阴影效果。口红效果如图 7-43 所示。

图 7-43

【效果所在位置】光盘/Ch07/效果/制作口红.cdr。

1．制作调和图形并导入图片

（1）选择"文件 > 打开"命令，弹出"打开"对话框。选择光盘中的"Ch07 > 素材 > 制作口红 > 01"文件，单击"打开"按钮，在页面中打开图片，效果如图 7-44 所示。

（2）选择"贝塞尔"工具，绘制一条曲线，效果如图 7-45 所示。在"CMYK 调色板"中的"白"色块上单击鼠标右键，填充曲线。

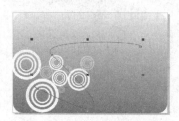

图 7-44　　　　　　　　图 7-45

（3）选择"挑选"工具，选取曲线，在数字键盘上按+键，复制一条曲线。按住 Shift 键的同时，垂直向上拖曳曲线到适当的位置，效果如图 7-46 所示。

（4）选择"交互式调和"工具，将光标从下方曲线拖曳到上方曲线上，在属性栏中进行设置，如图 7-47 所示。按 Enter 键，效果如图 7-48 所示。

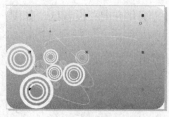

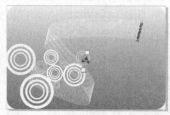

图 7-46　　　　　　　　图 7-47　　　　　　　　图 7-48

（5）选择"文件 > 导入"命令，弹出"导入"对话框。选择光盘中的"Ch07 > 素材 > 制作口红 > 02"文件，单击"导入"按钮，在页面中单击导入图片，效果如图 7-49 所示。

（6）选择"交互式阴影"工具 ，在图形下部由左下方至右上方拖曳光标，为图形添加阴影效果。在属性栏中进行设置，如图 7-50 所示。按 Enter 键，效果如图 7-51 所示。

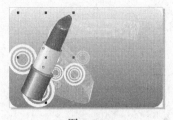

| 图 7-49 | 图 7-50 | 图 7-51 |

2．添加文字并编辑

（1）选择"文本"工具 字，输入需要的文字。选择"挑选"工具，在属性栏中选择合适的字体并设置文字大小，效果如图 7-52 所示。在"CMYK 调色板"中的"白"色块上单击，填充文字，效果如图 7-53 所示。

| 图 7-52 | 图 7-53 |

（2）选择"挑选"工具，按 F12 键，弹出"轮廓笔"对话框。设置轮廓颜色的 CMYK 值为：17、97、23、0，其他选项的设置如图 7-54 所示。单击"确定"按钮，效果如图 7-55 所示。口红制作完成，效果如图 7-56 所示。

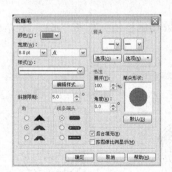

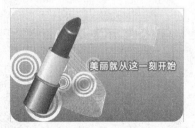

| 图 7-54 | 图 7-55 | 图 7-56 |

7.4　轮廓图效果

轮廓图效果是由图形中向内部或者外部放射的层次效果，它由多个同心线圈组成。下面介绍如何制作轮廓图效果。

7.4.1 制作轮廓图效果

绘制一个图形，如图 7-57 所示。用鼠标在图形轮廓上方的节点上单击并向内拖曳至需要的位置，松开鼠标，效果如图 7-58 所示。

"交互式轮廓线"工具的属性栏如图 7-59 所示。各选项的含义如下。

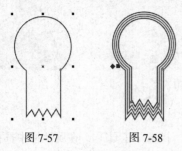

图 7-57   图 7-58   图 7-59

预设列表 预设 ：选择系统预设的样式。

向内 、向外 ：使对象产生向内和向外的轮廓图。

到中心 ：根据设置的偏移值一直向内创建轮廓图。向内、向外、到中心的效果如图 7-60 所示。

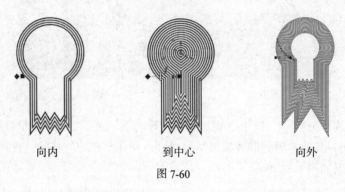

向内   到中心   向外

图 7-60

轮廓图步长 12 、轮廓图偏移 1.5 mm ：设置轮廓图的步数和偏移值，如图 7-61、图 7-62 所示。

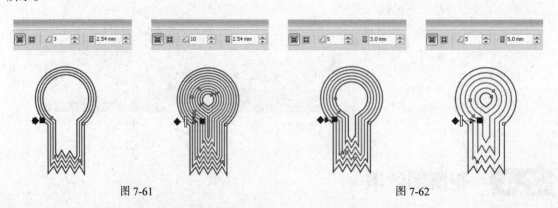

图 7-61   图 7-62

轮廓色 ：设定最内一圈轮廓线的颜色。

填充色 ：设定轮廓图的颜色。

7.4.2　课堂案例——制作网络世界标志

【案例学习目标】学习使用交互式轮廓图工具制作网络世界标志。

【案例知识要点】使用多边形工具绘制六边形；使用交互式轮廓图工具制作网络图形；使用文本工具输入并编辑内容文字。网络世界标志效果如图 7-63 所示。

图 7-63

【效果所在位置】光盘/Ch07/效果/制作网络世界标志.cdr。

（1）选择"文件 > 打开"命令，弹出"打开绘图"对话框。选择光盘中的"Ch07 > 素材 > 制作网络世界标志 > 01"文件，单击"打开"按钮，效果如图 7-64 所示。

（2）选择"多边形"工具，在属性栏中将"多边形的点数或边数" 选项设为 6，拖曳鼠标绘制一个六边形，如图 7-65 所示。

（3）选择"挑选"工具，按数字键盘上的+键，复制一个图形。按住 Shift 键的同时，向内拖曳图形右上方的控制手柄，将图形等比例缩小，如图 7-66 所示。用圈选的方法将两个图形同时选中，设置图形轮廓色的 CMYK 值为：60、80、0、2，填充图形的轮廓线。

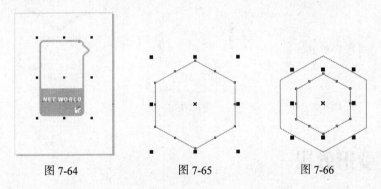

图 7-64　　　　　　　　　图 7-65　　　　　　　　　图 7-66

（4）选择"交互式轮廓线"工具，将鼠标放在复制的图形上，按住鼠标左键向内侧拖曳光标，为图形添加轮廓化的效果。单击属性栏中的"对象和颜色加速"按钮，在弹出的面板中进行设置，其他选项的设置如图 7-67 所示。按 Enter 键，效果如图 7-68 所示。

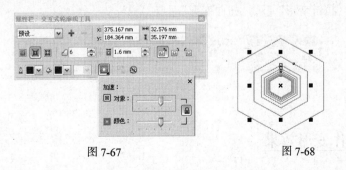

图 7-67　　　　　　　　　　　　　图 7-68

（5）选择"文本"工具，将鼠标放在六边形上，如图 7-69 所示。单击鼠标插入光标，输入文字"010101……"，文字沿六边形分布，如图 7-70 所示。选择"文本"工具，选取文字，设置文字颜色的 CMYK 值为：80、0、100、0，填充文字，效果如图 7-71 所示。

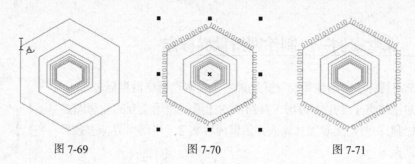

图 7-69　　　　　　　图 7-70　　　　　　　图 7-71

（6）选择"挑选"工具，用圈选的方法将图形和文字同时选取，拖曳到适当的位置，效果如图 7-72 所示。

（7）选择"文件 > 导入"命令，弹出"导入"对话框。选择光盘中的"Ch07 > 素材 > 制作网络世界标志 > 02"文件，单击"导入"按钮，在页面中单击导入图形。按 Ctrl+G 组合键，将其群组，并拖曳到适当的位置，效果如图 7-73 所示。网络世界标志制作完成，效果如图 7-74 所示。

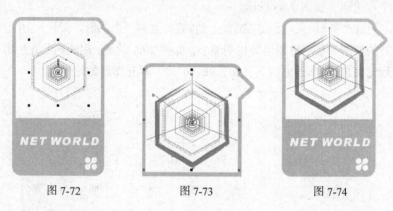

图 7-72　　　　　　　图 7-73　　　　　　　图 7-74

7.5　变形效果

"交互式变形"工具可以使图形的变形更方便。变形后可以产生不规则的图形外观，变形后的图形效果更具弹性，更奇特。

选择"交互式变形"工具，弹出如图 7-75 所示的属性栏。在属性栏中提供了 3 种变形方式："推拉变形"、"拉链变形"、"扭曲变形"。

图 7-75

7.5.1　制作变形效果

1．推拉变形

绘制一个图形，如图 7-76 所示。单击属性栏中的"推拉变形"按钮，在图形上按住鼠标左键并向左拖曳鼠标，如图 7-77 所示。变形的效果如图 7-78 所示。

图 7-76　　　　　　　　图 7-77　　　　　　　　图 7-78

在属性栏的 框中，可以输入数值来控制推拉变形的幅度。推拉变形的设置范围在 − 200~200。单击"中心变形"按钮 🔲，可以将变形的中心移至图形的中心。单击"转换为曲线"按钮 🔘，可以将图形转换为曲线。

2. 拉链变形

绘制一个图形，如图 7-79 所示。单击属性栏中的"拉链变形"按钮 🔲，在图形上按住鼠标左键并向左下方拖曳鼠标，如图 7-80 所示，变形的效果如图 7-81 所示。

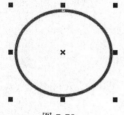

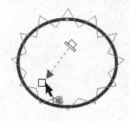

图 7-79　　　　　　　　图 7-80　　　　　　　　图 7-81

在属性栏的 中，可以输入频率的数值来设置两个节点之间的锯齿数。单击"随机变形"按钮 🔲，可以随机地变化图形锯齿的深度。单击"平滑变形"按钮 🔲，可以将图形锯齿的尖角变成圆弧。单击"局部变形"按钮 🔲，在图形中拖曳鼠标，可以将图形锯齿的局部进行变形。

3. 扭曲变形

绘制一个图形，效果如图 7-82 所示。选择"交互式变形"工具 🔘，单击属性栏中的"扭曲变形"按钮 🔲，在图形中按住鼠标左键并转动鼠标，如图 7-83 所示，变形的效果如图 7-84 所示。

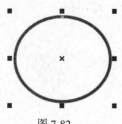

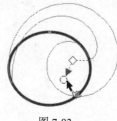

图 7-82　　　　　　　　图 7-83　　　　　　　　图 7-84

单击属性栏中的"添加新的变形"按钮 🔲，可以继续在图形中按住鼠标左键并转动鼠标，制作新的变形效果。单击"顺时针旋转"按钮 🔘 和"逆时针旋转"按钮 🔘，可以设置旋转的方向。在"完全旋转" 🔲 文本框中可以设置完全旋转的圈数。在"附加角度" 🔲 文本框中可以设置旋转的角度。

7.5.2　课堂案例——制作色彩艺术广告

【案例学习目标】学习使用交互式变形工具制作色彩艺术广告效果。

【案例知识要点】使用底纹填充工具制作艺术广告背景；使用交互式变形工具制作图形扭曲变形效果；使用文本工具输入内容文字；使用形状工具调整文字间距。色彩艺术广告效果如图 7-85 所示。

图 7-85

【效果所在位置】光盘/Ch07/效果/制作色彩艺术广告.cdr。

（1）按 Ctrl+N 组合键，新建一个页面，在属性栏的"纸张宽度和高度"选项中分别设置宽度为 290mm，高度为 197mm，按 Enter 键，页面尺寸显示为设置的大小。双击"矩形"工具□，绘制一个与页面大小相等的矩形，如图 7-86 所示。

（2）选择"底纹填充对话框"工具▨，弹出"底纹填充"对话框，选项的设置如图 7-87 所示。单击"确定"按钮，效果如图 7-88 所示。

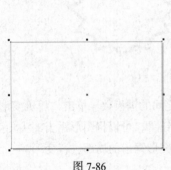
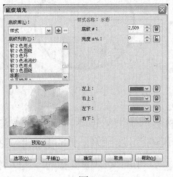

　　　图 7-86　　　　　　　　　　图 7-87　　　　　　　　　　图 7-88

（3）选择"矩形"工具□，按住 Ctrl 键的同时，绘制一个正方形，如图 7-89 所示。选择"交互式变形"工具▣，单击属性栏中的"扭曲变形"按钮▨，在图形中部逆时针拖曳鼠标，如图 7-90 所示。松开鼠标，图形扭曲变形的效果如图 7-91 所示。在"CMYK 调色板"中的"20%黑"色块上单击鼠标，填充图形，并去除图形的轮廓线，效果如图 7-92 所示。

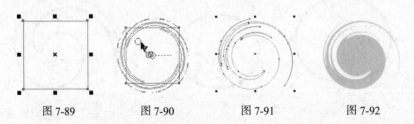

　　　图 7-89　　　　　　图 7-90　　　　　　图 7-91　　　　　　图 7-92

（4）选择"挑选"工具▨，按住 Shift 键的同时，向内拖曳图形右上方的控制手柄，将图形等比例缩小；单击鼠标右键，复制一个图形，按 Ctrl+PageDown 组合键，后移一层。在"CMYK 调色板"中的"青"色块上单击鼠标，填充图形，效果如图 7-93 所示。用相同的方法，再复制一个图形，并将图形缩小，在"CMYK 调色板"中的"黄"色块上单击鼠标，填充图形，效果如图

7-94 所示。在属性栏中将 "旋转角度" ⟲ 0.0 选项设为 128，按 Enter 键，效果如图 7-95 所示。

图 7-93　　　　　　　图 7-94　　　　　　　图 7-95

（5）选择 "挑选" 工具 ▶，用圈选的方法将扭曲图形同时选取，并拖曳到适当的位置，效果如图 7-96 所示。单击鼠标选取灰色图形，按数字键盘上的+键，复制一个图形，并将其拖曳到适当的位置。在 "CMYK 调色板" 中的 "洋红" 色块上单击鼠标，填充图形。在属性栏中将 "旋转角度" ⟲ 0.0 选项设为 148，按 Enter 键，效果如图 7-97 所示。用相同的方法制作蓝色和黄色图形，效果如图 7-98 所示。

图 7-96　　　　　　　图 7-97　　　　　　　图 7-98

（6）选择 "挑选" 工具 ▶，单击选取黄色图形。按数字键盘上的+键，复制一个图形，并调整其大小和位置。在 "CMYK 调色板" 中的 "红" 色块上单击鼠标，填充图形，效果如图 7-99 所示。

（7）选择 "挑选" 工具 ▶，单击选取红色图形。按住鼠标左键水平向左拖曳图形，并在适当的位置上单击鼠标右键，复制一个图形，效果如图 7-100 所示。

图 7-99　　　　　　　　图 7-100

（8）选择 "文本" 工具 ⭤，分别输入需要的文字。选择 "挑选" 工具 ▶，在属性栏中选择合适的字体并设置文字大小。选择 "形状" 工具 ⟍，拖曳文字下方的 ⟍ 图标，适当调整文字间距，效果如图 7-101 所示。色彩艺术广告制作完成，如图 7-102 所示。

图 7-101　　　　　　　　　图 7-102

7.6　封套效果

使用"交互式封套"工具![icon]可以快速建立对象的封套效果，使文本、图形和位图都可以产生丰富的变形效果。

7.6.1　使用封套

打开一个要制作封套效果的图形，如图 7-103 所示。选择"交互式封套"工具![icon]，单击图形，图形外围显示封套的控制线和控制点，如图 7-104 所示。用鼠标拖曳需要的控制点到适当的位置松开鼠标，可以改变图形的外形，如图 7-105 所示。选择"挑选"工具![icon]并按 Esc 键，取消选取，图形的封套效果如图 7-106 所示。

图 7-103

图 7-104

图 7-105

图 7-106

在属性栏中的"预设列表"![预设]中可以选择需要的预设封套效果。"封套的直线模式"按钮![icon]、"封套的单弧模式"按钮![icon]、"封套的双弧模式"按钮![icon]和"封套的非强制模式"按钮![icon]，可以选择不同的封套编辑模式。"映射模式"![自由变形]列表框包含 4 种映射模式，分别是"水平"模式、"原始的"模式、"自由变形"模式和"垂直"模式。使用不同的映射模式可以使封套中的对象符合封套的形状，制作出需要的变形效果。

7.6.2　课堂案例——制作浮雕字

【案例学习目标】学习使用交互式封套工具和交互式填充工具制作浮雕字。

【案例知识要点】使用交互式封套工具制作文字变形效果；使用交互式填充工具为文字填充底纹；使用排列命令调整图形顺序；使用文本工具输入文字。浮雕字效果如图 7-107 所示。

【效果所在位置】光盘/Ch07/效果/制作浮雕字.cdr。

图 7-107

（1）选择"文件 > 打开"命令，弹出"打开绘图"对话框。选择光盘中的"Ch07 > 素材 > 制作浮雕字 > 01"文件，单击"打开"按钮，效果如图 7-108 所示。

（2）选择"文本"工具![icon]，输入需要的文字。选择"挑选"工具![icon]，在属性栏中选择合适的字体并设置文字大小。选择"形状"工具![icon]，向右拖曳文字下方的![icon]图标，调整文字间距，效果如图 7-109 所示。

图 7-108　　　　　　　　　　　　　图 7-109

（3）选择"交互式封套"工具，文字的编辑状态如图 7-110 所示。在属性栏中单击"封套的直线模式"按钮，按住鼠标左键，向上拖曳上边中间的控制节点，效果如图 7-111 所示。

图 7-110　　　　　　　　　　　　　图 7-111

（4）选择"交互式填充"工具，单击属性栏中的"复制填充属性"按钮，鼠标的光标变为黑色箭头，如图 7-112 所示。在背景图形上单击，文字的填充效果如图 7-113 所示。

（5）选择"挑选"工具，按数字键盘上的+键，复制一个文字。在"CMYK 调色板"中的"白"色块上单击鼠标，填充文字，效果如图 7-114 所示。

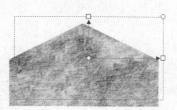

图 7-112　　　　　　　　　图 7-113　　　　　　　　　图 7-114

（6）选择"排列 > 顺序 > 向后一层"命令，将白色文字置到原文字的后面。按键盘上的方向键，将白色文字移动适当的位置，如图 7-115 所示。

（7）选择"挑选"工具，按数字键盘上的+键，复制一个文字。在"CMYK 调色板"中的"黑"色块上单击鼠标，填充文字。选择"排列 > 顺序 > 向后一层"命令，将黑色文字排列到白色文字的后面。按键盘上的方向键，将黑色文字向右下方微移到适当的位置，效果如图 7-116 所示。

图 7-115　　　　　　　　　　　　　图 7-116

（8）选择"文本"工具 ，输入需要的文字。选择"挑选"工具 ，在属性栏中选择合适的字体并设置文字大小。选择"形状"工具 ，向右拖曳文字下方的 图标，调整文字间距，如图7-117所示。浮雕字制作完成，如图7-118所示。

图 7-117   图 7-118

7.7   立体效果

立体效果是利用三维空间的立体旋转和光源照射的功能来完成的。CorelDRAW X4 中的"交互式立体化"工具 可以制作和编辑图形的三维效果。下面介绍如何制作图形的立体效果。

7.7.1   制作立体效果

绘制一个要立体化的图形，如图7-119所示。选择"交互式立体化"工具 ，在图形上按住鼠标左键并向右上方拖曳鼠标，如图7-120所示。达到需要的立体效果后，松开鼠标左键，图形的立体化效果如图7-121所示。

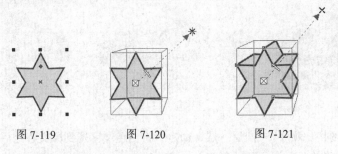

图 7-119   图 7-120   图 7-121

"交互式立体化"工具 的属性栏如图7-122所示。各选项的含义如下。

图 7-122

立体化类型 ：单击弹出下拉列表，分别选择可以出现不同的立体化效果。

深度 ：可以设置图形立体化的深度。

灭点属性 ：可以设置灭点的属性。

vp 对象/vp 页面 ：可以将灭点锁定到页面，在移动图形时灭点不能移动，立体化的图形形状会改变。

立体的方向◪：单击此按钮，弹出旋转设置框。光标放在三维旋转设置区内会变为手形，拖曳鼠标可以在三维旋转设置区中旋转图形，页面中的立体化图形会相应地旋转。单击⬚按钮，设置区中出现"旋转值"数值框，可以精确地设置立体化图形的旋转数值。单击◔按钮，恢复到设置区的默认设置。

颜色◪：单击此按钮，弹出立体化图形的"颜色"设置区。在颜色设置区中有 3 种颜色设置模式，分别是"使用对象填充"模式◪、"使用纯色"模式◪、"使用递减的颜色"模式◪。

照明◪：单击此按钮，弹出照明设置区，在设置区中可以为立体化图形添加光源。

斜角修饰边◪：单击此按钮，弹出"斜角修饰"设置区。通过拖动面板中图例的节点来添加斜角效果，也可以在增量框中输入数值来设定斜角。勾选"只显示斜角修饰边"复选框，将只显示立体化图形的斜角修饰边。

7.7.2 课堂案例——制作立体字

【案例学习目标】学习使用交互式立体化工具制作立体字。

【案例知识要点】使用文字工具输入文字；使用渐变填充工具为文字填充渐变色；使用交互式立体化效果制作文字立体效果。立体字效果如图 7-123 所示。

【效果所在位置】光盘/Ch07/效果/制作立体字.cdr。

（1）选择"文件 > 打开"命令，弹出"打开绘图"对话框。选择光盘中的"Ch07> 素材 > 制作立体字 >01"文件，单击"打开"按钮，效果如图 7-124 所示。

图 7-123

（2）选择"文本"工具字，输入需要的文字。选择"挑选"工具◈，在属性栏中选择合适的字体并设置文字大小，效果如图 7-125 所示。

（3）选择"渐变填充对话框"工具◪，弹出"渐变填充"对话框。点选"双色"单选框，将"从"选项颜色的 CMYK 值设置为：100、0、0、0，"到"选项颜色的 CMYK 值设置为：100、0、100、0，其他选项的设置如图 7-126 所示。单击"确定"按钮，填充文字，效果如图 7-127 所示。

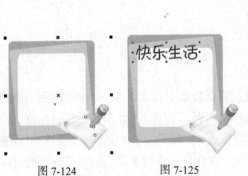

图 7-124   图 7-125

图 7-126

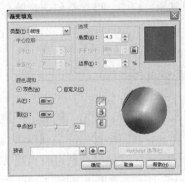

图 7-127

（4）选择"交互式立体化"工具◪，鼠标的光标变为◣图标，在文字上从中心至右下方拖曳鼠标，为文字添加立体效果。单击属性栏中的"颜色"按钮◪，在弹出的面板中单击"使用递减的颜色"按钮，将"从"选项的颜色设置为"红"，"到"选项的颜色设置为"黄"，其他选项的设置如图 7-128 所示。按 Enter 键，效果如图 7-129 所示。

（5）选择"文本"工具字，拖曳一个文本框，输入需要的文字。选择"挑选"工具↖，在属性栏中选择合适的字体并设置文字大小，效果如图 7-130 所示。

图 7-128

图 7-129

图 7-130

（6）选择"文本 > 段落格式化"命令，弹出"段落格式化"面板，选项的设置如图 7-131 所示。按 Enter 键，效果如图 7-132 所示。立体字效果制作完成。

图 7-131

图 7-132

7.8 透视效果

在设计和制作图形的过程中，经常会使用到透视效果。下面介绍如何在 CorelDRAW X4 中制作透视效果。

7.8.1 使用透视效果

打开要制作透视效果的图形，使用"挑选"工具↖将图形选中，效果如图 7-133 所示。选择"效果 > 添加透视"命令，在图形的周围出现控制线和控制点，如图 7-134 所示。用鼠标拖曳控制点，制作需要的透视效果，在拖曳控制点时出现了透视点×，如图 7-135 所示。用鼠标可以拖曳透视点×，同时可以改变透视效果，如图 7-136 所示。制作好透视效果后，按空格键，确定完成的效果。

要修改已经制作好的透视效果，需双击图形，再对已有的透视效果进行调整即可。选择"效果 > 清除透视点"命令，可以清除透视效果。

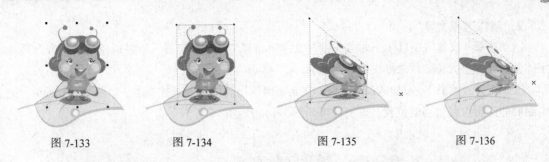

图 7-133　　　　　　图 7-134　　　　　　图 7-135　　　　　　图 7-136

7.8.2　课堂案例——制作电脑吊牌

【案例学习目标】学习使用添加透视命令和顺序命令制作吊牌的标题文字。

【案例知识要点】使用图框精确剪裁命令将电脑图片置入到背景中；使用添加透视命令并拖曳节点制作文字透视变形效果；使用渐变填充工具为文字填充渐变色；使用顺序命令调整图形顺序；使用文本工具输入标志性文字。电脑吊牌效果如图 7-137 所示。

图 7-137

【效果所在位置】光盘/Ch07/效果/制作电脑吊牌.cdr。

1．制作背景图形

（1）选择"文件 > 打开"命令，弹出"打开绘图"对话框。选择光盘中的"Ch07 > 素材 > 制作电脑吊牌 > 01"文件，单击"打开"按钮，效果如图 7-138 所示。

（2）选择"文件 > 导入"命令，弹出"导入"对话框。选择光盘中的"Ch07 > 素材 > 制作电脑吊牌 > 02"文件，单击"导入"按钮，在页面中单击导入图片，效果如图 7-139 所示。

图 7-138　　　　　　图 7-139

（3）选择"效果 > 图框精确剪裁 > 放置在容器中"命令，鼠标的光标变为黑色箭头形状，在背景图形上单击，如图 7-140 所示。将电脑图片置入到背景中，效果如图 7-141 所示。

（4）选择"效果 > 图框精确剪裁 > 编辑内容"命令，选择"挑选"工具，选取图形，将图形拖曳到适当的位置，如图 7-142 所示。选择"效果 > 图框精确剪裁 > 结束编辑"命令，效果如图 7-143 所示。

图 7-140　　　　　　图 7-141　　　　　　图 7-142　　　　　　图 7-143

2. 制作透视文字

（1）选择"文本"工具 字，输入需要的文字。选择"挑选"工具 ，在属性栏中选择合适的字体并设置文字大小，效果如图 7-144 所示。

（2）选择"效果 > 添加透视"命令，在文字周围出现控制线和控制点，如图 7-145 所示。拖曳需要的控制点到适当的位置，透视效果如图 7-146 所示。

图 7-144　　　　　　　图 7-145　　　　　　　图 7-146

（3）选择"挑选"工具 ，选取文字。选择"渐变填充对话框"工具 ，弹出"渐变填充"对话框。点选"自定义"单选框，在"位置"选项中分别添加并输入：0、29、100 几个位置点；单击右下角的"其它"按钮，分别设置几个位置点颜色的 CMYK 值为：0（2、22、96、0）、29（4、3、92、0）、100（0、80、96、0），其他选项的设置如图 7-147 所示。单击"确定"按钮，填充文字，效果如图 7-148 所示。

（4）选择"挑选"工具 ，按 F12 键，弹出"轮廓笔"对话框。将"宽度"选项设为 2，勾选"后台填充"复选框，其他选项的设置为默认值，单击"确定"按钮，效果如图 7-149 所示。

图 7-147　　　　　　　图 7-148　　　　　　　图 7-149

（5）选择"交互式阴影"工具 ，在文字上从上至下拖曳光标，为文字添加阴影效果。在属性栏中设置阴影颜色的 CMYK 值为：0、98、91、0，其他选项的设置如图 7-150 所示。按 Enter 键，效果如图 7-151 所示。

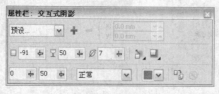

图 7-150　　　　　　　　　图 7-151

（6）选择"交互式轮廓图"工具，将鼠标放在文字上，按住鼠标左键向外侧拖曳光标，为文字添加轮廓化效果。在属性栏中进行设置，如图 7-152 所示。按 Enter 键，效果如图 7-153 所示。用上述所讲的方法，制作其他文字，效果如图 7-154 所示。

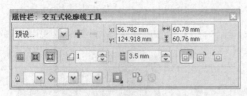

图 7-152　　　　　　　　　　　图 7-153　　　　　　　图 7-154

3. 打开素材图片并添加内容文字

（1）选择"文件 > 打开"命令，弹出"打开绘图"对话框。选择光盘中的"Ch07 > 素材 > 制作电脑吊牌 > 03"文件，单击"打开"按钮，将图形粘贴到页面中，并拖曳到适当的位置，效果如图 7-155 所示。

（2）选择"文本"工具，输入需要的文字，选择"挑选"工具，在属性栏中选择合适的字体并设置文字大小，效果如图 7-156 所示。

（3）选择"渐变填充对话框"工具，弹出"渐变填充"对话框。点选"双色"单选框，将"从"选项颜色的 CMYK 值设置为：1、51、95、0，"到"选项颜色的 CMYK 值设置为：0、0、0、0，其他选项的设置如图 7-157 所示。单击"确定"按钮，填充文字，效果如图 7-158 所示。

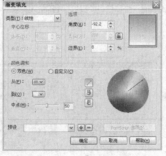

图 7-155　　　　　　　图 7-156　　　　　　　　图 7-157　　　　　　　图 7-158

（4）按 F12 键，弹出"轮廓笔"对话框。设置轮廓颜色为白色，其他选项的设置如图 7-159 所示。单击"确定"按钮，效果如图 7-160 所示。

图 7-159　　　　　　　　　图 7-160

（5）选择"排列 > 顺序 > 置于此对象后"命令，鼠标的光标变为黑色箭头形状，在"彩"文字上单击，如图 7-161 所示。将"3"文字置于"彩"文字后，效果如图 7-162 所示。电脑吊牌制作完成，效果如图 7-163 所示。

图 7-161　　　　　　　　　图 7-162　　　　　　　　　图 7-163

7.9　图框精确剪裁效果

在 CorelDRAW X4 中，使用图框精确剪裁，可以将一个对象内置于另外一个容器对象中。内置的对象可以是任意的，但容器对象必须是创建的封闭路径。

打开一个图形，再绘制一个图形作为容器对象，使用"挑选"工具选中要用来内置的图形，效果如图 7-164 所示。

图 7-164

选择"效果 > 图框精确剪裁 > 放置在容器中"命令，鼠标的光标变为黑色箭头，将箭头放在容器对象内并单击，如图 7-165 所示。完成的图框精确剪裁对象效果如图 7-166 所示。内置图形的中心和容器对象的中心是重合的。

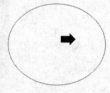

图 7-165　　　　　　　　　　　　　　图 7-166

选择"效果 > 图框精确剪裁 > 提取内容"命令，可以将容器对象内的内置位图提取出来。选择"效果 > 图框精确剪裁 > 编辑内容"命令，可以修改内置对象。选择"效果 > 图框精确剪裁 > 完成编辑"命令，完成内置位图的重新选择。选择"效果 > 复制效果 > 图框精确剪裁自"命令，鼠标的光标变为黑色箭头，将箭头放在图框精确剪裁对象上并单击，可复制内置对象。

课堂练习——制作唱片封面

【练习知识要点】使用贝塞尔工具和交互式调和工具制作线条图形；使用交互式透明工具为图片和文字添加透明效果；使用基本形状工具绘制装饰图形；使用文本工具添加并编辑文字。唱片封面效果如图 7-167 所示。

【效果所在位置】光盘/Ch07/效果/制作唱片封面.cdr。

图 7-167

课后习题——制作手机标牌

【习题知识要点】使用椭圆形工具和结合命令制作标牌背景图形；使用文本工具和交互式阴影工具制作标题性文字；使用艺术笔工具绘制气球图形；使用交互式轮廓图和交互式封套工具制作变形文字；使用交互式阴影工具为文字添加阴影效果。手机标牌效果如图 7-168 所示。

【效果所在位置】光盘/Ch07/效果/制作手机标牌.cdr。

图 7-168

下 篇

案例实训篇

第8章

实物的绘制

绘制效果逼真并经过艺术化处理的实物可以应用到书籍设计、杂志设计、海报设计、宣传单设计、广告设计、包装设计和网页设计等多个设计领域。本章以多个实物对象为例，讲解了绘制实物的方法和技巧。

课堂学习目标

- 了解实物绘制的应用领域
- 掌握实物的绘制思路和过程
- 掌握实物的绘制方法和技巧

8.1　实物绘制概述

实物绘制可以用电脑软件的手段和技巧并通过一定的创意和构思来进行设计和制作,如图8-1所示。它能表现我们生活中喜欢的物品,也能表现有趣的事物和景象。实物绘制时,在表现手法上要努力捕捉真实的感觉,充分发挥大胆的想象,尽量让画面充实和艺术化。

图 8-1

8.2　绘制笑脸图标

8.2.1　案例分析

本例是为一个商业活动绘制消费者表情图标,要求绘制的图标要生动有趣、色彩丰富、充满活力、与众不同,要有水晶的质感,能够体现出可爱生动的表情。

在设计过程中,先设计制作出有立体视觉的黄色圆脸图形,使用白色高光使图标更有质感。通过对蓝色的眼睛和嘴进行夸张的表现,使图标设计生动有趣,使人容易记住。

本例将使用椭圆形工具和交互式调和工具制作图标底图,使用椭圆形工具、矩形工具和交互式透明工具添加高光,使用轮廓笔样式为嘴图形添加轮廓效果。

8.2.2　案例设计

本案例设计流程如图 8-2 所示。

制作图标底图　　　制作眼睛图形　　　最终效果

图 8-2

8.2.3　案例制作

1. 绘制图标底图

(1)按 Ctrl+N 组合键,新建一个 A4 页面。选择"椭圆形"工具 ⬭ ,按住 Ctrl 键的同时,绘制一个圆形，如图 8-3 所示。设置图形填充颜色的 CMYK 值为：2、31、93、0，填充图形，并去除图形的轮廓线，效果如图 8-4 所示。

（2）选择"挑选"工具 ，在数字键盘上按+键，复制一个图形。按住 Shift 键的同时，向内拖曳圆形右上方的控制手柄，将图形缩小。在"CMYK 调色板"中的"黄"色块上单击鼠标，填充图形，效果如图 8-5 所示。

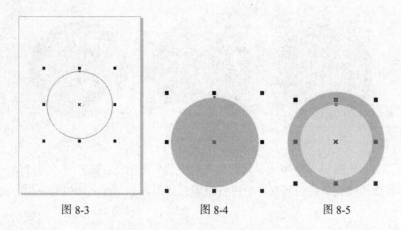

图 8-3　　　　　　　　　　　图 8-4　　　　　　　　图 8-5

（3）选择"交互式调和"工具，将光标从小圆形拖曳到大圆形上，如图 8-6 所示。在属性栏中进行设置，如图 8-7 所示。按 Enter 键，效果如图 8-8 所示。

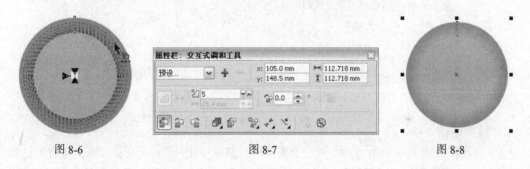

图 8-6　　　　　　　　　　　图 8-7　　　　　　　　　　　图 8-8

（4）选择"椭圆形"工具，按住 Ctrl 键的同时，绘制一个圆形，如图 8-9 所示。选择"挑选"工具，按住鼠标左键水平向右拖曳图形，并在适当的位置单击鼠标右键，复制一个新的图形，效果如图 8-10 所示。

（5）选择"矩形"工具，绘制一个矩形，如图 8-11 所示。选择"挑选"工具，用圈选的方法将 3 个图形同时选取，单击属性栏中的"后减前"按钮，将 3 个图形剪切为一个图形，效果如图 8-12 所示。

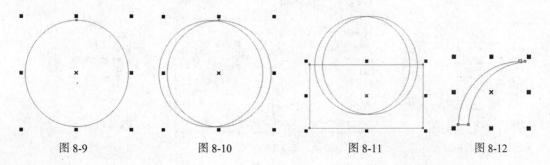

图 8-9　　　　　　　　图 8-10　　　　　　　　图 8-11　　　　　　　图 8-12

（6）选择"挑选"工具，将图形拖曳到适当的位置，在"CMYK 调色板"中的"白"色块上单击，填充图形，并去除图形的轮廓线，效果如图 8-13 所示。按住 Ctrl 键的同时，垂直向下拖曳图形上边中间的控制手柄，如图 8-14 所示，在适当的位置单击鼠标右键，复制图形。

（7）选择"挑选"工具，在属性栏中将"旋转角度" 选项设为 19，按 Enter 键，效果如图 8-15 所示。

图 8-13　　　　　　图 8-14　　　　　　图 8-15

（8）选择"交互式透明"工具，鼠标的光标变为图标，在图形上从左上方至右下方拖曳光标，为图形添加透明效果。在属性栏中进行设置，如图 8-16 所示。按 Enter 键，效果如图 8-17 所示。

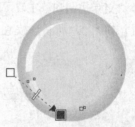

图 8-16　　　　　　　　　　图 8-17

2. 绘制眼睛、嘴图形

（1）选择"椭圆形"工具，绘制一个椭圆形，如图 8-18 所示。选择"渐变填充对话框"工具，弹出"渐变填充"对话框。点选"双色"单选框，将"从"选项颜色的 CMYK 值设置为：100、100、0、0，"到"选项颜色的 CMYK 值设置为：31、28、4、0，其他选项的设置如图 8-19 所示。单击"确定"按钮，图形被填充，并去除图形的轮廓线，效果如图 8-20 所示。

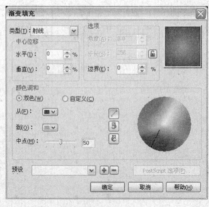

图 8-18　　　　　　图 8-19　　　　　　图 8-20

（2）选择"椭圆形"工具 ，按住 Ctrl 键的同时，绘制一个圆形。在"CMYK 调色板"中的"白"色块上单击鼠标，填充图形，并去除图形的轮廓线，效果如图 8-21 所示。

（3）选择"交互式透明"工具 ，鼠标的光标变为 图标，在图形上从中心至左下方拖曳光标，为图形添加透明效果。在属性栏中进行设置，如图 8-22 所示，按 Enter 键，图形透明效果如图 8-23 所示。

（4）选择"挑选"工具 ，用圈选的方法将眼睛图形同时选取，按数字键盘上的+键，复制一个图形。按住 Shift 键的同时，水平向右拖曳复制的图形到适当的位置，效果如图 8-24 所示。单击属性栏中的"水平镜像"按钮 ，水平翻转复制的图形，效果如图 8-25 所示。

图 8-21　　　　　　图 8-22　　　　　　图 8-23　　　　　图 8-24　　　　　图 8-25

（5）选择"椭圆形"工具 ，绘制一个椭圆形，如图 8-26 所示。在属性栏中单击"弧形"按钮 ，其他选项的设置如图 8-27 所示。按 Enter 键，效果如图 8-28 所示。

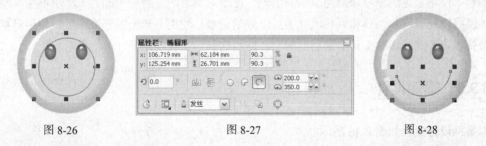

图 8-26　　　　　　　　　图 8-27　　　　　　　　　图 8-28

（6）选择"挑选"工具 ，在属性栏中将"轮廓宽度" 0.2 mm 选项设为 2.28，按 Enter 键，效果如图 8-29 所示。设置轮廓颜色的 CMYK 值为：3、66、96、0，填充弧线轮廓线的颜色，效果如图 8-30 所示。

（7）按 Ctrl+Q 组合键，将弧形转换为曲线。选择"挑选"工具 ，在属性栏中单击"起始箭头选择"按钮 ，在弹出的面板中选择需要的箭头样式，如图 8-31 所示。图形效果如图 8-32 所示。

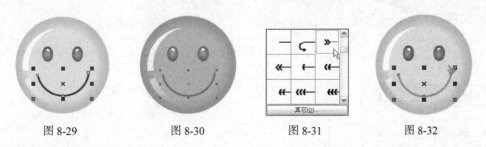

图 8-29　　　　　　图 8-30　　　　　　图 8-31　　　　　图 8-32

（8）再次单击属性栏中的"结束箭头选择"按钮 ，选择需要的箭头样式，如图 8-33 所示。图形效果如图 8-34 所示。笑脸图标绘制完成，如图 8-35 所示。

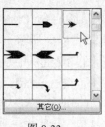

图 8-33

图 8-34

图 8-35

8.3　绘制栏目图标

8.3.1　案例分析

本例是为一家中学学校网站设计学习栏目图标，在设计图标时要抓住学习栏目的内容和特色，要求用大家常见的视觉元素来表达所要传达的信息，用丰富的想象力绘制出有代表性的图标。

在设计过程中，首先定位以笔记本和羽毛笔来代表学习栏目图标。在绘制的过程中使用粉色绘制笔记本的封面，使用白色和灰色绘制笔记本的内页，表现出中学生学习的朝气和学习生活的丰富多彩。使用蓝色的渐变处理绘制出羽毛笔，使学习栏目的主题更明确，风格更活泼生动。

本例将使用贝塞尔工具和渐变填充工具绘制笔记本，使用星形绘制装饰图形，使用贝塞尔工具、渐变填充工具和形状工具绘制羽毛图形，使用椭圆形工具绘制墨汁。

8.3.2　案例设计

本案例设计流程如图 8-36 所示。

绘制轮廓图　　绘制内页

绘制装饰图形　　绘制羽毛图形　　　　　最终效果

图 8-36

8.3.3　案例制作

1．绘制笔记本

（1）按 Ctrl+N 组合键，新建一个 A4 页面，单击属性栏中的"横向"按钮，页面显示为横向页面。选择"贝塞尔"工具，绘制一个不规则图形，如图 8-37 所示。

（2）选择"渐变填充对话框"工具，弹出"渐变填充"对话框。点选"双色"单选框，将"从"选项颜色的 CMYK 值设置为：0、100、0、0，"到"选项颜色的 CMYK 值设置为：40、100、0、0，其他选项的设置如图 8-38 所示，单击"确定"按钮，填充图形，并去除图形的轮廓线，效果如图 8-39 所示。

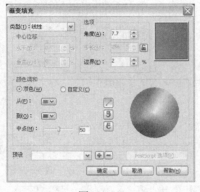

图 8-37　　　　　　　　　　　　　图 8-38　　　　　　　　　　　　　图 8-39

（3）选择"贝塞尔"工具，绘制一个不规则图形，如图 8-40 所示。设置图形颜色的 CMYK 值为：0、0、0、72，填充图形，并去除图形的轮廓线，效果如图 8-41 所示。

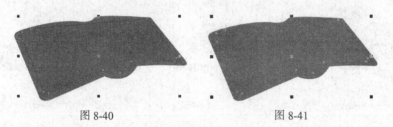

图 8-40　　　　　　　　　　　　　图 8-41

（4）选择"交互式透明"工具，在属性栏中进行设置，如图 8-42 所示。按 Enter 键，图形的透明效果如图 8-43 所示。

图 8-42　　　　　　　　　　　　　图 8-43

（5）选择"贝塞尔"工具，绘制一个不规则图形，如图 8-44 所示。设置图形颜色的 CMYK 值为：0、0、0、30，填充图形，并去除图形的轮廓线，效果如图 8-45 所示。

图 8-44　　　　　　　　　　　　　图 8-45

155

（6）选择"贝塞尔"工具 ，绘制一个不规则图形，如图 8-46 所示。设置图形颜色的 CMYK 值为：0、0、0、36，填充图形，并去除图形的轮廓线，效果如图 8-47 所示。再次绘制一个不规则图形，设置图形颜色的 CMYK 值为：0、0、0、25，填充图形，并去除图形的轮廓线，效果如图 8-48 所示。

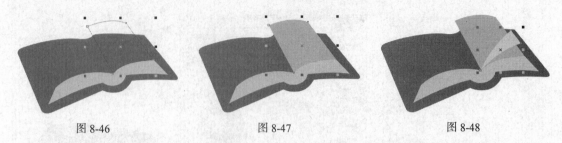

| 图 8-46 | 图 8-47 | 图 8-48 |

（7）选择"贝塞尔"工具 ，绘制一个不规则图形，如图 8-49 所示。设置图形颜色的 CMYK 值为：0、0、0、4，填充图形，并去除图形的轮廓线，效果如图 8-50 所示。再次绘制一个不规则图形，设置图形颜色的 CMYK 值为：0、0、0、6，填充图形，并去除图形的轮廓线，效果如图 8-51 所示。

| 图 8-49 | 图 8-50 | 图 8-51 |

（8）选择"贝塞尔"工具 ，绘制一个四边形，如图 8-52 所示。设置图形颜色的 CMYK 值为：0、0、0、13，填充图形，并去除图形的轮廓线，效果如图 8-53 所示。

| 图 8-52 | 图 8-53 |

（9）选择"贝塞尔"工具 ，绘制一个不规则图形，如图 8-54 所示。设置图形颜色的 CMYK 值为：0、100、0、0，填充图形，并去除图形的轮廓线。按 Shift+PageDown 组合键，将其置于最底层，效果如图 8-55 所示。

（10）选择"挑选"工具 ，按两次数字键盘上的+键，复制两个图形，分别将图形拖曳到适当的位置，效果如图 8-56 所示。同时选取两个图形，单击属性栏中的"后减前"按钮 ，将两个图形剪切为一个图形，如图 8-57 所示。设置图形颜色的 CMYK 值为：40、100、0、0，填充图形，并将其拖曳到适当的位置，效果如图 8-58 所示。

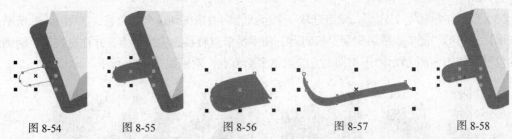

图 8-54　　　　图 8-55　　　　图 8-56　　　　图 8-57　　　　图 8-58

（11）选择"星形"工具，在属性栏中进行设置，如图 8-59 所示。拖曳鼠标绘制图形，效果如图 8-60 所示。设置图形轮廓线颜色的 CMYK 值为：0、0、100、0，填充图形的轮廓线，如图 8-61 所示。将图形拖曳到适当的位置，并旋转其角度，效果如图 8-62 所示。

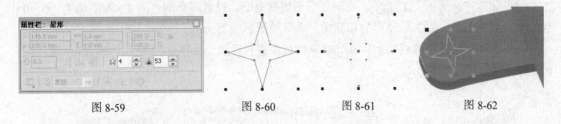

图 8-59　　　　　　图 8-60　　　　图 8-61　　　　　　图 8-62

2．绘制羽毛和墨迹图形

（1）选择"贝塞尔"工具，绘制一个羽毛图形，如图 8-63 所示。选择"渐变填充对话框"工具，弹出"渐变填充"对话框。点选"双色"单选框，将"从"选项颜色的 CMYK 值设置为：0、0、60、0，"到"选项颜色的 CMYK 值设置为：100、20、0、0，其他选项的设置如图 8-64 所示。单击"确定"按钮，填充图形，并去除图形的轮廓线，效果如图 8-65 所示。

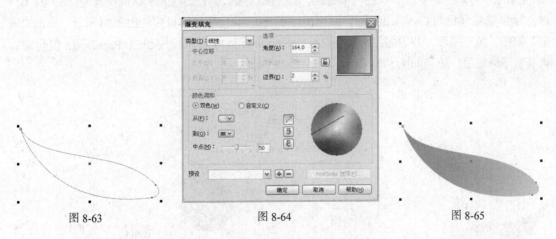

图 8-63　　　　　　　　图 8-64　　　　　　　　图 8-65

（2）选择"形状"工具，在羽毛图形的路径上双击光标，添加一个节点，如图 8-66 所示。用相同的方法添加多个节点，如图 8-67 所示。

图 8-66　　　　　　图 8-67

（3）选择"形状"工具，单击选取一个节点，向内拖曳到适当的位置，如图 8-68 所示。单击属性栏中的"使节点成为尖突"按钮，使平滑节点转换为尖突节点，并拖曳控制手柄到适当的位置，如图 8-69 所示。用相同的方法调整多个节点，效果如图 8-70 所示。

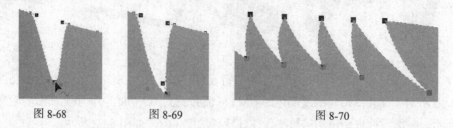

图 8-68　　　　　　图 8-69　　　　　　　　　　　图 8-70

（4）选择"贝塞尔"工具，绘制一个不规则图形。设置图形颜色的 CMYK 值为：0、0、100、0，填充图形，并去除图形的轮廓线，效果如图 8-71 所示。

（5）选择"交互式透明"工具，在属性栏中进行设置，如图 8-72 所示。按 Enter 键，图形的透明效果如图 8-73 所示。

图 8-71　　　　　　　　　　图 8-72　　　　　　　　　　图 8-73

（6）选择"贝塞尔"工具，绘制一个不规则图形。选择"渐变填充对话框"工具，弹出"渐变填充"对话框。点选"双色"单选框，将"从"选项颜色的 CMYK 值设置为：0、0、0、15，"到"选项颜色的 CMYK 值设置为：0、0、0、50，其他选项的设置如图 8-74 所示。单击"确定"按钮，填充图形，并去除图形的轮廓线，效果如图 8-75 所示。按 Shift+PageDown 组合键，将其置于最底层，效果如图 8-76 所示。

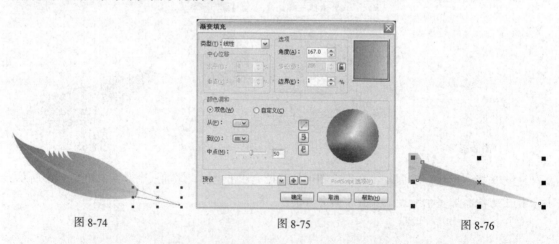

图 8-74　　　　　　　　　　图 8-75　　　　　　　　　　图 8-76

（7）选择"椭圆形"工具，绘制一个椭圆形，如图 8-77 所示。选择"渐变填充对话框"工具，弹出"渐变填充"对话框。点选"双色"单选框，将"从"选项颜色的 CMYK 值设置为：0、0、0、65，"到"选项颜色的 CMYK 值设置为：0、0、0、35，其他选项的设置如图 8-78所示。单击"确定"按钮，填充图形，并去除图形的轮廓线，效果如图 8-79 所示。

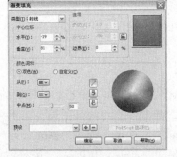

图 8-77　　　　　　　　　　图 8-78　　　　　　　　　　图 8-79

（8）选择"挑选"工具 ，在数字键盘上按+键，复制一个图形，将其缩小并拖曳到适当的位置，效果如图 8-80 所示。栏目图标绘制完成，效果如图 8-81 所示。

图 8-80　　　　　　　　　图 8-81

8.4　绘制写实物品

8.4.1　案例分析

本例是绘制一个写实风格的物品——鱼缸。要求利用图形设计软件的强大功能，结合写实的绘画手法，表现出鱼缸的玻璃材质和鱼的自由自在。

在设计绘制过程中，从鱼缸主体到细部细致地刻画了绘制鱼缸的方法和技巧，用软件中提供的水草和金鱼来丰富图像，使整体设计自然生动。鱼缸的投影效果增加了物品的立体感和空间感。注意在绘制过程中要掌握组织画面的能力，绘制出有主次、疏密、远近变化的鱼缸效果。

本例将使用"贝塞尔"工具和"渐变填充"工具绘制鱼缸主体和细部，使用艺术笔工具绘制鱼缸中的水草和金鱼图形，通过使用贝塞尔工具、渐变工具和交互式透明工具绘制阴影。

8.4.2　案例设计

本案例设计流程如图 8-82 所示。

绘制鱼缸主体部分　　绘制鱼缸细节部分　　添加水草和金鱼图形　　最终效果

图 8-82

8.4.3 案例制作

1．绘制鱼缸图形

（1）按 Ctrl+N 组合键，新建一个页面，单击属性栏中的“横向”按钮，页面显示为横向页面。选择“贝塞尔”工具，绘制一个不规则图形，如图 8-83 所示。

（2）选择“渐变填充对话框”工具，弹出“渐变填充”对话框。点选“自定义”单选框，在“位置”选项中分别添加并输入：0、60、83、100 几个位置点，单击右下角的“其它”按钮，分别设置几个位置点颜色的 CMYK 值为：0（0、0、0、0）、60（35、2、4、0）、83（98、75、0、0）、100（98、75、0、20），其他选项设置如图 8-84 所示。单击“确定”按钮，填充图形，并去除图形的轮廓线，效果如图 8-85 所示。

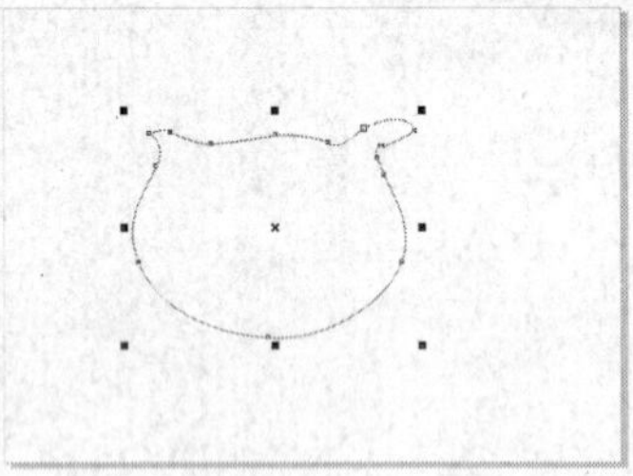
图 8-83

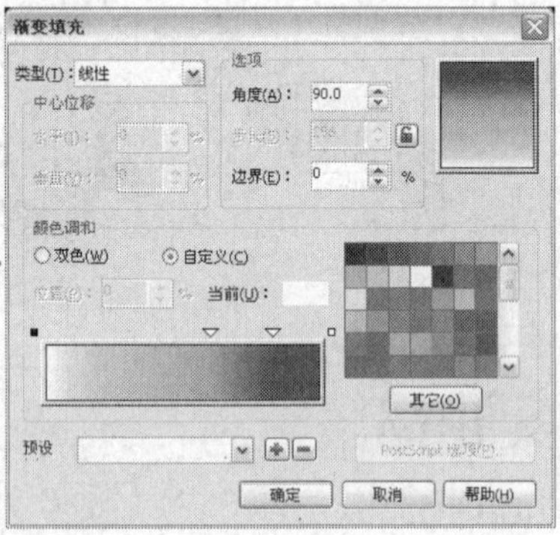

图 8-84

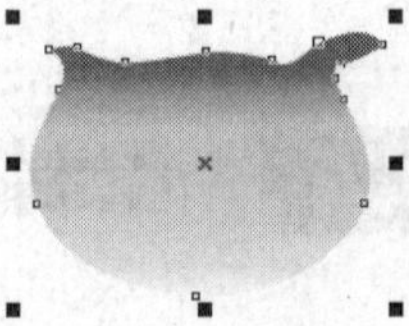
图 8-85

（3）选择“贝塞尔”工具，绘制一个不规则图形，如图 8-86 所示。选择“渐变填充对话框”工具，弹出“渐变填充”对话框。点选“双色”单选框，将“从”选项颜色的 CMYK 值设置为：85、12、0、0，“到”选项颜色的 CMYK 值设置为：98、53、0、0，其他选项的设置如图 8-87 所示。单击“确定”按钮，填充图形，并去除图形的轮廓线。选择“挑选”工具，将图形拖曳到适当的位置，效果如图 8-88 所示。

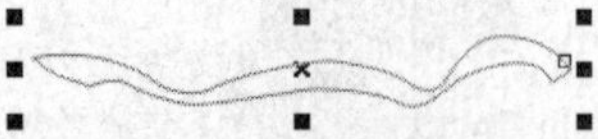
图 8-86

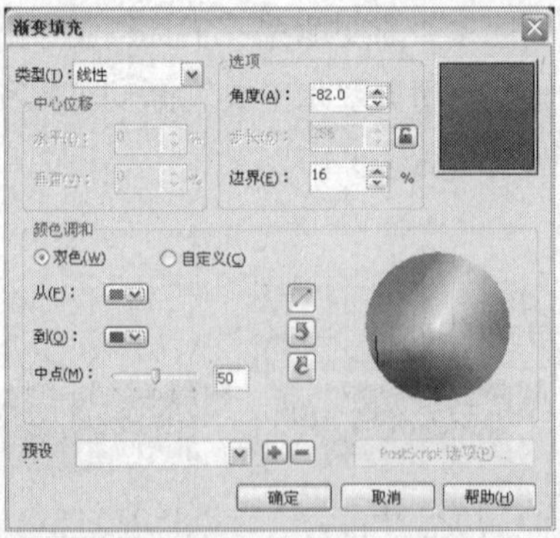

图 8-87

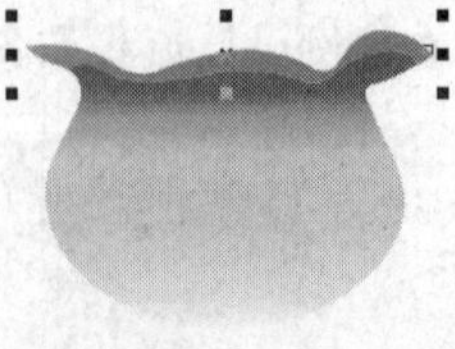
图 8-88

（4）选择“贝塞尔”工具，绘制一个不规则图形，如图 8-89 所示。选择“渐变填充对话框”工具，弹出“渐变填充”对话框。点选“双色”单选框，将“从”选项颜色的 CMYK 值

设置为：85、12、0、0，"到"选项颜色的 CMYK 值设置为：98、53、0、0，其他选项的设置如
图 8-90 所示。单击"确定"按钮，填充图形，并去除图形的轮廓线，效果如图 8-91 所示。

图 8-89　　　　　　　　　　　图 8-90　　　　　　　　　　　图 8-91

（5）选择"贝塞尔"工具 ，绘制一个不规则图形，如图 8-92 所示。选择"渐变填充对话
框"工具 ▇，弹出"渐变填充"对话框。点选"自定义"单选框，在"位置"选项中分别添加并
输入：0、36、100 几个位置点，单击右下角的"其它"按钮，分别设置几个位置点颜色的 CMYK
值为：0（0、0、0、0）、36（35、2、4、0）、100（98、75、0、0），其他选项设置如图 8-93 所示。
单击"确定"按钮，填充图形，并去除图形的轮廓线。

（6）选择"挑选"工具 ▨，按 Ctrl+PageDown 组合键，将图形置后，并将拖曳到适当的位置，
效果如图 8-94 所示。

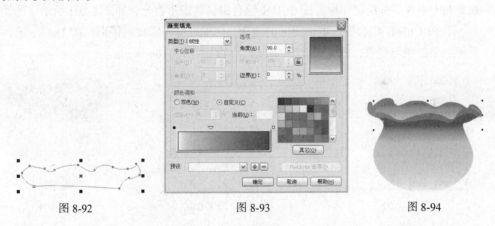

图 8-92　　　　　　　　　　　图 8-93　　　　　　　　　　　图 8-94

（7）选择"贝塞尔"工具 ▨，绘制一个不规则图形，并填充图形适当的渐变色，如图 8-95
所示。选择"交互式透明"工具 ⛃，在属性栏中进行设置，如图 8-96 所示。按 Enter 键，图形的
透明效果如图 8-97 所示。

图 8-95　　　　　　　　　　　图 8-96　　　　　　　　　　　图 8-97

（8）选择"贝塞尔"工具 ，绘制一个不规则图形，如图 8-98 所示。选择"渐变填充对话框"工具 ，弹出"渐变填充"对话框。点选"双色"单选框，将"从"选项颜色的 CMYK 值设置为：35、2、4、0，"到"选项颜色的 CMYK 值设置为：98、53、0、0，其他选项的设置如图 8-99 所示。单击"确定"按钮，填充图形，并去除图形的轮廓线。

（9）选择"挑选"工具 ，将图形拖曳到适当的位置，效果如图 8-100 所示。用相同的方法制作其他图形，并调整其前后顺序，效果如图 8-101 所示。

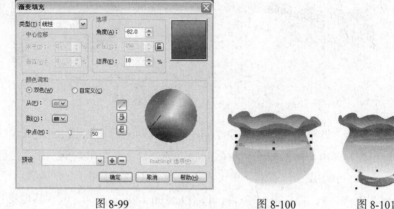

图 8-98　　　　　　　　　　图 8-99　　　　　　　　　　图 8-100　　　图 8-101

2．添加水草和金鱼

（1）选择"艺术笔"工具 ，单击属性栏中的"喷罐"按钮 ，其他选项的设置如图 8-102 所示。在页面中拖曳鼠标绘制图形，按 Ctrl+K 组合键，将图形拆分，如图 8-103 所示。选择"挑选"工具 ，按 Ctrl+U 组合键，取消图形的组合，选取部分不需要的图形，按 Delete 键，将其删除，并将剩余的图形群组，拖曳到适当的位置，效果如图 8-104 所示。

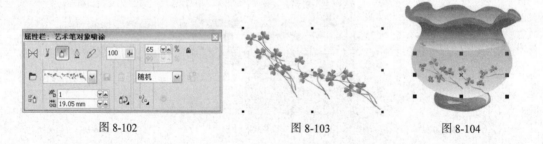

图 8-102　　　　　　　　　　图 8-103　　　　　　　　　　图 8-104

（2）选择"艺术笔"工具 ，单击属性栏中的"喷罐"按钮 ，在"喷涂列表文件列表"选项的下拉列表中选择需要的图形，如图 8-105 所示。在页面中拖曳鼠标绘制图形，按 Ctrl+K 组合键，将图形拆分，如图 8-106 所示。

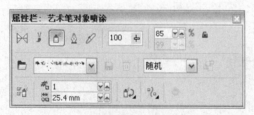

图 8-105　　　　　　　　　　　　　图 8-106

（3）选择"挑选"工具 ，按 Ctrl+U 组合键，取消图形的组合，选取部分不需要的图形，按 Delete 键，将其删除，效果如图 8-107 所示。将剩余的图形群组，并拖曳到适当的位置，效果如图 8-108 所示。

图 8-107　　　　　　　　　　　　　　　图 8-108

（4）选择"贝塞尔"工具 ，绘制一个不规则图形，如图 8-109 所示。选择"渐变填充对话框"工具 ，弹出"渐变填充"对话框。点选"双色"单选框，将"从"选项颜色的 CMYK 值设置为：0、0、0、11，"到"选项颜色的 CMYK 值设置为：0、0、0、89，其他选项的设置如图 8-110 所示。单击"确定"按钮，填充图形，并去除图形的轮廓线，效果如图 8-111 所示。

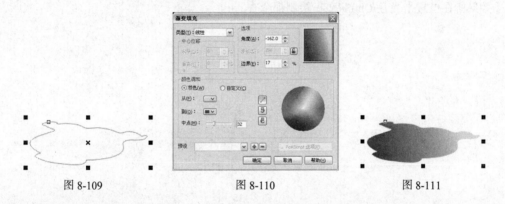

图 8-109　　　　　　　　图 8-110　　　　　　　　图 8-111

（5）选择"交互式透明"工具 ，在属性栏中进行设置，如图 8-112 所示。按 Enter 键，图形的透明效果如图 8-113 所示。

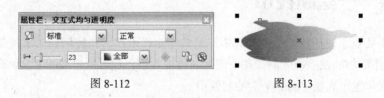

图 8-112　　　　　　　　　　　　　　　图 8-113

（6）选择"挑选"工具 ，将图形拖曳到适当的位置，如图 8-114 所示。选择"排列 > 顺序 > 到页面后面"命令，调整图形顺序，如图 8-115 所示。写实物品绘制完成，效果如图 8-116 所示。

图 8-114　　　　　　　　图 8-115　　　　　　　　图 8-116

课堂练习 1——绘制蜡烛

【练习知识要点】使用交互式透明工具制作火焰的光晕效果；使用"贝塞尔"工具和渐变填充工具制作蜡滴图形；使用交互式调和工具制作火焰图形；使用交互式变形工具制作灯芯图形。蜡烛效果如图 8-117 所示。

【效果所在位置】光盘/Ch08/效果/绘制蜡烛.cdr。

图 8-117

课堂练习 2——绘制郁金香

【练习知识要点】使用"贝塞尔"工具和基本形状工具绘制花和叶子图形；使用渐变填充工具为花瓣和花蕊填充颜色。郁金香效果如图 8-118 所示。

【效果所在位置】光盘/Ch08/效果/绘制郁金香.cdr。

图 8-118

课后习题——绘制钱币

【习题知识要点】使用椭圆形工具和矩形工具绘制钱币图形；使用插入字符命令为钱币添加花纹图案；使用添加透视点命令制作花纹图案的透视效果。钱币效果如图 8-119 所示。

【效果所在位置】光盘/Ch08/效果/绘制钱币.cdr。

图 8-119

第9章
插画的绘制

现代插画艺术发展迅速，已经被广泛应用于杂志、周刊、广告、包装和纺织品领域。使用 CorelDRAW 绘制的插画简洁明快、独特新颖、形式多样，已经成为最流行的插画表现形式。本章以多个主题插画为例，讲解了插画的多种绘制方法和制作技巧。

课堂学习目标

- 了解插画的概念和应用领域
- 了解插画的分类
- 了解插画的风格特点
- 掌握插画的绘制思路和过程
- 掌握插画的绘制方法和技巧

9.1 插画设计概述

插画，就是用来解释说明一段文字的图画。广告、杂志、说明书、海报、书籍、包装等平面的作品中，凡是用来做"解释说明"用的图画都可以称之为插画。

9.1.1 插画的应用领域

通行于国外市场的商业插画包括出版物插图、卡通吉祥物插图、影视与游戏美术设计插图和广告插画 4 种形式。在中国，插画已经遍布于平面和电子媒体、商业场馆、公众机构、商品包装、影视演艺海报、企业广告，甚至 T 恤、日记本和贺年片中。

9.1.2 插画的分类

插画的种类繁多，可以分为商业广告类插画、海报招贴类插画、儿童读物类插画、艺术创作类插画、流行风格类插画，如图 9-1 所示。

商业广告类插画

海报招贴类插画

儿童读物类插画

艺术创作类插画

流行风格类插画

图 9-1

9.1.3 插画的风格特点

插画的风格和表现形式多样，有抽象手法、写实手法、黑白的、彩色的、运用材料的、照片的、电脑制作的，现代插画运用到的技术手段更加丰富。

9.2 绘制旅行杂志插画

9.2.1 案例分析

本例是要为旅行杂志绘制栏目所需的风景插画。栏目这期介绍的是内蒙古旅游,在插画绘制上要通过简洁的绘画语言表现出内蒙古独特的自然风光和民族风情。

在设计绘制过程中,先从背景入手,绘制出蓝色到粉红色再到绿色的渐变,表现出蓝天、朝阳和草原。在蓝天中绘制出白云,在草地上绘制出蒙古包,充分表现出蒙古族的生活特色和风土人情。

本例将使用矩形工具和渐变填充工具制作背景效果,使用艺术笔工具绘制云图形,使用贝塞尔工具、矩形工具和折线工具绘制蒙古包图形。

9.2.2 案例设计

本案例设计流程如图 9-2 所示。

绘制云图形

绘制背景效果   绘制蒙古包   最终效果

图 9-2

9.2.3 案例制作

1．绘制背景效果

(1)按 Ctrl+N 组合键,新建一个 A4 页面。单击属性栏中的"横向"按钮,页面显示为横向页面。双击"矩形"工具,绘制一个与页面大小相等的矩形。

(2)选择"渐变填充对话框"工具,弹出"渐变填充"对话框。点选"自定义"单选框,在"位置"选项中分别添加并输入:0、44、63、71、100 几个位置点,单击右下角的"其它"按钮,分别设置几个位置点颜色的 CMYK 值为:0(100、0、0、0)、44(1、24、13、0)、63(0、0、0、0)、71(20、0、60、0)、100(40、0、100、0),其他选项的设置如图 9-3 所示。单击"确定"按钮,填充图形,效果如图 9-4 所示。

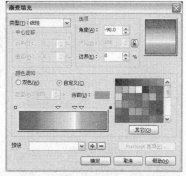

图 9-3

（3）选择"艺术笔"工具 ，在属性栏中单击"喷罐"按钮 ，在"喷涂列表文件列表"选项的下拉列表中选择需要的图形 ，如图 9-5 所示。拖曳鼠标，绘制云图形，效果如图9-6 所示。

图 9-4　　　　　　　　　图 9-5　　　　　　　　　图 9-6

2. 绘制蒙古包图形

（1）选择"贝塞尔"工具 ，在页面中绘制一个不规则图形，如图 9-7 所示。在"CMYK 调色板"中的"白"色块上单击鼠标，填充图形。在"60%黑"色块上单击鼠标右键，填充图形的轮廓线，效果如图 9-8 所示。用相同的方法，再绘制一个不规则图形，效果如图 9-9 所示。

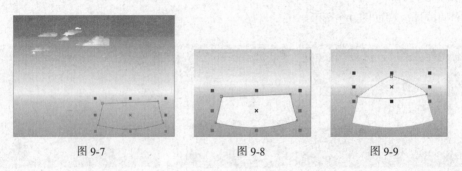

图 9-7　　　　　　　　　图 9-8　　　　　　　　　图 9-9

（2）选择"贝塞尔"工具 ，绘制不规则图形，如图 9-10 所示。选择"渐变填充对话框"工具 ，弹出"渐变填充"对话框。点选"自定义"单选框，在"位置"选项中分别添加并输入：0、41、59、100 几个位置点，单击右下角的"其它"按钮，分别设置几个位置点颜色的 CMYK 值为：0（54、82、97、13）、41（16、32、52、0）、59（0、20、60、20）、100（50、70、91、5），其他选项的设置如图 9-11 所示。单击"确定"按钮，填充图形，并去除图形的轮廓线，如图 9-12 所示。

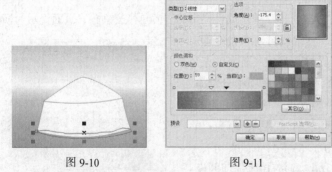

图 9-10　　　　　　　　　图 9-11　　　　　　　　　图 9-12

（3）选择"折线"工具 ，绘制一条曲线，如图 9-13 所示。按 F12 键，弹出"轮廓笔"对话框。在"颜色"选项中设置轮廓线颜色的 CMYK 值为：0、20、40、0，其他选项的设置如图

9-14 所示。单击"确定"按钮，效果如图 9-15 所示。

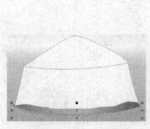
图 9-13

图 9-14

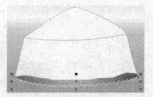
图 9-15

（4）选择"矩形"工具，在属性栏中将矩形上下左右 4 个角的"边角圆滑度"均设为 30，绘制一个圆角矩形，如图 9-16 所示。设置图形颜色的 CMYK 值为：0、6、17、10，填充图形；设置轮廓色的 CMYK 值为：0、0、0、50，填充图形的轮廓线，效果如图 9-17 所示。在属性栏中将"旋转角度" ↻ 0.0 °选项设置为 2，按 Enter 键，效果如图 9-18 所示。

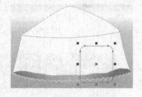
图 9-16

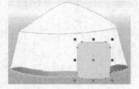
图 9-17

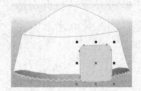
图 9-18

（5）选择"矩形"工具，在属性栏中将矩形上下左右 4 个角的"边角圆滑度"均设为 10，绘制一个圆角矩形，如图 9-19 所示。填充图形为黑色，填充轮廓线的颜色为白色；在属性栏中将"轮廓宽度" ▲ 0.2 mm 选项设置为 1.9，效果如图 9-20 所示。在属性栏中将"旋转角度" ↻ 0.0 °选项设置为 3，按 Enter 键，效果如图 9-21 所示。

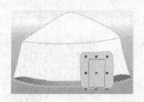
图 9-19

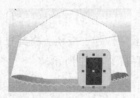
图 9-20

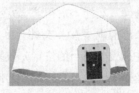
图 9-21

（6）选择"矩形"工具，绘制一个圆角矩形，并将其倾斜，如图 9-22 所示。在属性栏中将"轮廓宽度" ▲ 0.2 mm 选项设置为 1.2。设置图形颜色的 CMYK 值为：0、40、60、20，填充图形；设置轮廓色的 CMYK 值为：0、0、20、80，填充图形的轮廓线，效果如图 9-23 所示。

图 9-22

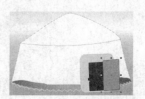
图 9-23

（7）选择"手绘"工具 ，按住 Ctrl 键的同时，绘制一条直线，如图 9-24 所示。设置轮廓色的 CMYK 值为：0、0、20、80，填充直线。选择"挑选"工具 ，在属性栏中将"轮廓宽度" [0.2 mm] 选项设置为 2.5，如图 9-25 所示。按数字键盘上的+键，复制一条直线，向右拖曳到适当的位置，效果如图 9-26 所示。

图 9-24   图 9-25   图 9-26

（8）选择"矩形"工具 ，绘制一个圆角矩形，并将其倾斜，如图 9-27 所示。设置图形颜色的 CMYK 值为：0、40、60、20，填充图形；设置轮廓色的 CMYK 值为：0、0、20、80，填充图形的轮廓线，效果如图 9-28 所示。

（9）选择"挑选"工具 ，用圈选的方法将需要的图形同时选取，按 Ctrl+G 组合键，将其群组，如图 9-29 所示。按两次数字键盘上的+键，复制两个图形，分别拖曳到适当的位置并调整其大小，效果如图 9-30 所示。

图 9-27   图 9-28   图 9-29   图 9-30

3. 打开并编辑图片

（1）选择"文件 > 打开"命令，弹出"打开绘图"对话框。选择光盘中的"Ch08 > 素材 > 绘制旅行杂志插画 > 01"文件，单击"打开"按钮，将其粘贴到页面中，并拖曳到适当的位置，效果如图 9-31 所示。

（2）选择"挑选"工具 ，选择"排列 > 顺序 > 置于此对象后"命令，鼠标的光标变为黑色箭头形状，在蒙古包图形上单击，如图 9-32 所示。将树图形置于蒙古包图形后方，效果如图 9-33 所示。旅行杂志插画绘制完成，效果如图 9-34 所示。

图 9-31

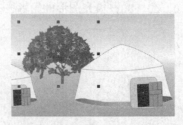

图 9-32   图 9-33   图 9-34

9.3 绘制时尚报纸插画

9.3.1 案例分析

本例是为时尚报纸中的时尚生活栏目绘制插画，时尚生活栏目这期介绍的是美食时尚，在插画绘制上要以明快简约的风格表现出都市中的美食文化，营造出时尚现代的气息。

在设计绘制过程中，首先绘制出蓝色的玻璃幕墙，紫色网格状的沙发和棕色的餐桌，营造出浪漫高雅的就餐环境。再绘制出美酒、水果和甜点，特别是黄色的酒瓶放在醒目的位置，而背景玻璃幕墙中绘制出一个时尚女孩，显示出时尚美食生活的情调。

本例将使用矩形工具、图样填充命令、贝塞尔工具和图框精确剪裁命令制作背景效果，使用椭圆形工具、贝塞尔工具和手绘工具绘制灯图形，使用螺纹工具和椭圆形工具绘制食物，使用文本工具添加酒图形上需要的文字。

9.3.2 案例设计

本案例设计流程如图 9-35 所示。

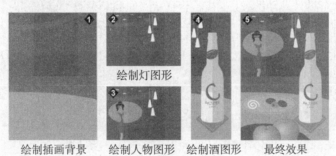

绘制灯图形

绘制插画背景　　　绘制人物图形　　　绘制酒图形　　　最终效果

图 9-35

9.3.3 案例制作

1. 绘制插画背景

（1）按 Ctrl+N 组合键，新建一个 A4 页面。选择"矩形"工具，在页面中绘制一个矩形，如图 9-36 所示。设置图形颜色的 CMYK 值为：84、30、14、0，填充图形，并去除图形的轮廓线，效果如图 9-37 所示。

（2）选择"矩形"工具，再绘制一个矩形，如图 9-38 所示。在"CMYK 调色板"中的"蓝"色块上单击鼠标，填充图形，并去除图形的轮廓线，效果如图 9-39 所示。

（3）选择"交互式透明"工具，在属性栏中进行设置，如图 9-40 所示。按 Enter 键，图形的透明效果如图 9-41 所示。

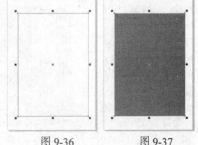

图 9-36　　　　图 9-37

图 9-38　　　　　图 9-39　　　　　　　　图 9-40　　　　　　　　图 9-41

（4）选择"矩形"工具，绘制一个矩形，如图 9-42 所示。选择"图样填充对话框"工具，弹出"图样填充"对话框。在"双色填充"面板中选择需要的图案，设置"前部"选项颜色的 CMYK 值为：100、20、0、0，设置"后部"选项颜色的 CMYK 值为：20、80、0、20，其他选项的设置如图 9-43 所示。单击"确定"按钮，效果如图 9-44 所示。

（5）选择"贝塞尔"工具，绘制一个不规则图形，设置图形颜色的 CMYK 值为：0、20、60、20，填充图形，并去除图形的轮廓线，效果如图 9-45 所示。

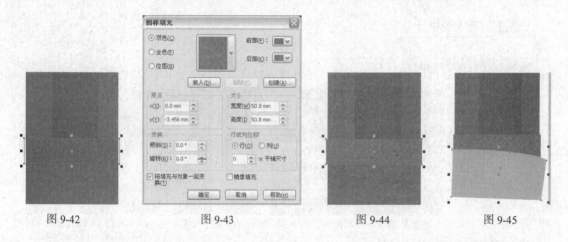

图 9-42　　　　　　　图 9-43　　　　　　　图 9-44　　　　　　图 9-45

（6）选择"挑选"工具，按住 Shift 键的同时，单击选取需要的图形，如图 9-46 所示。选择"效果 > 图框精确剪裁 > 放置在容器中"命令，鼠标的光标变为黑色箭头形状，在背景矩形上单击，如图 9-47 所示。将图形置入到矩形中，如图 9-48 所示。

（7）选择"效果 > 图框精确剪裁 > 编辑内容"命令，选择"挑选"工具，选取图形，并拖曳到适当的位置，如图 9-49 所示。选择"效果 > 图框精确剪裁 > 结束编辑"命令，效果如图 9-50 所示。

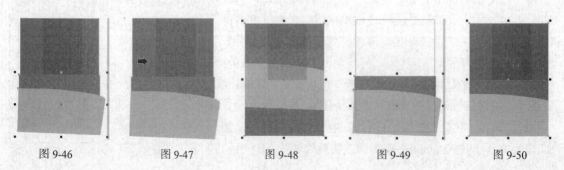

图 9-46　　　　图 9-47　　　　图 9-48　　　　图 9-49　　　　图 9-50

2．绘制屋顶和灯图形

（1）选择"椭圆形"工具 ，分别绘制两个椭圆形，调整图形的位置及大小，效果如图 9-51 所示。选择"挑选"工具 ，用圈选的方法将图形同时选取，单击属性栏中的"后减前"按钮 ，将两个图形剪切为一个图形，如图 9-52 所示。设置图形颜色的 CMYK 值为：20、80、0、20，填充图形，并去除图形的轮廓线，效果如图 9-53 所示。

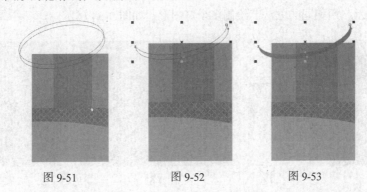

图 9-51　　　　　　　图 9-52　　　　　　　图 9-53

（2）选择"效果 > 图框精确剪裁 > 放置在容器中"命令，鼠标的光标变为黑色箭头形状，在背景矩形上单击，如图 9-54 所示。将图形置入到矩形中，如图 9-55 所示。

（3）选择"效果 > 图框精确剪裁 > 编辑内容"命令，选择"挑选"工具 ，选取图形，将其向下移动到适当的位置，如图 9-56 所示。选择"效果 > 图框精确剪裁 > 结束编辑"命令，效果如图 9-57 所示。

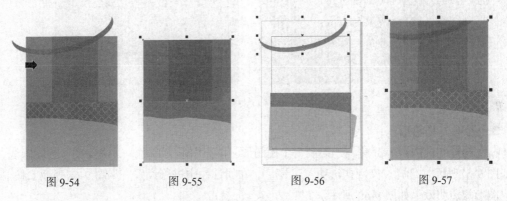

图 9-54　　　　　图 9-55　　　　　图 9-56　　　　　图 9-57

（4）选择"椭圆形"工具 ，绘制一个椭圆形，如图 9-58 所示。在"CMYK 调色板"中的"蓝"色块上单击鼠标，填充图形，并去除图形的轮廓线，效果如图 9-59 所示。

（5）选择"挑选"工具 ，在数字键盘上按+键，复制一个图形，微调图形的位置，设置图形颜色的 CMYK 值为：100、10、10、0，填充图形，效果如图 9-60 所示。

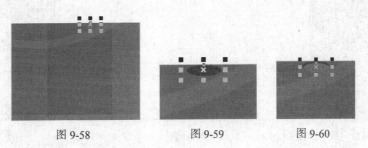

图 9-58　　　　　　图 9-59　　　　　　图 9-60

（6）选择"贝塞尔"工具，绘制一个不规则图形，在"CMYK 调色板"中的"淡黄"色块上单击鼠标，填充图形，并去除图形的轮廓线，效果如图 9-61 所示。选择"椭圆形"工具，绘制一个椭圆形，填充图形为白色，并去除图形的轮廓线，效果如图 9-62 所示。

（7）选择"手绘"工具，按住 Ctrl 键的同时，绘制一条直线。在属性栏中将"轮廓宽度"选项设为 0.3，并在"CMYK 调色板"中的"淡黄"色块上单击鼠标右键，填充直线，效果如图 9-63 所示。用相同的方法，绘制多个灯图形，如图 9-64 所示。

图 9-61　　　　　图 9-62　　　　　图 9-63　　　　　图 9-64

（8）选择"椭圆形"工具，分别绘制多个椭圆形，设置图形颜色的 CMYK 值为：0、20、40、0，填充图形，并去除图形的轮廓线，效果如图 9-65 所示。选择"挑选"工具，按住 Shift 键的同时，单击右侧的两个椭圆形，按 Ctrl+PageDown 组合键，将其置后一位，如图 9-66 所示。

图 9-65　　　　　　　　　　图 9-66

3．绘制人物图形

（1）选择"椭圆形"工具，绘制一个椭圆形，填充图形为白色，并去除图形的轮廓线，效果如图 9-67 所示。选择"交互式透明"工具，在属性栏中进行设置，如图 9-68 所示。按 Enter 键，图形的透明效果如图 9-69 所示。

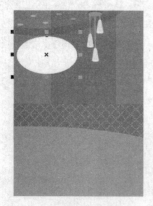

图 9-67　　　　　　　图 9-68　　　　　　　图 9-69

（2）选择"贝塞尔"工具，绘制一个不规则图形，填充图形为黑色，并去除图形的轮廓线，效果如图 9-70 所示。

（3）再绘制一个不规则图形，设置图形颜色的 CMYK 值为：40、40、0、0，填充图形，并去除图形的轮廓线，效果如图 9-71 所示。

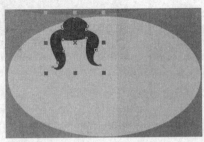 

图 9-70　　　　　　　　　　　　　　图 9-71

（4）选择"贝塞尔"工具，绘制一个不规则图形，作为脸和脖子图形，设置图形颜色的 CMYK 值为：30、5、24、10，填充图形，并去除图形的轮廓线，效果如图 9-72 所示。再绘制一个不规则图形，作为墨镜图形，设置图形颜色的 CMYK 值为：6、9、14、0，填充图形，并去除图形的轮廓线，效果如图 9-73 所示。

（5）选择"挑选"工具，按数字键盘上的+键，复制一个图形。设置图形颜色的 CMYK 值为：100、50、0、0，填充图形，微调图形到适当的位置，如图 9-74 所示。

（6）选择"贝塞尔"工具，绘制一个不规则图形，作为嘴图形，设置图形颜色的 CMYK 值为：28、76、63、16，填充图形，并去除图形的轮廓线，效果如图 9-75 所示。

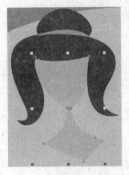 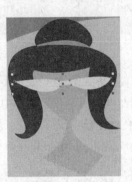 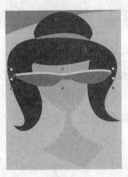 

图 9-72　　　　　　图 9-73　　　　　　图 9-74　　　　　　图 9-75

（7）选择"贝塞尔"工具，绘制一个不规则图形，作为裙子图形，设置图形颜色的 CMYK 值为：60、60、0、0，填充图形，并去除图形的轮廓线，效果如图 9-76 所示。

（8）选择"贝塞尔"工具，再次绘制一个不规则图形，作为手臂图形，设置图形颜色的 CMYK 值为：30、5、24、0，填充图形，并去除图形的轮廓线。按 Ctrl+PageDown 组合键，将其置后一位，如图 9-77 所示。

（9）选择"挑选"工具，按数字键盘上的+键，复制一个手臂图形。单击属性栏中的"水平镜像"按钮，水平翻转复制的图形，效果如图 9-78 所示。

（10）选择"贝塞尔"工具，分别绘制两个不规则图形，作为腿图形，设置图形颜色的 CMYK 值为：30、5、24、0，填充图形，并去除图形的轮廓线，效果如图 9-79 所示。

图 9-76　　　图 9-77　　　图 9-78　　　　　图 9-79

4．绘制食品图形

（1）选择"椭圆形"工具 ，绘制一个椭圆形，在属性栏中的"轮廓宽度" 框中设置数值为 1.5，效果如图 9-80 所示。在"CMYK 调色板"中的"粉蓝"色块上单击鼠标右键，填充图形的轮廓线，效果如图 9-81 所示。

（2）选择"椭圆形"工具 ，绘制一个椭圆形，设置图形颜色的 CMYK 值为：20、20、0、0，填充图形，并去除图形的轮廓线，效果如图 9-82 所示。

图 9-80　　　　　　　图 9-81　　　　　　　　　图 9-82

（3）选择"螺纹"工具 ，在属性栏中单击"对称式螺纹"按钮 ，将"螺纹回圈"选项设为 2，如图 9-83 所示。在页面中绘制螺旋线，如图 9-84 所示。在属性栏中将"轮廓宽度" 选项设为 2，并在"CMYK 调色板"中的"白"色块上单击鼠标右键，填充轮廓线的颜色，效果如图 9-85 所示。

 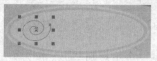 

图 9-83　　　　　　　图 9-84　　　　　　　　　图 9-85

（4）选择"挑选"工具 ，选取白色图形，单击属性栏中的"垂直镜像"按钮 ，垂直翻转图形，效果如图 9-86 所示。选择"椭圆形"工具 ，分别绘制几个椭圆形，填充图形适当的颜色，并去除图形的轮廓线，效果如图 9-87 所示。

图 9-86　　　　　　　图 9-87

5．绘制酒图形

（1）选择"贝塞尔"工具 ，绘制一个不规则图形，设置图形颜色的 CMYK 值为：0、10、70、0，填充图形，并去除图形的轮廓线，效果如图 9-88 所示。

（2）选择"挑选"工具 ，在数字键盘上按+键，复制一个图形，单击属性栏中的"水平镜像"按钮 ，水平翻转复制的图形，并将图形拖曳到适当的位置，如图 9-89 所示。设置图形颜色的 CMYK 值为：0、20、100、0，填充图形，效果如图 9-90 所示。

图 9-88　　　　　　　　　图 9-89　　　　　　　　　图 9-90

（3）选择"贝塞尔"工具 ，绘制一个不规则图形，在属性栏中将"轮廓宽度" △ 0.2 mm 选项设为 0.353，效果如图 9-91 所示。在"CMYK 调色板"中的"绿"色块上单击鼠标，填充图形；在"红"色块上单击鼠标右键，填充图形的轮廓线，效果如图 9-92 所示。

（4）选择"挑选"工具 ，在数字键盘上按+键，复制一个图形。选择"效果 > 图框精确剪裁 > 放置在容器中"命令，鼠标的光标变为黑色箭头形状，在左侧的图形上单击，如图 9-93 所示，将复制的叶子图形置入到图形中。选择"效果 > 图框精确剪裁 > 编辑内容"命令，选取图形，将其拖曳到适当的位置，选择"效果 > 图框精确剪裁 > 结束编辑"命令，效果如图 9-94 所示。将原叶子图形置入到右侧的图形中，效果如图 9-95 所示。

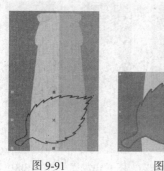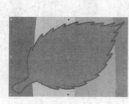

图 9-91　　　　　　图 9-92　　　　　　图 9-93　　　　　图 9-94　　　　　图 9-95

（5）选择"文本"工具 ，输入需要的文字。选择"挑选"工具 ，在属性栏中选择合适的字体并设置文字大小，旋转文字到适当的角度，如图 9-96 所示。设置文字颜色的 CMYK 值为：0、0、100、0，填充文字，效果如图 9-97 所示。

（6）选择"矩形"工具 ，绘制一个矩形，设置图形颜色的 CMYK 值为：0、0、20、0，填充图形，并去除图形的轮廓线，效果如图 9-98 所示。按 Ctrl+Q 组合键，将图形转换为曲线。选择"形状"工具 ，选取并调整需要的节点，效果如图 9-99 所示。

（7）选择"效果 > 图框精确剪裁 > 放置在容器中"命令，鼠标的光标变为黑色箭头形状，在左侧的图形上单击，如图 9-100 所示，将不规则图形置入到左侧的图形中。选择"效果 > 图框精确剪裁 > 编辑内容"命令，选取图形，将其向下拖曳到适当的位置，选择"效果 > 图框精确剪裁 > 结束编辑"命令，效果如图 9-101 所示。

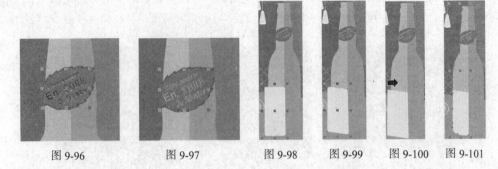

图 9-96　　　　图 9-97　　　　图 9-98　　图 9-99　　图 9-100　图 9-101

（8）选择"贝塞尔"工具，绘制一个不规则图形，如图 9-102 所示。在"CMYK 调色板"中的"绿"色块上单击鼠标，填充图形，并去除图形的轮廓线，效果如图 9-103 所示。

（9）选择"矩形"工具，绘制一个矩形，设置图形颜色的 CMYK 值为：0、60、100、0，填充图形，并去除图形的轮廓线，效果如图 9-104 所示。

（10）选择"文本"工具，分别输入需要的文字。选择"挑选"工具，在属性栏中分别选择合适的字体并设置文字大小，分别填充适当的颜色，如图 9-105 所示。用圈选的方法，将酒瓶图形和文字同时选取，按 Ctrl+G 组合键，将其群组。

（11）选择"矩形"工具，绘制一个矩形。按 Ctrl+Q 组合键，将图形转换为曲线。选择"形状"工具，选取并调整需要的节点，如图 9-106 所示。设置图形颜色的 CMYK 值为：20、0、40、40，填充图形，并去除图形的轮廓线，效果如图 9-107 所示。将图形旋转到适当的角度，效果如图 9-108 所示。

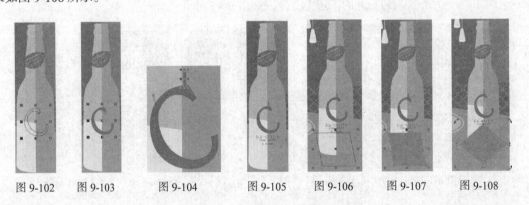

图 9-102　　图 9-103　　　图 9-104　　　图 9-105　　图 9-106　　图 9-107　　图 9-108

（12）选择"挑选"工具，按住 Shift 键的同时，向内拖曳图形右上方的控制手柄，在适当的位置单击鼠标右键，复制一个图形。按 F12 键，弹出"轮廓笔"对话框。在"颜色"选项中设置轮廓线颜色的 CMYK 值为：40、0、0、0，其他选项的设置如图 9-109 所示。单击"确定"按钮，效果如图 9-110 所示。

（13）选择"挑选"工具，用圈选的方法将图形同时选取，按 Ctrl+G 组合键，将其群组。按 Ctrl+PageDown 组合键，将其置后一位，如图 9-111 所示。

（14）选择"文件 > 打开"命令，弹出"打开绘图"对话框。选择光盘中的"Ch09 > 素材 > 绘制时尚报纸插画 > 01"文件，单击"打开"按钮，将图形粘贴到页面中，并拖曳到适当的位置，效果如图 9-112 所示。

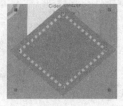

| 图 9-109 | 图 9-110 | 图 9-111 | 图 9-112 |

（15）选择"效果 > 图框精确剪裁 > 放置在容器中"命令，鼠标的光标变为黑色箭头形状，在背景上单击，如图 9-113 所示。将图形置入到背景中，如图 9-114 所示。

（16）选择"效果 > 图框精确剪裁 > 编辑内容"命令，选取图形，将图形移动到适当的位置，选择"效果 > 图框精确剪裁 > 结束编辑"命令，效果如图 9-115 所示。时尚报纸插画绘制完成。

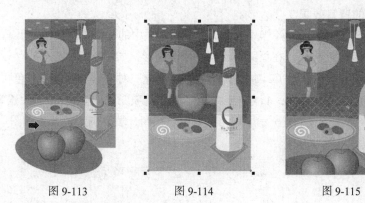

| 图 9-113 | 图 9-114 | 图 9-115 |

9.4　绘制故事期刊插画

9.4.1　案例分析

本例是为故事期刊绘制故事中的风景插画。故事中描述的是一个美丽富裕的农场，在插画绘制上要通过简洁的几何图形和单纯的颜色来表现出农场生活的多姿多彩。

在设计绘制过程中，首先用朝阳、群山、绿地和道路烘托出自然风景的优美。使用房子、树和花卉图形丰富画面，反映出美丽富裕的农场主题。通过各个风景元素的对比，加强风景的远近空间变化。整个插画中的造型简洁明快，颜色丰富饱满。

本例将使用椭圆形工具和渐变填充工具绘制插画背景，使用椭圆形工具和焊接命令绘制云图形，使用贝塞尔工具绘制树和房子的轮廓图形。

9.4.2　案例设计

本案例设计流程如图 9-116 所示。

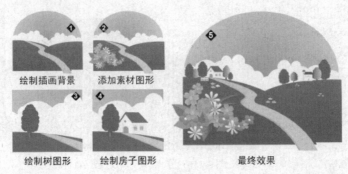

绘制插画背景　　添加素材图形

绘制树图形　　绘制房子图形　　　　　最终效果

图 9-116

9.4.3　案例制作

1. 绘制风景画的背景效果

（1）按 Ctrl+N 组合键，新建一个 A4 页面，单击属性栏中的"横向"按钮▭，页面显示为横向页面。选择"椭圆形"工具◯，在页面中绘制一个椭圆形，如图 9-117 所示。

（2）选择"渐变填充对话框"工具▮，弹出"渐变填充"对话框。点选"双色"单选框，将"从"选项颜色的 CMYK 值设置为：4、3、89、0，"到"选项颜色的 CMYK 值设置为：0、55、95、0，其他选项的设置如图 9-118 所示。单击"确定"按钮，填充图形，并去除图形的轮廓线，效果如图 9-119 所示。

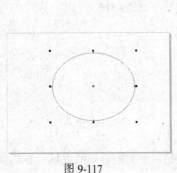

图 9-117　　　　　　　　　　图 9-118　　　　　　　　　　图 9-119

（3）选择"椭圆形"工具◯，按住 Ctrl 键的同时，绘制一个圆形，如图 9-120 所示。在"CMYK调色板"中的"白"色块上单击鼠标，填充图形，并去除图形的轮廓线，效果如图 9-121 所示。

（4）选择"椭圆形"工具◯，绘制多个圆形和椭圆形，填充为白色，并去除图形的轮廓线。选择"挑选"工具▨，用圈选的方法将所有白色圆形和椭圆形同时选取，单击属性栏中的"焊接"按钮▨，将图形焊接在一起，效果如图 9-122 所示。

图 9-120　　　　　　　　　图 9-121　　　　　　　　　图 9-122

（5）选择"挑选"工具，按数字键盘上的+键，复制一个图形，将其拖曳到适当的位置并调整其大小，效果如图 9-123 所示。再复制一个图形，并调整其位置和大小，单击属性栏中的"水平镜像"按钮，水平翻转图形，效果如图 9-124 所示。

（6）选择"挑选"工具，用圈选的方法将所有白色图形同时选取，按 Ctrl+G 组合键，将其群组，效果如图 9-125 所示。

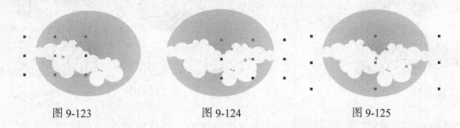

图 9-123　　　　　　　　　图 9-124　　　　　　　　　图 9-125

（7）选择"效果 > 图框精确剪裁 > 放置在容器中"命令，鼠标的光标变为黑色箭头形状，在椭圆形上单击，如图 9-126 所示。将群组图形置入到椭圆形中，效果如图 9-127 所示。

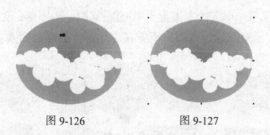

图 9-126　　　　　　　　　图 9-127

（8）选择"贝塞尔"工具，绘制一个不规则图形，如图 9-128 所示。选择"渐变填充对话框"工具，弹出"渐变填充"对话框。点选"双色"单选框，将"从"选项颜色的 CMYK 值设置为：61、1、99、0，"到"选项颜色的 CMYK 值设置为：87、19、100、0，其他选项的设置如图 9-129 所示。单击"确定"按钮，填充图形，并去除图形的轮廓线，效果如图 9-130 所示。

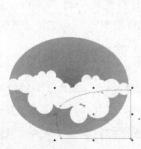

图 9-128　　　　　　　　　图 9-129　　　　　　　　　图 9-130

（9）选择"贝塞尔"工具，在页面中绘制一个不规则图形，效果如图 9-131 所示。选择"渐变填充对话框"工具，弹出"渐变填充"对话框。点选"双色"单选框，将"从"选项颜色的CMYK 值设置为：61、1、99、0，"到"选项颜色的 CMYK 值设置为：87、19、100、0，其他选项的设置如图 9-132 所示。单击"确定"按钮，填充图形，并去除图形的轮廓线，效果如图 9-133所示。

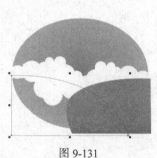
图 9-131

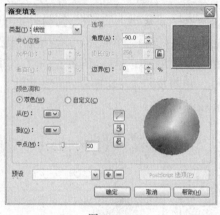
图 9-132

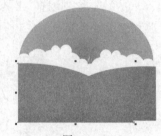
图 9-133

（10）选择"贝塞尔"工具，绘制一个不规则图形，效果如图 9-134 所示。设置图形颜色的CMYK 值为：21、16、16、0，填充图形，并在"无填充"按钮上单击鼠标右键，去除图形的轮廓线，效果如图 9-135 所示。

（11）选择"挑选"工具，按数字键盘上的+键，复制一个图形，设置图形填充颜色的 CMYK值为：13、10、10、0，填充图形，并向右下方拖曳图形，效果如图 9-136 所示。

图 9-134   图 9-135   图 9-136

2. 打开花卉图形并绘制树图形

（1）选择"文件 > 打开"命令，弹出"打开绘图"对话框。选择光盘中的"Ch09 > 素材 >绘制故事期刊插画 > 01"文件，单击"打开"按钮，将图形粘贴到页面中，并拖曳到适当的位置，效果如图 9-137 所示。

（2）选择"贝塞尔"工具，在页面中绘制一个树图形，效果如图 9-138 所示。选择"渐变填充对话框"工具，弹出"渐变填充"对话框。点选"双色"单选框，将"从"选项颜色的CMYK 值设置为：76、4、100、0，"到"选项颜色的 CMYK 值设置为：3、9、94、0，其他选项的设置如图 9-139 所示。单击"确定"按钮，填充图形，并去除图形的轮廓线，效果如图 9-140所示。

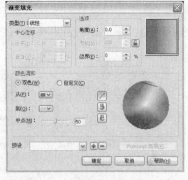

图 9-137　　　　　　　图 9-138　　　　　　　　　图 9-139　　　　　　图 9-140

（3）选择"矩形"工具 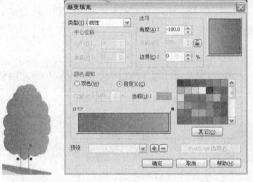，绘制一个矩形，效果如图 9-141 所示。选择"渐变填充对话框"工具 ，弹出"渐变填充"对话框。点选"自定义"单选框，在"位置"选项中分别添加并输入：0、2、100 几个位置点，单击右下角的"其它"按钮，分别设置几个位置点颜色的 CMYK 值为：0（40、94、99、3）、2（40、94、99、3）、100（14、38、97、0），其他选项的设置如图 9-142 所示。单击"确定"按钮，填充图形，并去除图形的轮廓线，效果如图 9-143 所示。

（4）选择"挑选"工具 ，连续按 Ctrl+PageDown 组合键，将其置后，如图 9-144 所示。用相同的方法绘制出其他树图形，并分别填充适当的颜色，效果如图 9-145 所示。

图 9-141　　　　　　图 9-142　　　　　　图 9-143　　　图 9-144　　　　　图 9-145

3. 绘制房子图形

（1）选择"贝塞尔"工具 ，分别绘制两个不规则图形，如图 9-146 所示。选择"挑选"工具 ，单击选取左侧的图形，填充图形为白色。选取右侧的图形，设置图形填充颜色的 CMYK 值为：3、2、2、0，填充图形，效果如图 9-147 所示。

图 9-146　　　　　　　　　　　　　　图 9-147

（2）选择"贝塞尔"工具 ，绘制一个不规则图形作为屋顶。设置图形填充颜色的 CMYK 值为：2、100、95、0，填充图形，效果如图 9-148 所示。选择"排列 > 顺序 > 置于此对象后"

命令，鼠标的光标变为黑色箭头形状，在左侧的不规则图形上单击，如图 9-149 所示。将图形放置到不规则图形的后面，效果如图 9-150 所示。

图 9-148   图 9-149   图 9-150

（3）选择"挑选"工具，按住 Shift 键的同进，依次单击另两个不规则图形，将 3 个图形同时选取，如图 9-151 所示。去除图形的轮廓线，效果如图 9-152 所示。

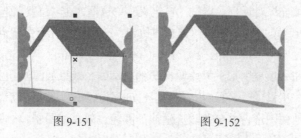

图 9-151   图 9-152

（4）选择"贝塞尔"工具，绘制一个不规则图形作为门图形，设置图形填充颜色的 CMYK 值为：7、6、6、0，填充图形，并去除图形的轮廓线，效果如图 9-153 所示。用相同的方法，再次绘制两个门图形，填充相同的颜色并去除图形的轮廓线，效果如图 9-154 所示。

（5）选择"矩形"工具，分别绘制出需要的矩形作为窗子图形，设置图形填充颜色的 CMYK 值为：27、53、95、0，填充图形，并去除图形的轮廓线，效果如图 9-155 所示。

图 9-153   图 9-154   图 9-155

（6）选择"挑选"工具，选取门图形，按数字键盘上的+键，复制一个图形，拖曳到适当的位置。设置图形填充颜色的 CMYK 值为：29、23、23、0，填充图形，如图 9-156 所示。

（7）选择"椭圆形"工具，按住 Ctrl 键的同时，绘制一个圆形。设置图形填充颜色的 CMYK 值为：1、57、95、0，填充图形，并去除图形的轮廓线，效果如图 9-157 所示。

图 9-156   图 9-157

（8）选择"贝塞尔"工具，绘制一个不规则图形，填充为白色，并去除图形的轮廓线，如图 9-158 所示。选择"挑选"工具，按住 Ctrl 键的同时，水平向右拖曳图形到适当的位置，单击鼠标右键，复制一个图形，如图 9-159 所示。按住 Ctrl 键，再连续点按 D 键，按需要再制出多个图形，效果如图 9-160 所示。

图 9-158

图 9-159

图 9-160

（9）选择"矩形"工具，绘制出需要的矩形，填充图形为白色，并去除图形的轮廓线，效果如图 9-161 所示。选择"贝塞尔"工具，绘制一个不规则图形，设置图形填充颜色的 CMYK 值为：1、16、87、0，填充图形，并去除图形的轮廓线，如图 9-162 所示。

（10）选择"挑选"工具，按多次数字键盘上的+键，复制多个图形。分别填充图形适当的颜色，并调整其位置和大小，效果如图 9-163 所示。

图 9-161

图 9-162

图 9-163

（11）用上述所讲的方法，在右侧的树木间再绘制出需要的房子图形，并填充图形适当的颜色，效果如图 9-164 所示。故事期刊插画绘制完成，效果如图 9-165 所示。

图 9-164

图 9-165

课堂练习 1——绘制饮食期刊插画

【练习知识要点】使用矩形工具、椭圆形工具和轮廓笔工具绘制插画背景；使用交互式透明工具为圆形添加透明效果；使用图框精确剪裁命令将圆形置入到背景中；使用贝塞尔工具绘制各种水果图形。饮食期刊插画效果如图 9-166 所示。

【效果所在位置】光盘/Ch09/效果/绘制饮食期刊插画.cdr。

图 9-166

课堂练习 2——绘制休闲杂志插画

【练习知识要点】使用"贝塞尔"工具绘制插画背景；使用交互式透明工具为不规则图形添加透明效果；使用椭圆形工具、"贝塞尔"工具和渐变填充工具绘制咖啡杯图形；使用文本工具添加文字。休闲杂志插画效果如图 9-167 所示。

【效果所在位置】光盘/Ch09/效果/绘制休闲杂志插画.cdr。

图 9-167

课后习题——绘制儿童图书插画

【习题知识要点】使用矩形工具和渐变填充工具绘制插画背景；使用交互式透明工具为月亮图形添加透明效果；使用交互式调和工具为月亮图形添加调和效果；使用艺术笔工具绘制雪花图形。儿童图书插画效果如图 9-168 所示。

【效果所在位置】光盘/Ch09/效果/绘制儿童图书插画.cdr。

图 9-168

第10章

书籍装帧设计

精美的书籍装帧设计可以使读者享受到阅读的愉悦。书籍装帧整体设计所考虑的项目包括开本设计、封面设计、版本设计、使用材料等内容。本章以多个类别的书籍封面为例，讲解封面的设计方法和制作技巧。

课堂学习目标

- 了解书籍装帧设计的概念
- 了解书籍装帧的主体设计要素
- 掌握书籍封面的设计思路和过程
- 掌握书籍封面的制作方法和技巧

10.1 书籍装帧设计概述

书籍装帧设计是指书籍的整体设计。它包括的内容很多，其中封面、扉页和插图设计是其中的三大主体设计要素。

10.1.1 书籍结构图

书籍结构图效果如图 10-1 所示。

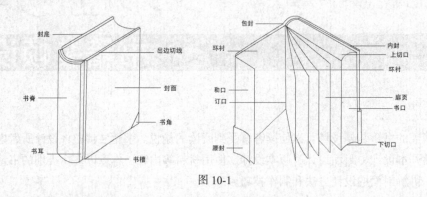

图 10-1

10.1.2 封面

封面是书籍的外表和标志，兼有保护书籍内文页和美化书籍外在形态的作用，是书籍装帧的重要组成部分，如图 10-2 所示。封面包括平装和精装两种。

要把握书籍的封面设计，就要注意把握书籍封面的 5 个要素：文字、材料、图案、色彩和工艺。

图 10-2

10.1.3 扉页

扉页是指封面或环衬页后的那一页。上面所载的文字内容与封面的要求类似，但要比封面文字的内容详尽。扉页的背面可以空白，也可以适当加一点图案作装饰点缀。

扉页除向读者介绍书名、作者名和出版社名外，还是书的入口和序曲，因而是书籍内部设计的重点，它的设计能表现出书籍的内容、时代精神和作者风格。

10.1.4　插图

插图设计是活跃书籍内容的一个重要因素。有了它，更能发挥读者的想象力和对内容的理解力，并获得一种艺术的享受。

10.1.5　正文

书籍的核心和最基本的部分是正文，它是书籍设计的基础。正文设计的主要任务是方便读者，减少阅读的困难和疲劳，同时给读者以美的享受。

正文包括几大要素：开本、版芯、字体、行距、重点标志、段落起行、页码、页标题、注文以及标题。

10.2　制作文学书籍封面

10.2.1　案例分析

本例制作的是一本文学类书籍的装帧设计，书名是"震撼心灵的感悟"，书的内容是对人生命运的思考和畅想。在封面设计上要通过对书名的设计和其他文字的编排，制作出具有冲击力的封面视觉效果。

在设计制作中，首先使用灰色背景和渐变的星形表现出空间的变换和视觉的张力。使用粉色块和黄色块结合黑色和白色的变形文字制作书名，使其醒目突出、点明主题，给人以震撼之感，强化了视觉冲击力。通过倾斜矩形和星形使整个设计显得生动活泼而不呆板。通过圆环符号、虚线和封底段落文字揭示本书的核心内容。

本例将使用矩形工具和交互式阴影工具制作标题文字的底图，使用文字工具和形状工具制作书名，使用矩形工具和星形工具绘制装饰图形，使用文字工具和段落格式化面板添加封底文字。

10.2.2　案例设计

本案例设计流程如图 10-3 所示。

制作封面效果　　制作封底效果　制作书脊效果　　　最终效果

图 10-3

10.2.3 案例制作

1．制作书籍正面图形

（1）按 Ctrl+N 组合键，新建一个页面，在属性栏"纸张宽度和高度"选项中分别设置宽度为 456mm，高度为 303mm，按 Enter 键，页面尺寸显示为设置的大小。

（2）选择"查看 > 标尺"命令，在视图中显示标尺，从左边标尺上拖曳出一条辅助线，并将其拖曳到 3mm 的位置。用相同的方法，分别在 213mm、243mm 和 453mm 的位置上添加一条辅助线。从上边标尺上拖曳出一条辅助线，并将其拖曳到 300mm 的位置。用相同的方法，在 3mm 的位置添加一条辅助线，效果如图 10-4 所示。

（3）选择"矩形"工具 ▣，在页面右侧绘制一个矩形，如图 10-5 所示。在"CMYK 调色板"中的"黄"色块上单击鼠标，填充图形，并去除图形的轮廓线，效果如图 10-6 所示。

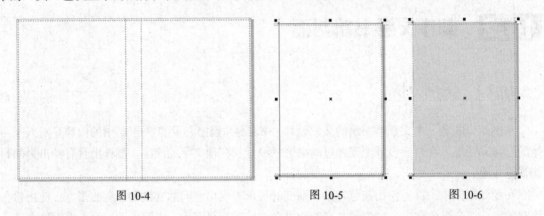

图 10-4　　　　　　　　　　图 10-5　　　　　　　　　　图 10-6

（4）选择"文件 > 打开"命令，弹出"打开绘图"对话框。选择光盘中的"Ch10 > 素材 > 制作文学书籍封面 > 01"文件，单击"打开"按钮，将图形粘贴到页面中，并居中对齐，效果如图 10-7 所示。

（5）选择"矩形"工具 ▣，在属性栏中将矩形上下左右 4 个角的"边角圆滑度"均设为 20，在页面中绘制一个圆角矩形，如图 10-8 所示。

（6）在"CMYK 调色板"中的"洋红"色块上单击鼠标，填充图形。按 F12 键，弹出"轮廓笔"对话框。将"宽度"选项设为 10，并勾选"后台填充"复选框，其他选项的设置为默认值。单击"确定"按钮，效果如图 10-9 所示。

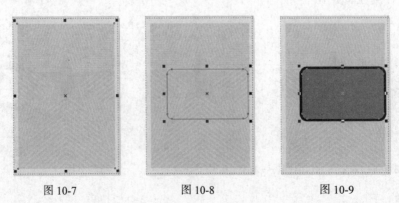

图 10-7　　　　　　　　图 10-8　　　　　　　　图 10-9

（7）选择"挑选"工具，在属性栏中将"旋转角度" 选项设为 10，按 Enter 键，效果如图 10-10 所示。选择"交互式阴影"工具，在图形上从上至下拖曳光标，为图形添加阴影效果。在属性栏中进行设置，如图 10-11 所示。按 Enter 键，效果如图 10-12 所示。

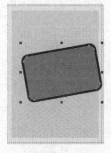

图 10-10　　　　　　　　　　图 10-11　　　　　　　　　　图 10-12

2．制作书籍正面文字

（1）选择"文本"工具，输入需要的文字，选择"挑选"工具，在属性栏中选择合适的字体并设置文字大小，效果如图 10-13 所示。

（2）按 Ctrl+Q 组合键，将文字转换为曲线。在"CMYK 调色板"中的"白"色块上单击，填充文字。在属性栏中将"旋转角度" 选项设为 10，按 Enter 键，效果如图 10-14 所示。

（3）选择"形状"工具，在文字上需要的位置分别双击鼠标添加节点，并分别将其拖曳到适当的位置，效果如图 10-15 所示。选择"椭圆形"工具，按住 Ctrl 键的同时，绘制两个圆形，如图 10-16 所示。

图 10-13　　　　　　　图 10-14　　　　　　　图 10-15　　　　　　　图 10-16

（4）选择"挑选"工具，按住 Shift 键的同时，单击选取另一圆形，单击属性栏中的"焊接"按钮，将两个图形焊接在一起。在"CMYK 调色板"中的"黄"色块上单击鼠标，填充图形，效果如图 10-17 所示。在属性栏中将"轮廓宽度" 选项设置为 10，并在"CMYK 调色板"中的"10%黑"色块上单击鼠标右键，填充图形的轮廓线，效果如图 10-18 所示。

（5）选择"文本"工具，输入需要的文字。选择"挑选"工具，在属性栏中选择合适的字体并设置文字大小。选取"憾"文字，在属性栏中设置适当的文字大小，效果如图 10-19 所示。

图 10-17　　　　　　　图 10-18　　　　　　　图 10-19

（6）选择"文本"工具，输入需要的文字。选择"挑选"工具，在属性栏中选择合适的字体并设置文字大小。在"CMYK 调色板"中的"黄"色块上单击鼠标，填充文字，效果如图 10-20 所示。

（7）选择"挑选"工具，按 F12 键，弹出"轮廓笔"对话框，选项的设置如图 10-21 所示。单击"确定"按钮，效果如图 10-22 所示。

图 10-20

图 10-21

图 10-22

（8）用相同的方法制作"精选"文字，效果如图 10-23 所示。选择"文件 > 打开"命令，弹出"打开绘图"对话框。选择光盘中的"Ch10 > 素材 > 制作文学书籍封面 > 02"文件，单击"打开"按钮，将图形粘贴到页面中，并拖曳到适当的位置，效果如图 10-24 所示。

（9）选择"矩形"工具，在属性栏中将矩形上下左右 4 个角的"边角圆滑度"均设为 80，绘制一个圆角矩形，如图 10-25 所示。

图 10-23

图 10-24

图 10-25

（10）选择"渐变填充对话框"工具，弹出"渐变填充"对话框。点选"自定义"单选框，在"位置"选项中分别添加并输入：0、59、100 几个位置点，单击右下角的"其它"按钮，分别设置几个位置点颜色的 CMYK 值为：0（33、27、27、0）、59（0、0、0、0）、100（33、27、27、0），其他选项的设置如图 10-26 所示。单击"确定"按钮，填充图形，并去除图形的轮廓线，效果如图 10-27 所示。

（11）选择"矩形"工具，绘制一个圆角矩形，如图 10-28 所示。选择"渐变填充对话框"工具，弹出"渐变填充"对话框。点选"自定义"单选框，在"位置"选项中分别添加并输入：0、50、100 几个位置点，单击右下角的"其它"按钮，分别设置几个位置点颜色的 CMYK 值为：0（0、0、0、0）、50（33、27、27、0）、100（0、0、0、0），其他选项设置为默认值。单击"确定"按钮，填充图形，并去除图形的轮廓线，效果如图 10-29 所示。

图 10-26   图 10-27   图 10-28   图 10-29

（12）选择"文本"工具图，输入需要的文字。选择"挑选"工具图，在属性栏中选择合适的字体并设置文字大小。在"CMYK 调色板"中的"黄"色块上单击鼠标，填充文字，效果如图 10-30 所示。

（13）选择"挑选"工具图，按 F12 键，弹出"轮廓笔"对话框，选项的设置如图 10-31 所示。单击"确定"按钮，效果如图 10-32 所示。用相同的方法，输入需要的文字并适当调整文字间距，效果如图 10-33 所示。

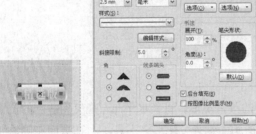

图 10-30   图 10-31   图 10-32   图 10-33

3. 制作装饰图形并添加文字

（1）选择"矩形"工具图，在属性栏中将矩形上下左右 4 个角的"边角圆滑度"均设为 0，在页面中绘制多个图形，并旋转适当的角度。选择"星形"工具图，在属性栏中进行设置，如图 10-34 所示，绘制多个图形。选择"挑选"工具图，用圈选的方法将绘制出的图形同时选取，按 Ctrl+G 组合键，将其群组，效果如图 10-35 所示。

（2）在"CMYK 调色板"中的"黄"色块上单击鼠标，填充图形，并去除图形的轮廓线，效果如图 10-36 所示。

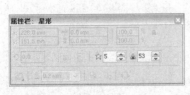

图 10-34   图 10-35   图 10-36

（3）选择"交互式阴影"工具，在图形上从中心至右上方拖曳光标，为图形添加阴影效果。在属性栏中进行设置，如图 10-37 所示。按 Enter 键，如图 10-38 所示。

（4）选择"文本"工具，分别输入需要的文字。选择"挑选"工具，在属性栏中分别选择合适的字体并设置文字大小，将文字旋转适当的角度，效果如图 10-39 所示。

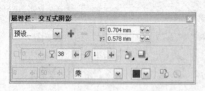

图 10-37

图 10-38

图 10-39

（5）选择"文本"工具，分别输入需要的文字。选择"挑选"工具，在属性栏中分别选择合适的字体并设置文字大小，将文字旋转适当的角度，如图 10-40 所示。

（6）选择"星形"工具，拖曳鼠标绘制星形。在属性栏中将"旋转角度"选项设为105，按 Enter 键。在"CMYK 调色板"中的"黄"色块上单击鼠标，填充图形，并去除图形的轮廓线，效果如图 10-41 所示。

图 10-40

图 10-41

4．制作书籍侧面图形和文字

（1）选择"挑选"工具，单击选取页面左侧的黄色矩形，将其水平向左拖曳到适当的位置上单击鼠标右键，复制一个图形，效果如图 10-42 所示。选择"矩形"工具，在页面左侧绘制一个矩形。在"CMYK 调色板"中的"20%黑"色块上单击鼠标，填充图形，并去除图形的轮廓线，效果如图 10-43 所示。

（2）选择"矩形"工具，在属性栏中将矩形上下左右 4 个角的"边角圆滑度"均设为 100，在页面上方绘制一个圆角矩形。在"CMYK 调色板"中的"白"色块上单击鼠标，填充图形，并去除图形的轮廓线，效果如图 10-44 所示。

图 10-42

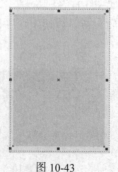

图 10-43

图 10-44

（3）选择"文本"工具 字，输入需要的文字。选择"挑选"工具 ，在属性栏中选择合适的字体并设置文字大小。选择"形状"工具 ，向右拖曳文字下方的 图标，调整文字间距，如图 10-45 所示。在"CMYK 调色板"中的"洋红"色块上单击，填充文字，效果如图 10-46 所示。

图 10-45　　　　　　　　　　　图 10-46

（4）选择"文本"工具 字，分别输入需要的文字。选择"挑选"工具 ，分别在属性栏中选择合适的字体并设置文字大小。选择"形状"工具 ，拖曳文字下方的 图标，调整文字间距，如图 10-47 所示。

（5）选择"文本 > 段落格式化"命令，弹出"段落格式化"面板，在面板中调整行间距，如图 10-48 所示。按 Enter 键，效果如图 10-49 所示。

图 10-47　　　　　　　　　　图 10-48　　　　　　　　　　图 10-49

（6）用上述所讲的方法添加其他文字，效果如图 10-50 所示。选择"椭圆形"工具 ，按住 Ctrl 键的同时，绘制一个圆形，如图 10-51 所示。在属性栏中将"轮廓宽度" 0.2 mm 选项设为 1，填充图形的轮廓线为白色，效果如图 10-52 所示。

（7）选择"挑选"工具 ，按数字键盘上的+键，复制一个图形。按住 Shift 键的同时，向内拖曳圆形右上方的控制手柄，将图形缩小，效果如图 10-53 所示。

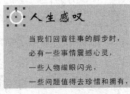
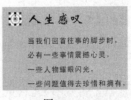

图 10-50　　　　　　图 10-51　　　　　　　　图 10-52　　　　　　　图 10-53

（8）选择"手绘"工具 ，按住 Ctrl 键的同时，绘制一条直线，如图 10-54 所示。在属性栏中将"轮廓宽度" 0.2 mm 选项设为 0.75，在"轮廓样式选择器" 选项中选择需要的轮廓样式，效果如图 10-55 所示。用相同的方法添加其他圆形和直线，效果如图 10-56 所示。

（9）选择"文件 > 打开"命令，弹出"打开绘图"对话框。选择光盘中的"Ch10 > 素材 > 制作文学书籍封面 > 03"文件，单击"打开"按钮，将图形粘贴到页面中，并拖曳到适当的位置，效果如图 10-57 所示。

图 10-54　　　　　　图 10-55　　　　　　图 10-56　　　　　　图 10-57

5. 制作书脊图形和文字

（1）选择"矩形"工具 ，在页面中心绘制一个矩形。在"CMYK 调色板"中的"黄"色块上单击鼠标，填充图形，并去除图形的轮廓线，效果如图 10-58 所示。

（2）选择"挑选"工具 ，按住鼠标左键垂直向下拖曳图形，并在适当的位置上单击鼠标右键，复制一个新的图形，效果如图 10-59 所示。

图 10-58　　　　　　　　　　　　　　　图 10-59

（3）选择"挑选"工具 ，选取书籍正面需要的图形。按数字键盘上的+键，复制图形，并调整其位置和大小，如图 10-60 所示。用上述所讲的方法制作圆形，效果如图 10-61 所示。

（4）选择"文本"工具 ，单击属性栏中的"将文本更改为垂直方向"按钮 ，分别输入需要的文字。选择"挑选"工具 ，在属性栏中分别选择合适的字体并设置文字大小。选择"形状"工具 ，分别调整文字行距，效果如图 10-62 所示。

（5）选择"挑选"工具 ，选取"心灵的"文字。在"CMYK 调色板"中的"黄"色块上单击鼠标，填充文字；在"黑"色块上单击鼠标右键，填充文字的轮廓色，效果如图 10-63 所示。文学书籍封面制作完成，效果如图 10-64 所示。

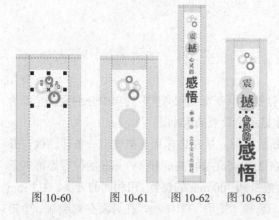

图 10-60　　　图 10-61　　　图 10-62　　图 10-63　　　　　　　图 10-64

10.3　制作美食书籍封面

10.3.1　案例分析

　　本例制作的是一本美食类书籍的装帧设计。书的内容讲解的是健康营养的简餐做法，在封面设计上要通过对书名的设计和美食图片的编排，表现出简单的营养餐也会带给大家营养健康的快乐生活。

　　在设计过程中，使用黄色的渐变背景和鲜香的简餐美食图片营造出制作营养美食的气氛。设计透视效果的书籍名称，使读者的视线都集中在书名和美食上，达到宣传主题的作用。在封底上用文字和图形巧妙的组合，增加读者对本书各种菜品的兴趣，增强读者的购书欲望。

　　本例将使用图框精确剪裁命令制作背景图片，使用添加透明视点命令编辑书名，使用文本适合路径命令制作路径文字，使用交互式调和工具制作装饰图形，使用段落文本行命令制作文字绕图排列效果。

10.3.2　案例设计

　　本案例设计流程如图 10-65 所示。

制作封面效果　　　制作封底效果　　制作书脊效果　　　　最终效果

图 10-65

197

10.3.3　案例制作

1．制作书籍正面背景图形

（1）按 Ctrl+N 组合键，新建一个页面，在属性栏"纸张宽度和高度"选项中分别设置宽度为 456 mm，高度为 303 mm，按 Enter 键，页面尺寸显示为设置的大小。

（2）选择"查看 > 标尺"命令，在视图中显示标尺，从左边标尺上拖曳出一条辅助线，并将其拖曳到 3 mm 的位置。用相同的方法，分别在 213 mm、243 mm 和 453 mm 的位置添加一条辅助线。从上边标尺上拖曳出一条辅助线，并将其拖曳到 300 mm 的位置。用相同的方法，在 3 mm 的位置上添加一条辅助线，效果如图 10-66 所示。选择"矩形"工具 ⬜，在页面右侧绘制一个矩形，效果如图 10-67 所示。

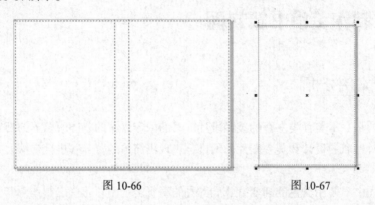

图 10-66　　　　　　　　　　　图 10-67

（3）选择"渐变填充对话框"工具 ◼，弹出"渐变填充"对话框。点选"双色"单选框，将"从"选项颜色的 CMYK 值设置为：2、22、96、0，"到"选项颜色的 CMYK 值设置为：0、0、0、0，其他选项的设置如图 10-68 所示。单击"确定"按钮，填充图形，并去除图形的轮廓线，效果如图 10-69 所示。

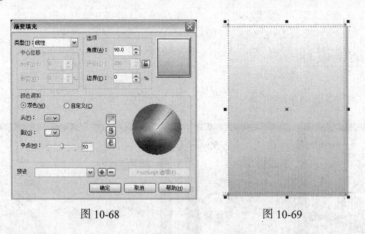

图 10-68　　　　　　　　　　　图 10-69

（4）选择"文件 > 导入"命令，弹出"导入"对话框。选择光盘中的"Ch10 > 素材 > 制作美食书籍封面 > 01"文件，单击"导入"按钮，在页面中单击导入图片，将其拖曳到适当的位置，效果如图 10-70 所示。

（5）选择"效果 > 图框精确剪裁 > 放置在容器中"命令，鼠标的光标变为黑色箭头形状，在渐变矩形背景上单击，如图 10-71 所示。将美食图片置入到渐变矩形中，效果如图 10-72 所示。

图 10-70　　　　　　　　　图 10-71　　　　　　　　　图 10-72

（6）选择"效果 > 图框精确剪裁 > 编辑内容"命令，选择"挑选"工具 🔲，选取图形，将图形移动到适当的位置，如图 10-73 所示。选择"效果 > 图框精确剪裁 > 结束编辑"命令，效果如图 10-74 所示。

（7）选择"文件 > 导入"命令，弹出"导入"对话框。选择光盘中的"Ch10 > 素材 > 制作美食书籍封面 > 02"文件，单击"导入"按钮，在页面中单击导入图片，效果如图 10-75 所示。用上述所讲的方法，将图片置入到渐变背景中，效果如图 10-76 所示。

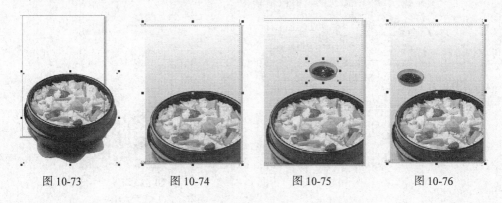

图 10-73　　　　　　　图 10-74　　　　　　　图 10-75　　　　　　　图 10-76

2．制作标题文字

（1）选择"文本"工具 字，输入需要的文字。选择"挑选"工具 🔲，在属性栏中选择合适的字体并设置文字大小，效果如图 10-77 所示。选择"效果 > 添加透视点"命令，在文字周围出现控制线和控制点，拖曳控制点制作文字的透视效果，如图 10-78 所示。

图 10-77　　　　　　　　　图 10-78

（2）选择"挑选"工具 ，将文字拖曳到页面的适当位置。选择"渐变填充对话框"工具 ，弹出"渐变填充"对话框。点选"双色"单选框，将"从"选项颜色的 CMYK 值设置为：100、100、3、0，"到"选项颜色的 CMYK 值设置为：76、9、7、0，其他选项的设置如图 10-79 所示。单击"确定"按钮，填充文字，效果如图 10-80 所示。

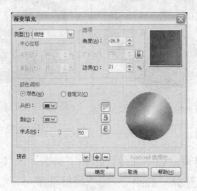

图 10-79   图 10-80

（3）按 F12 键，弹出"轮廓笔"对话框。在"颜色"选项中设置轮廓线的颜色为"白"色，其他选项的设置如图 10-81 所示。单击"确定"按钮，效果如图 10-82 所示。

图 10-81   图 10-82

（4）选择"交互式阴影"工具 ，在文字上从上至下拖曳光标，为文字添加阴影效果。在属性栏中进行设置，如图 10-83 所示。按 Enter 键，文字的阴影效果如图 10-84 所示。

图 10-83   图 10-84

（5）选择"贝塞尔"工具 ，在文字下方绘制一个不规则图形，如图 10-85 所示。选择"渐变填充对话框"工具 ，弹出"渐变填充"对话框。点选"双色"单选框，将"从"选项颜色的 CMYK 值设置为：99、96、0、0，"到"选项颜色的 CMYK 值设置为：66、0、6、0，其他选项的设置如图 10-86 所示。单击"确定"按钮，填充图形，并去除图形的轮廓线，效果如图 10-87 所示。

（6）按 F12 键，弹出"轮廓笔"对话框。在"颜色"选项中设置轮廓线的颜色为"白"色，将"宽度"选项设为 2，勾选"后台填充"复选框，其他选项的设置为默认值，单击"确定"按钮，效果如图 10-88 所示。

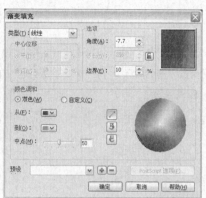

图 10-85　　　　　　　　　　　　　　　　图 10-86

图 10-87　　　　　　　　　　图 10-88

（7）选择"文本"工具，输入需要的文字。选择"挑选"工具，在属性栏中选择合适的字体并设置文字大小，效果如图 10-89 所示。在"CMYK 调色板"中的"橘红"色块上单击鼠标，填充文字。

（8）按 F12 键，弹出"轮廓笔"对话框。在"颜色"选项中设置轮廓线的颜色为"白"色，其他选项的设置如图 10-90 所示。单击"确定"按钮，效果如图 10-91 所示。

　　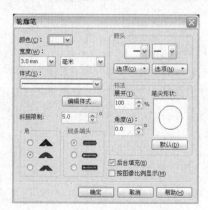　　

图 10-89　　　　　　　　图 10-90　　　　　　　　图 10-91

（9）选择"交互式阴影"工具，在文字上从上至下拖曳光标，为文字添加阴影效果。在属性栏中进行设置，如图 10-92 所示。按 Enter 键，效果如图 10-93 所示。选择"文本"工具，输入需要的文字。选择"挑选"工具，在属性栏中选择合适的字体和文字大小，效果如图 10-94 所示。

图 10-92   图 10-93   图 10-94

（10）选择"椭圆形"工具 ◯，按住 Ctrl 键的同时，绘制一个圆形，如图 10-95 所示。选择"文本"工具 字，输入需要的文字。选择"挑选"工具 ↖，在属性栏中选择合适的字体并设置文字大小，填充文字为红色。按 F12 键，弹出"轮廓笔"对话框。在"颜色"选项中设置轮廓线的颜色为"白"色，其他选项的设置同上，单击"确定"按钮，文字效果如图 10-96 所示。

图 10-95   图 10-96

（11）选择"文本 > 使文本适合路径"命令，将文字拖曳到路径上，文本绕路径排列，如图 10-97 所示。单击鼠标，文字效果如图 10-98 所示。选择"挑选"工具 ↖，选取圆形，在"CMYK 调色板"中的"无填充"按钮 ⊠ 上单击鼠标右键，去除图形的轮廓线，效果如图 10-99 所示。

图 10-97   图 10-98   图 10-99

3．制作装饰图形并添加内容文字

（1）选择"椭圆形"工具 ◯，按住 Ctrl 键的同时，绘制一个圆形。在"CMYK 调色板"中的"黄"色块上单击，填充图形，并去除图形的轮廓线，效果如图 10-100 所示。选择"挑选"工具 ↖，按住 Ctrl 键的同时，按住鼠标左键水平向右拖曳图形，并在适当的位置上单击鼠标右键，复制一个图形，效果如图 10-101 所示。

图 10-100   图 10-101

（2）选择"挑选"工具，选取左侧的黄色图形。选择"交互式透明"工具，在属性栏中进行设置，如图 10-102 所示。按 Enter 键，效果如图 10-103 所示。

图 10-102　　　　　　　　　　　　　　　　　　　图 10-103

（3）选择"交互式调和"工具，将光标从左侧的透明图形上拖曳到右侧的图形上，在属性栏中进行设置，如图 10-104 所示。按 Enter 键，图形的调和效果如图 10-105 所示。

图 10-104　　　　　　　　　　　　　　　　　　　图 10-105

（4）选择"文本"工具，分别输入需要的文字。选择"挑选"工具，在属性栏中分别选择合适的字体并设置文字大小，填充文字适当的颜色，并分别调整文字的间距和行距，效果如图 10-106 所示。

（5）选择"文本"工具，单击属性栏中的"将文本更改为垂直方向"按钮，输入需要的文字。选择"挑选"工具，在属性栏中选择合适的字体并设置文字大小，调整文字的间距和行距，效果如图 10-107 所示。

（6）按 F12 键，弹出"轮廓笔"对话框。在"颜色"选项中设置轮廓线的颜色为"白"色，"宽度"选项设为 2，勾选"后台填充"复选框，单击"确定"按钮，效果如图 10-108 所示。

（7）选择"文件 > 打开"命令，弹出"打开绘图"对话框。选择光盘中的"Ch10 > 素材 > 制作美食书籍封面 > 03"文件，单击"打开"按钮，将图形粘贴到页面中，并拖曳到适当的位置，效果如图 10-109 所示。

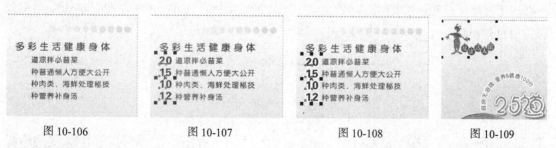

图 10-106　　　　　　　图 10-107　　　　　　　图 10-108　　　　　　　图 10-109

（8）选择"文件 > 打开"命令，弹出"打开绘图"对话框。选择光盘中的"Ch10 > 素材 > 制作美食书籍封面 > 04"文件，单击"打开"按钮，将图形粘贴到页面中，并拖曳到适当的位置，如图 10-110 所示。

（9）选择"文本"工具，分别输入需要的文字。选择"挑选"工具，在属性栏中分别选择合适的字体并设置文字大小，适当调整文字间距，效果如图 10-111 所示。

图 10-110

图 10-111

4．制作书籍背面图形及文字

（1）选择"矩形"工具，沿着书籍背面绘制一个矩形，填充图形为白色，并去除图形的轮廓线，效果如图 10-112 所示。

（2）选择"矩形"工具，绘制一个矩形，在"CMYK 调色板"中的"橘红"色块上单击鼠标，填充图形，并去除图形的轮廓线，效果如图 10-113 所示。

（3）选择"手绘"工具，按住 Ctrl 键的同时，绘制一条直线，在属性栏中的"轮廓宽度"框中设置数值为 1，在"CMYK 调色板"中的"橘红"色块上单击鼠标右键，填充轮廓线的颜色。选择"挑选"工具，按住 Ctrl 键的同时，按住鼠标左键垂直向下拖曳直线，并在适当的位置上单击鼠标右键，复制一条直线，效果如图 10-114 所示。

图 10-112   图 10-113   图 10-114

（4）选择"文本"工具，拖曳出一个文本框，在属性栏中选择合适的字体并设置文字大小，设置好后，在文本框内输入需要的文本，如图 10-115 所示。填充文字为白色。选择"文本 > 段落格式化"命令，弹出"段落格式化"面板，选项的设置如图 10-116 所示。按 Enter 键，效果如图 10-117 所示。

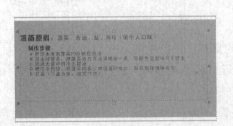

图 10-115   图 10-116   图 10-117

（5）选择"文件 > 导入"命令，弹出"导入"对话框。选择光盘中的"Ch10 > 素材 > 制作美食书籍封面 > 01"文件，单击"导入"按钮，在页面中单击导入图片，调整其大小和位置，效果如图 10-118 所示。

（6）选择"挑选"工具，单击属性栏中的"段落文本换行"按钮，在弹出的面板中选择"文本从左向右"选项，如图 10-119 所示。效果如图 10-120 所示。

图 10-118　　　　　　　图 10-119　　　　　　　图 10-120

（7）选择"文本"工具，输入需要的文字。选择"挑选"工具，在属性栏中选择合适的字体并设置文字大小，适当调整文字间距，效果如图 10-121 所示。选择"效果 > 添加透视点"命令，在文字周围出现控制线和控制点，拖曳需要的控制点制作透视效果，如图 10-122 所示。

图 10-121　　　　　　　图 10-122

（8）选择"渐变填充对话框"工具，弹出"渐变填充"对话框。点选"双色"单选框，将"从"选项颜色的 CMYK 值设置为：99、96、0、0，"到"选项颜色的 CMYK 值设置为：66、0、6、0，其他选项的设置如图 10-123 所示。单击"确定"按钮，填充文字，效果如图 10-124 所示。

（9）按 F12 键，弹出"轮廓笔"对话框。在"颜色"选项中设置轮廓线的颜色为"白"色，"宽度"选项设为 3，单击"确定"按钮，效果如图 10-125 所示。

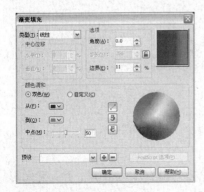

图 10-123　　　　　　　图 10-124　　　　　　　图 10-125

（10）选择"挑选"工具，按数字键盘上的+键，复制一个文字。在"CMYK 调色板"中的"20%黑"色块上单击鼠标，填充文字。选择"形状"工具，选取文字的节点，将节点拖曳到适当的位置，将文字扭曲变形，如图 10-126 所示。选择"挑选"工具，按 Ctrl+PageDown 组合键，将其置后一位，效果如图 10-127 所示。

图 10-126 图 10-127

（11）选择"文本"工具，输入需要的文字。选择"挑选"工具，在属性栏中选择合适的字体并设置文字大小，适当调整文字间距，填充文字为白色，效果如图 10-128 所示。

（12）选择"文件 > 打开"命令，弹出"打开绘图"对话框。选择光盘中的"Ch10 > 素材 > 制作美食书籍封面 > 05"文件，单击"打开"按钮，将图形粘贴到页面中，并拖曳到适当的位置，如图 10-129 所示。

图 10-128 图 10-129

（13）选择"文本"工具，分别输入需要的文字。选择"挑选"工具，在属性栏中分别选择合适的字体并设置文字大小，适当调整文字间距。分别填充文字适当的颜色，并将文字旋转适当的角度，效果如图 10-130 所示。

（14）选择"文件 > 打开"命令，弹出"打开绘图"对话框。选择光盘中的"Ch10 > 素材 > 制作美食书籍封面 > 06"文件，单击"打开"按钮，将条形码粘贴到页面中，并拖曳到适当的位置，如图 10-131 所示。

图 10-130 图 10-131

5. 制作书脊图形和文字

（1）选择"矩形"工具，绘制一个矩形，如图 10-132 所示。用白色填充图形，并去除图形的轮廓线。

（2）选择"文件 > 打开"命令，弹出"打开绘图"对话框。选择光盘中的"Ch10 > 素材 > 制作美食书籍封面 > 03"文件，单击"打开"按钮。选择"挑选"工具 ，按 Ctrl+U 组合键，取消群组，分别选取图形，拖曳到适当的位置，并调整其大小，效果如图 10-133 所示。

图 10-132　　　　　　　　　　　　　　图 10-133

（3）用上述所讲的方法制作文字"牛肉拌饭"，效果如图 10-134 所示。选择"交互式阴影"工具 ，在文字上从上至下拖曳光标，为文字添加阴影效果。在属性栏中进行设置，如图 10-135 所示。按 Enter 键，效果如图 10-136 所示。

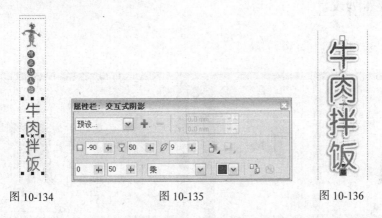

图 10-134　　　　　　　图 10-135　　　　　　　图 10-136

（4）选择"文本"工具 ，单击属性栏中的"将文本更改为垂直方向"按钮 ，分别输入需要的文字。选择"挑选"工具 ，在属性栏中分别选择合适的字体并设置文字大小，效果如图 10-137 所示。美食书籍封面制作完成，如图 10-138 所示。

图 10-137　　　　　　　图 10-138

10.4 制作美体书籍封面

10.4.1 案例分析

本例制作的是一本美体类书籍的装帧设计。书的内容讲解的是美体和健身知识，在封面设计上要用最形象、最易被视觉接受的表现形式充分体现美体健身操给人们带来的活力和好处，并能精要介绍书籍的相关知识。整体设计要做到构思新颖，有感染力。

在设计制作中，首先用"S"形背景图形来寓意人体的优美体态，显示出瘦身的效果。用一个正在示范健身操的女性图片展示出书籍健身塑型的功能。使用粉红色背景和白色文字制作书名，清晰醒目、点明主题。使用路径文字和其他不同的装饰文字介绍书中的相关内容，使封面设计活泼、新颖。书脊和封底设计在用色、造型上与整体设计相呼应，效果和谐统一。

本例将使用艺术笔工具绘制背景图形，使用贝塞尔工具绘制装饰图形，使用文字工具、椭圆工具和使文本适合路径命令制作路径文字，使用椭圆工具绘制饼形。

10.4.2 案例设计

本案例设计流程如图 10-139 所示。

制作封面效果　　　制作封底效果　　制作书脊效果　　　最终效果

图 10-139

10.4.3 案例制作

1. 制作书籍封面图形和文字

（1）按 Ctrl+N 组合键，新建一个页面，在属性栏"纸张宽度和高度"选项中分别设置宽度为 456 mm，高度为 303 mm，按 Enter 键，页面尺寸显示为设置的大小。

（2）选择"查看 > 标尺"命令，在视图中显示标尺，从左边标尺上拖曳出一条辅助线，并将其拖曳到 3 mm 的位置。用相同的方法，分别在 213 mm、243 mm 和 453 mm 的位置添加一条辅助线。从上边标尺上拖曳出一条辅助线，并将其拖曳到 300 mm 的位置。用相同的方法，在 3 mm 的位置再添加一条辅助线，效果如图 10-140 所示。

（3）选择"矩形"工具，在页面右侧绘制一个矩形，如图 10-141 所示。在"CMYK 调色板"中的"白"色块上单击鼠标，填充图形，并去除图形的轮廓线，效果如图 10-142 所示。

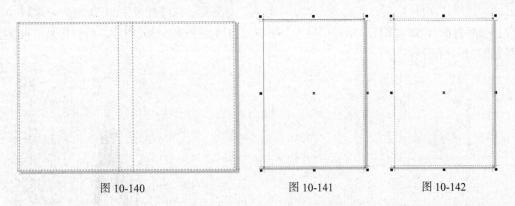

图 10-140　　　　　　　图 10-141　　　　　　　图 10-142

（4）选择"艺术笔"工具，单击属性栏中的"笔刷"按钮，在属性栏中进行设置，如图 10-143 所示。拖曳鼠标绘制图形，效果如图 10-144 所示。选择"排列 > 拆分艺术笔群组于图层 1"命令，将图形拆分，效果如图 10-145 所示。选择"挑选"工具，单击选取曲线，按 Delete 键，将其删除。

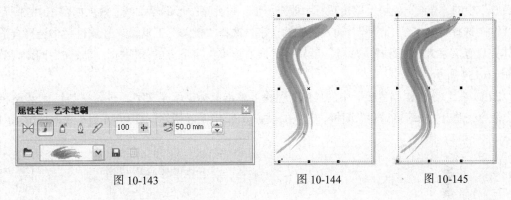

图 10-143　　　　　　　图 10-144　　　　　　　图 10-145

（5）选择"挑选"工具，单击选取图形。选择"交互式透明"工具，在属性栏中进行设置，如图 10-146 所示。按 Enter 键，效果如图 10-147 所示。用相同的方法再制作一个图形，效果如图 10-148 所示。

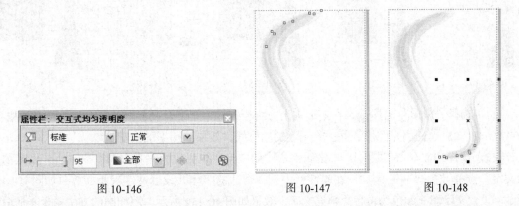

图 10-146　　　　　　　图 10-147　　　　　　　图 10-148

（6）选择"贝塞尔"工具，在页面中拖曳鼠标绘制一个不规则图形，效果如图 10-149 所示。

在"CMYK 调色板"中的"洋红"色块上单击鼠标，填充图形，并去除图形的轮廓线，效果如图 10-150 所示。

（7）选择"文件 > 导入"命令，弹出"导入"对话框。选择光盘中的"Ch10 > 素材 > 制作美体书籍封面 > 01"文件，单击"导入"按钮，在页面中单击导入图片，调整其大小和位置，效果如图 10-151 所示。

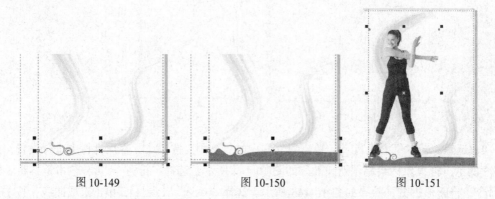

图 10-149　　　　　　图 10-150　　　　　　图 10-151

（8）选择"矩形"工具□，在页面右上方绘制一个矩形，效果如图 10-152 所示。在"CMYK 调色板"中的"洋红"色块上单击鼠标，填充图形，并去除图形的轮廓线，效果如图 10-153 所示。

（9）选择"文本"工具字，输入需要的文字。选择"挑选"工具，在属性栏中选择合适的字体并设置文字大小。选择"形状"工具，向右拖曳文字下方的⫴图标，调整文字间距，效果如图 10-154 所示。

（10）在"CMYK 调色板"中的"白"色块上单击鼠标，填充文字。选择"文本 > 段落格式化"命令，弹出"段落格式化"面板，选项的设置如图 10-155 所示。按 Enter 键，效果如图 10-156 所示。

图 10-152　　　图 10-153　　　图 10-154　　　图 10-155　　　图 10-156

（11）选择"矩形"工具□，在矩形右上方再绘制一个矩形。设置图形填充颜色的 CMYK 值为：1、41、95、0，填充图形，并去除图形的轮廓线，效果如图 10-157 所示。

（12）选择"文本"工具字，单击属性栏中的"将文本更改为垂直方向"按钮▥，输入需要的文字。选择"挑选"工具，在属性栏中选择合适的字体并设置文字大小，效果如图 10-158 所示。设置文字填充颜色为白色，填充文字，效果如图 10-159 所示。用相同的方法输入其他白色文字，效果如图 10-160 所示。

（13）选择"文件 > 打开"命令，弹出"打开绘图"对话框。选择光盘中的"Ch10 > 素材 > 制作美体书籍封面 > 02"文件，单击"打开"按钮，将图形和文字粘贴到页面中，并拖曳到适当的位置，效果如图 10-161 所示。

图 10-157　　　图 10-158　　　　图 10-159　　　　图 10-160　　　　图 10-161

2．添加内容文字并导入图片

（1）选择"文件 > 打开"命令，弹出"打开绘图"对话框。选择光盘中的"Ch10 > 素材 > 制作美体书籍封面 > 03"文件，单击"打开"按钮，将文字粘贴到页面中，并拖曳到适当的位置，效果如图 10-162 所示。

（2）选择"椭圆形"工具 ◯，在属性栏中将"轮廓宽度" ◇ 0.2 mm 选项设为 0.2，在页面右下方绘制一个椭圆形，在属性栏中将"旋转角度" ◯ 0.0 选项设为 2.1，按 Enter 键，效果如图 10-163 所示。

（3）选择"文本"工具 字，输入需要的文字。选择"挑选"工具 ▩，在属性栏中选择合适的字体并设置文字大小。在"CMYK 调色板"中的"洋红"色块上单击鼠标，填充文字，效果如图 10-164 所示。

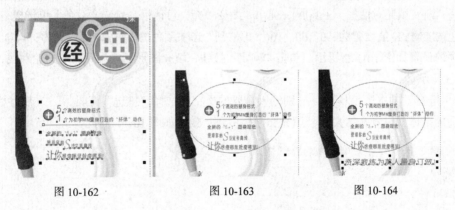

图 10-162　　　　　　　图 10-163　　　　　　　图 10-164

（4）选择"文本 > 使文本适合路径"命令，将文字拖曳到路径上，文本绕路径排列，如图 10-165 所示。单击鼠标，文字效果如图 10-166 所示。

（5）选择"形状"工具 ▩，向左拖曳文字下方的 ▥ 图标，调整文字间距。选择"挑选"工具 ▩，单击选取椭圆形，在"CMYK 调色板"中的"无填充"按钮 ⊠ 上单击鼠标右键，去除图形的轮廓线，效果如图 10-167 所示。

（6）选择"贝塞尔"工具 ▩，绘制一个不规则图形。在"CMYK 调色板"中的"洋红"色块上单击鼠标，填充图形，并去除图形的轮廓线，效果如图 10-168 所示。

图 10-165

图 10-166

图 10-167

图 10-168

（7）选择"文件 > 导入"命令，弹出"导入"对话框。选择光盘中的"Ch10 > 素材 > 制作美体书籍封面 > 04"文件，单击"导入"按钮，在页面中单击导入图片，调整图片的大小和位置，效果如图 10-169 所示。

（8）选择"椭圆形"工具，按住 Ctrl 键的同时，绘制一个圆形。按 Ctrl+Q 组合键，将图形转换为曲线，效果如图 10-170 所示。选择"刻刀"工具，在属性栏中单击"剪切时自动闭合"按钮，在图形上分别单击，分割图形，效果如图 10-171 所示。

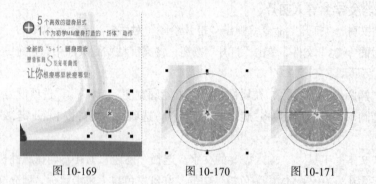

图 10-169　　　　　　　　图 10-170　　　　　　　图 10-171

（9）选择"挑选"工具，选取上方分割后的图形，按 Delete 键，删除图形。选取下方的图形，选择"渐变填充对话框"工具，弹出"渐变填充"对话框。点选"双色"单选框，将"从"选项颜色的 CMYK 值设置为：0、60、100、0，"到"选项颜色的 CMYK 值设置为：4、3、92、0，其他选项的设置如图 10-172 所示。单击"确定"按钮，填充图形，并去除图形的轮廓线，效果如图 10-173 所示。

（10）选择"文本"工具，分别输入需要的文字。选择"挑选"工具，在属性栏中分别选择合适的字体并设置文字大小，填充文字为白色，效果如图 10-174 所示。

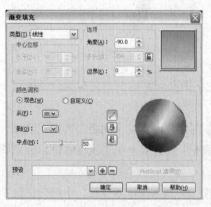

图 10-172

图 10-173

图 10-174

（11）选择"手绘"工具，在属性栏中进行设置，如图 10-175 所示。按住 Ctrl 键的同时，绘制一条直线。在"CMYK 调色板"中的"白"色块上单击鼠标右键，填充图形的轮廓线，效果如图 10-176 所示。用上述所讲的方法制作路径文字，效果如图 10-177 所示。用相同的方法制作书籍封面上的其他图形和文字，效果如图 10-178 所示。

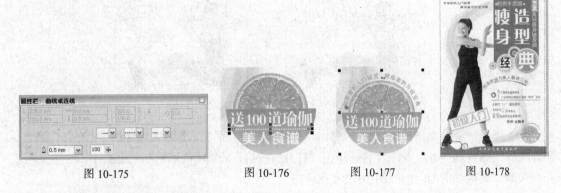

图 10-175　　　　　　图 10-176　　　　　　图 10-177　　　　　　图 10-178

3. 制作书籍背面图形和文字

（1）选择"矩形"工具，在页面左侧绘制一个矩形。在"CMYK 调色板"中的"白"色块上单击鼠标，填充图形，并去除图形的轮廓线，效果如图 10-179 所示。选择"艺术笔"工具和"贝塞尔"工具，用上述所讲的方法制作图形，效果如图 10-180 所示。

图 10-179　　　　　　　　　　　　　　　图 10-180

（2）选择"文件 > 导入"命令，弹出"导入"对话框。选择光盘中的"Ch10 > 素材 > 制作美体书籍封面 > 05、06"文件，单击"导入"按钮，在页面中分别单击导入图形，效果如图 10-181、图 10-182 所示。

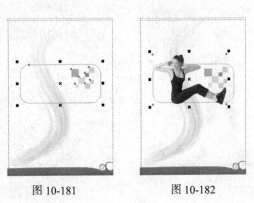

图 10-181　　　　　　图 10-182

（3）选择"文本"工具，分别输入需要的文字。选择"挑选"工具，在属性栏中分别选择合适的字体并设置文字大小。在"CMYK 调色板"中的"洋红"色块上单击鼠标，填充文字，效果如图 10-183 所示。选取文字"塑造曲线"，适当调整文字大小，效果如图 10-184 所示。

图 10-183 图 10-184

（4）选择"文件 > 打开"命令，弹出"打开绘图"对话框。选择光盘中的"Ch10 > 素材 > 制作美体书籍封面 > 07、08"文件，单击"打开"按钮，分别将图形粘贴到页面中，并拖曳到适当的位置，效果如图 10-185、图 10-186 所示。

（5）选择"文本"工具，分别输入需要的文字。选择"挑选"工具，在属性栏中分别选择合适的字体并设置文字大小，效果如图 10-187 所示。

图 10-185 图 10-186 图 10-187

4．制作书脊

（1）选择"矩形"工具，在页面中绘制一个矩形，如图 10-188 所示。选择"渐变填充对话框"工具，弹出"渐变填充"对话框。点选"双色"单选框，将"从"选项颜色的 CMYK 值设置为：0、0、0、10，"到"选项颜色的 CMYK 值设置为：0、0、0、0，其他选项的设置如图 10-189 所示。单击"确定"按钮，填充图形，并去除图形的轮廓线，效果如图 10-190 所示。

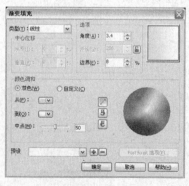

图 10-188 图 10-189 图 10-190

（2）选择"椭圆形"工具○，按住 Ctrl 键的同时，绘制两个圆形。在"CMYK 调色板"中的"洋红"色块上单击鼠标，填充图形，并去除图形的轮廓线，效果如图 10-191 所示。选择"文本"工具字，分别输入需要的文字。选择"挑选"工具，在属性栏中分别选择合适的字体并设置文字大小。选择"形状"工具，分别调整文字的间距，效果如图 10-192 所示。

（3）选择"挑选"工具，单击选取"造型瘦身"文字，在"CMYK 调色板"中的"洋红"色块上单击鼠标，填充文字。再次单击选取文字"经典"，填充为白色，效果如图 10-193 所示。美体书籍封面制作完成，效果如图 10-194 所示。

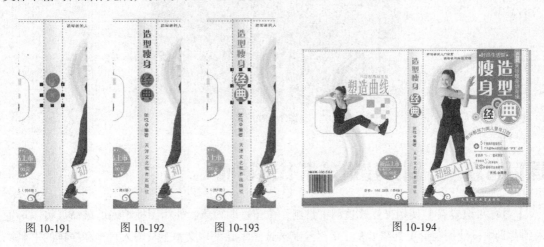

图 10-191　　　　图 10-192　　　　图 10-193　　　　　　图 10-194

课堂练习1——制作古物鉴赏书籍封面

【练习知识要点】使用图样填充和交互式透明工具制作书籍封面背景；使用后剪前命令修整图形；使用图框精确剪裁命令将图形置入到不规则图形中；使用文本工具输入直排、横排文字；使用插入条形码命令制作条形码。古物鉴赏书籍封面效果如图 10-195 所示。

【效果所在位置】光盘/Ch10/效果/制作古物鉴赏书籍封面.cdr。

图 10-195

课堂练习2——制作茶文化书籍封面

【练习知识要点】使用矩形工具和渐变填充工具制作书籍封面；使用交互式透明工具制作位

图透明效果；使用文本工具输入直排、横排文字；使用交互式阴影工具为茶壶添加阴影效果；使用段落文本换行面板制作封底的文字绕图效果。茶文化书籍封面效果如图 10-196 所示。

【效果所在位置】光盘/Ch10/效果/制作茶文化书籍封面.cdr。

图 10-196

课后习题——制作建筑艺术书籍封面

【习题知识要点】使用交互式透明工具制作位图透明效果；使用图框精确剪裁命令将图形置入到背景中；使用矩形工具和贝塞尔工具绘制装饰图形；使用文本工具输入直排和横排的书名；使用插入条形码命令制作条形码。建筑艺术书籍封面效果如图 10-197 所示。

【效果所在位置】光盘/Ch10/效果/制作建筑艺术书籍封面.cdr。

图 10-197

第11章

杂志设计

　　杂志是比较专项的宣传媒介之一，它具有目标受众准确、实效性强、宣传力度大、效果明显等特点。时尚生活类杂志的设计可以轻松活泼、色彩丰富。版式内的图文编排可以灵活多变，但要注意把握风格的整体性。本章以多个杂志栏目为例，讲解杂志的设计方法和制作技巧。

课堂学习目标

- 了解杂志设计的特点和要求
- 了解杂志设计的主要设计要素
- 掌握杂志栏目的设计思路和过程
- 掌握杂志栏目的制作方法和技巧

11.1 杂志设计的概述

随着社会的发展，杂志已经逐渐变成一个多方位多媒体集合的产物。杂志的设计不同于其他的广告设计，其主要是根据杂志所属的行业和杂志的内容来进行设计和排版的，这点在封面上尤其突出。

11.1.1 封面

杂志封面的设计是一门艺术类的学科。不管是用什么形式去表现，必须按照杂志本身的一些特性和规律去设计。杂志封面上的元素一般分为 3 部分：杂志名称 LOGO 和杂志月号、杂志栏目和文章标题、条形码，如图 11-1 所示。

图 11-1

11.1.2 目录

目录又叫目次，是全书内容的纲领，它显示出结构层次的先后，设计要眉目清楚、条理分明，才有助于读者迅速了解全部内容，如图 11-2 所示。目录可以放在前面或者后面。科技书籍的目录必须放在前面，起指导作用。文艺书籍的目录也可放在书的末尾。

图 11-2

11.1.3 内页

杂志的内页设计是以文字为主，图片为辅的形式。文字又包括正文部分、大标题、小标题等，如图 11-3 所示。整个文字和图片又在一定的内芯尺寸范围之内，这部分是整个杂志的重要部分，位于整个杂志的中间部分。上面部分是页眉，下面是页码。

图 11-3

11.2 制作新娘杂志封面

11.2.1 案例分析

新娘杂志是一本为即将步入婚姻殿堂的女性奉献的新婚类杂志。杂志的主要内容是介绍和新婚相关的如服饰美容、婚嫁现场、蜜月新居等信息。本杂志在封面设计上，要营造出新婚幸福浪漫的氛围，通过对杂志内容的精心设计，表现出现代婚礼的时尚温馨。

在设计制作中，首先用新娘杂志专业模特的婚纱照片来作为杂志封面的背景，烘托出温馨幸福的新婚气氛。通过对杂志名称文字的艺术化处理，表现出杂志浪漫活泼的文化气息。通过不同样式的栏目标题表达杂志的核心内容。封面中文字与图形的编排布局要相对集中紧凑，使页面布局合理有序。

本例将使用图框精确剪裁命令制作背景图片，使用文本工具、形状工具和基本形状工具制作标题文字，使用文本工具添加栏目名称，使用交互式阴影工具为图形和文字添加阴影效果，使用轮廓笔对话框为文字添加轮廓。

11.2.2 案例设计

本案例设计流程如图 11-4 所示。

编辑素材图片　　　　添加并编辑文字　　　制作条形码　　　　最终效果

图 11-4

11.2.3 案例制作

1. 制作杂志背景

（1）按 Ctrl+N 组合键，新建一个页面，在属性栏的"纸张宽度和高度"选项中分别设置宽度为 216 mm，高度为 303 mm，按 Enter 键，页面尺寸显示为设置的大小。双击"矩形"工具，绘制一个与页面大小相等的矩形，效果如图 11-5 所示。

（2）按 Ctrl+I 组合键，弹出"导入"对话框。选择光盘中的"Ch11 > 素材 > 制作新娘杂志封面 > 01"文件，单击"导入"按钮，在页面中单击导入图片，将其拖曳到适当的位置，效果如图 11-6 所示。

（3）选择"效果 > 图框精确剪裁 > 放置在容器中"命令，鼠标的光标变为黑色箭头形状，在矩形背景上单击，如图 11-7 所示。将人物图片置入到矩形背景中，效果如图 11-8 所示。

图 11-5　　　　　图 11-6　　　　　　　图 11-7　　　　　　　图 11-8

2. 制作杂志标题文字

（1）选择"文本"工具，输入需要的文字。选择"挑选"工具，在属性栏中选择合适的字体并设置文字大小，效果如图 11-9 所示。在"CMYK 调色板"中的"洋红"色块上单击鼠标，填充文字，效果如图 11-10 所示。按 Ctrl+K 组合键，将文字进行拆分，拆分后的文字效果如图 11-11 所示。

图 11-9　　　　　　　　　图 11-10　　　　　　　图 11-11

（2）按 Ctrl+Q 组合键，将文字转换为曲线。选择"形状"工具，用圈选的方法将不需要的节点同时选取，如图 11-12 所示。按 Delete 键，删除节点，效果如图 11-13 所示。选择"挑选"工具，选取文字"娘"，按 Ctrl+Q 组合键，将文字转换为曲线。选择"形状"工具，用相同的方法选取并删除不需要的节点，效果如图 11-14 所示。

| 图 11-12 | 图 11-13 | 图 11-14 |

（3）选择"贝塞尔"工具 ，绘制一个不规则图形，如图 11-15 所示。在"CMYK 调色板"中的"洋红"色块上单击鼠标，填充图形，并去除图形的轮廓线，效果如图 11-16 所示。

（4）选择"基本形状"工具 ，在属性栏中单击"完美图形"按钮 ，在弹出的下拉列表中选择需要的图标，如图 11-17 所示。拖曳鼠标绘制图形，效果如图 11-18 所示。

| 图 11-15 | 图 11-16 | 图 11-17 | 图 11-18 |

（5）在"CMYK 调色板"中的"洋红"色块上单击，填充图形，并去除图形的轮廓线，效果如图 11-19 所示。选择"挑选"工具 ，在数字键盘上按+键，复制一个图形，在属性栏中的"旋转角度" 框中设置数值为 320，按 Enter 键，旋转复制的图形，效果如图 11-20 所示。选择"挑选"工具 ，用圈选的方法选取文字和图形，按 Ctrl+L 组合键，将其结合，效果如图 11-21 所示。

| 图 11-19 | 图 11-20 | 图 11-21 |

（6）按 F12 键，弹出"轮廓笔"对话框。在"颜色"选项中设置轮廓线的颜色为"白"色，其他选项的设置如图 11-22 所示。单击"确定"按钮，效果如图 11-23 所示。

| 图 11-22 | 图 11-23 |

221

（7）选择"文本"工具字，输入需要的文字。选择"挑选"工具，在属性栏中选择合适的字体并设置文字大小，效果如图 11-24 所示。在"CMYK 调色板"中的"洋红"色块上单击，填充文字，效果如图 11-25 所示。

图 11-24　　　　　　　　　　　图 11-25

3. 添加内容文字

（1）选择"文本"工具字，输入需要的文字。选择"挑选"工具，在属性栏中选择合适的字体并设置文字大小，效果如图 11-26 所示。在"CMYK 调色板"中的"白"色块上单击，填充文字。选择"文本"工具字，选取文字"夏季号"，在属性栏中设置文字大小，如图 11-27 所示。

（2）选择"挑选"工具，选取文字"新娘"。在数字键盘上按+键，复制一个文字。按住 Shift 键的同时，调整文字的大小和位置，效果如图 11-28 所示。在属性栏中将"轮廓宽度" 0.2 mm 选项设为 2，效果如图 11-29 所示。

图 11-26　　　　　　图 11-27　　　　　　图 11-28　　　　　　图 11-29

（3）选择"文本"工具字，输入需要的文字。选择"挑选"工具，在属性栏中选择合适的字体并设置文字大小，效果如图 11-30 所示。选择"形状"工具，向右拖曳文字下方的 图标，调整文字的间距，效果如图 11-31 所示。

（4）选择"文本"工具字，输入需要的文字，如图 11-32 所示。选取文字"六"，在属性栏中选择适当的文字大小，在"CMYK 调色板"中的"白"色块上单击鼠标，填充文字，效果如图 11-33 所示。

图 11-30　　　　　　图 11-31　　　　　　图 11-32　　　　　　图 11-33

（5）选择"椭圆形"工具，按住 Ctrl 键的同时，绘制一个圆形，如图 11-34 所示。在"CMYK 调色板"中的"青"色块上单击鼠标，填充图形，在"无填充"按钮上单击鼠标右键，去除图形的轮廓线，效果如图 11-35 所示。选择"排列 > 顺序 > 向后一层"命令，调整图形的前后顺序，效果如图 11-36 所示。

图 11-34　　　　　　　　　　图 11-35　　　　　　　　　　图 11-36

（6）选择"文本"工具 字，输入需要的文字。选择"挑选"工具 ，在属性栏中选择合适的字体和文字大小。选择"形状"工具 ，拖曳文字下方的 图标，调整文字的间距。在"CMYK调色板"中的"洋红"色块上单击鼠标，填充文字，效果如图 11-37 所示。

（7）选择"挑选"工具 ，在数字键盘上按+键，复制一个文字，在"CMYK 调色板"中的"白"色块上单击鼠标，填充文字，效果如图 11-38 所示。

（8）选择"排列 > 顺序 > 向后一层"命令，调整图形的前后顺序。按 F12 键，弹出"轮廓笔"对话框。在"颜色"选项中设置轮廓线的颜色为"白"色，将"宽度"选项设为 2.5，其他选项的设置为默认值，单击"确定"按钮，效果如图 11-39 所示。

图 11-37　　　　　　　　　　图 11-38　　　　　　　　　　图 11-39

（9）选择"交互式阴影"工具 ，在文字上从左至右拖曳光标，为文字添加阴影效果，属性栏中的设置如图 11-40 所示。按 Enter 键，效果如图 11-41 所示。

（10）选择"文本"工具 字，分别输入需要的文字。选择"挑选"工具 ，在属性栏中选择合适的字体并设置文字大小。选取文字"2009"，填充为白色。选择"形状"工具 ，拖曳文字下方的 图标，分别调整文字的间距，效果如图 11-42 所示。

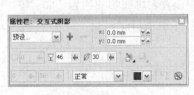

图 11-40　　　　　　　　　　图 11-41　　　　　　　　　　图 11-42

4．打开并编辑素材图片

（1）选择"文件 > 打开"命令，弹出"打开绘图"对话框。选择光盘中的"Ch11 > 素材 > 制作新娘杂志封面 > 02"文件，单击"打开"按钮，将图形和文字粘贴到页面中，并拖曳到适当的位置，效果如图 11-43 所示。

（2）选择"文本"工具 字，输入需要的文字。选择"挑选"工具 ，在属性栏中选择合适的字体并设置文字大小，效果如图 11-44 所示。

（3）选择"文本 > 段落格式化"命令，弹出"段落格式化"面板，选项的设置如图 11-45 所示。按 Enter 键，效果如图 11-46 所示。

图 11-43　　　　　　图 11-44　　　　　　图 11-45　　　　　　图 11-46

（4）选择"文本"工具，输入需要的文字。选择"挑选"工具，在属性栏中选择合适的字体并设置文字大小。选择"形状"工具，向右拖曳文字下方的图标，调整文字的间距，效果如图 11-47 所示。

（5）选择"文本"工具，输入需要的文字。选择"挑选"工具，在属性栏中选择合适的字体并设置文字大小。在"CMYK 调色板"中的"洋红"色块上单击鼠标，填充文字，效果如图 11-48 所示。再次单击文字，使文字处于旋转状态，拖曳右上角的控制手柄，将文字旋转到适当的角度，效果如图 11-49 所示。

图 11-47　　　　　　　　　图 11-48　　　　　　　　　图 11-49

（6）按 F12 键，弹出"轮廓笔"对话框。在"颜色"选项中设置轮廓线的颜色为"白"色，其他选项的设置如图 11-50 所示。单击"确定"按钮，效果如图 11-51 所示。

图 11-50　　　　　　　　　　　图 11-51

（7）用上述所讲的方法制作文字"漫"，效果如图 11-52 所示。选择"文本"工具，输入需要的文字。选择"挑选"工具，在属性栏中选择合适的字体并设置文字大小。选取文字"矛盾"，填充适当的颜色。选择"形状"工具，拖曳文字下方的图标，分别调整文字的间距，效果如图 11-53 所示。

图 11-52　　　　　　　　　　　　　　　图 11-53

（8）选择"文件 > 打开"命令，弹出"打开绘图"对话框。选择光盘中的"Ch11 > 素材 > 制作新娘杂志封面 > 03"文件，单击"打开"按钮，将图形粘贴到页面中，并拖曳到适当的位置，效果如图 11-54 所示。新娘杂志封面制作完成，如图 11-55 所示。

图 11-54　　　　　　　　　　　　　　　图 11-55

11.3　制作美容栏目

11.3.1　案例分析

美容栏目主要是为现在时尚女性设计的专业栏目，栏目的宗旨就是使女性更加美丽健康。美容栏目主要介绍的有护肤、化妆、美发、健康、香水等内容。在栏目的页面设计上要抓住栏目特色，营造出女性追求热爱美的氛围。

在设计制作中，首先用粉色的装饰图形和白色的文字展示栏目标题，给读者轻松明快的感觉。通过一张漂亮女性人物图片突出栏目的时尚感，点明美容的主题。使用不同的颜色和装饰手法，使文本内容详尽而富于变化，使其具有现代感。整个栏目设计条理清晰，主题突出。

本例将使用矩形工具、手绘工具和椭圆形工具绘制标题底图，使用文本工具和形状工具制作栏目标题，使用交互式轮廓图工具制作内容标题，使用插入符号字符命令添加字符图形，使用段落格式化面板调整行距。

11.3.2　案例设计

本案例设计流程如图 11-56 所示。

图 11-56

11.3.3　案例制作

1．制作标题图形并添加文字

（1）按 Ctrl+N 组合键，新建一个页面，在属性栏的"纸张宽度和高度"选项中分别设置宽度为 216 mm，高度为 303 mm，按 Enter 键，页面尺寸显示为设置的大小。

（2）选择"矩形"工具 ，在页面中绘制一个矩形，如图 11-57 所示。选择"渐变填充对话框"工具 ，弹出"渐变填充"对话框。点选"双色"单选框，将"从"选项颜色的 CMYK 值设置为：1、91、28、0，"到"选项颜色的 CMYK 值设置为：3、50、6、0，其他选项的设置如图 11-58 所示。单击"确定"按钮，填充图形，并去除图形的轮廓线，效果如图 11-59 所示。

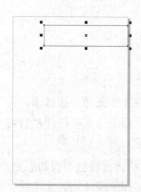

图 11-57

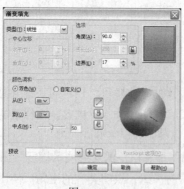

图 11-58

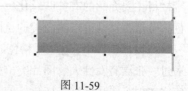

图 11-59

（3）选择"手绘"工具 ，按住 Ctrl 键的同时，绘制一条直线，如图 11-60 所示。在属性栏中将"轮廓宽度" 0.2 mm 选项设为 1，在"轮廓样式选择器" 框中选择需要的轮廓样式，效果如图 11-61 所示。

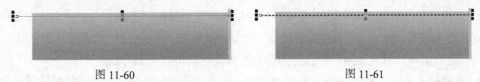

图 11-60   图 11-61

（4）在"CMYK 调色板"中的"白"色块上单击鼠标右键，填充虚线，效果如图 11-62 所示。选择"挑选"工具，选取虚线，在数字键盘上按+键，复制一条虚线。按住 Shift 键的同时，垂直向下拖曳复制的虚线到适当的位置，效果如图 11-63 所示。

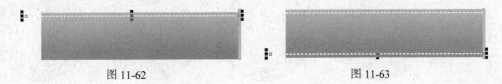

图 11-62   图 11-63

（5）选择"椭圆形"工具，按住 Ctrl 键的同时，绘制一个圆形，效果如图 11-64 所示。选择"渐变填充对话框"工具，弹出"渐变填充"对话框。点选"双色"单选框，将"从"选项颜色的 CMYK 值设置为：0、100、0、0，"到"选项颜色的 CMYK 值设置为：0、0、0、0，其他选项的设置如图 11-65 所示。单击"确定"按钮，填充图形，并去除图形的轮廓线，效果如图 11-66 所示。

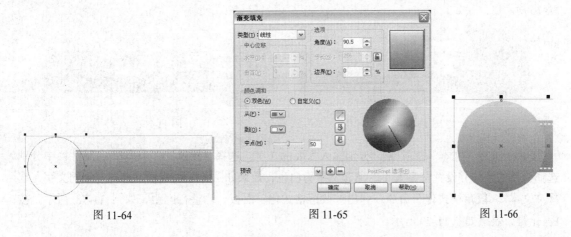

图 11-64   图 11-65   图 11-66

（6）选择"椭圆形"工具，按住 Ctrl 键的同时，绘制一个圆形，如图 11-67 所示。在属性栏中将"轮廓宽度" 0.2 mm 选项设为 1，在"轮廓样式选择器" 框中选择需要的轮廓样式，效果如图 11-68 所示。在"CMYK 调色板"中的"白"色块上单击鼠标右键，填充轮廓线，效果如图 11-69 所示。

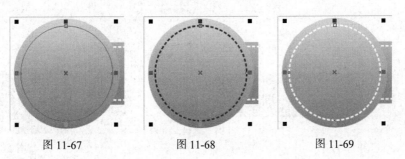

图 11-67   图 11-68   图 11-69

227

（7）选择"基本形状"工具，在属性栏中单击"完美图形"按钮，在弹出的面板中选择需要的图形，如图 11-70 所示。拖曳鼠标绘制图形，效果如图 11-71 所示。设置图形颜色的 CMYK 值为：5、61、6、0，填充图形，并去除图形的轮廓线，效果如图 11-72 所示。

（8）选择"文本"工具，输入需要的文字。选择"挑选"工具，在属性栏中选择合适的字体并设置文字大小，效果如图 11-73 所示。在"CMYK 调色板"中的"白"色块上单击，填充文字，效果如图 11-74 所示。

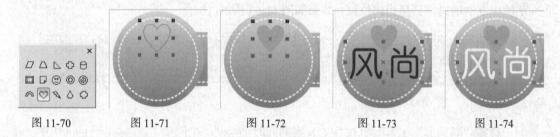

图 11-70 图 11-71 图 11-72 图 11-73 图 11-74

（9）选择"文本"工具，分别输入需要的文字。选择"挑选"工具，在属性栏中分别选择合适的字体并设置文字大小，填充文字为白色，效果如图 11-75 所示。

（10）选择"形状"工具，选取文字"美容栏目"，向右拖曳文字下方的图标，调整文字间距。选取文字"HAIRDRESSING"，向左拖曳文字下方的图标，调整文字的间距，效果如图 11-76 所示。

图 11-75 图 11-76

（11）选择"文本"工具，分别输入需要的文字。选择"挑选"工具，在属性栏中分别选择合适的字体并设置文字大小，填充文字为白色，效果如图 11-77 所示。选取左侧的文字，选择"文本 > 段落格式化"命令，弹出"段落格式化"面板，调整行间距，如图 11-78 所示。按 Enter 键，效果如图 11-79 所示。

图 11-77 图 11-78 图 11-79

の

2．制作装饰图形并添加文字

（1）选择"钢笔"工具，在页面下方绘制路径，如图 11-80 所示。选择"填充"工具，弹出"均匀填充"对话框，设置填充颜色的 CMYK 值为：3、75、4、0，单击"确定"按钮，填充图形，并去除图形的轮廓线，效果如图 11-81 所示。

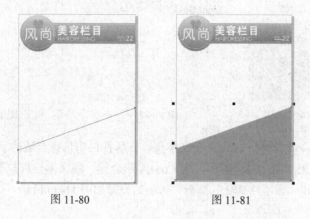

图 11-80　　　　　　　图 11-81

（2）选择"文本"工具，输入需要的文字。选择"挑选"工具，在属性栏中分别选择合适的字体并设置文字大小，填充文字为白色，效果如图 11-82 所示。选择"文本"工具，选取文字"3 分钟"，在属性栏中设置适当的文字大小，并设置文字颜色的 CMYK 值为：0、60、100、0，填充文字，效果如图 11-83 所示。

图 11-82　　　　　　　图 11-83

（3）选择"交互式轮廓图"工具，在属性栏中将"轮廓色"选项颜色的 CMYK 值设为：66、0、6、0，将"填充色"选项颜色的 CMYK 值设置为：68、0、32、0，其他选项的设置如图 11-84 所示，效果如图 11-85 所示。

图 11-84　　　　　　　图 11-85

（4）选择"矩形"工具，在属性栏中将矩形上下左右 4 个角的"边角圆滑度"均设为 20，在页面中绘制一个圆角矩形，如图 11-86 所示。

（5）选择"文本"工具，分别输入需要的文字。选择"挑选"工具，在属性栏中分别选择合适的字体并设置文字大小，适当调整文字间距，效果如图 11-87 所示。分别设置文字填充色的 CMYK 值为：（0、0、0、10），（31、3、7、0），（0、100、0、0），填充文字，效果如图 11-88 所示。

图 11-86

图 11-87

图 11-88

（6）选择"文本"工具 字，拖曳一个文本框，在属性栏中选择合适的字体并设置文字大小，输入需要的文字，效果如图 11-89 所示。按 Ctrl+A 组合键，将文本全部选取。选择"文本 > 段落格式化"命令，弹出"段落格式化"面板，选项的设置如图 11-90 所示。按 Enter 键，效果如图 11-91 所示。

图 11-89

图 11-90

图 11-91

（7）选择"文件 > 导入"命令，弹出"导入"对话框。选择光盘中的"Ch11 > 素材 > 制作美容栏目 > 01"文件，单击"导入"按钮，在页面中单击导入图片，调图片的位置和大小，效果如图 11-92 所示。

（8）选择"文本"工具 字，输入需要的文字。选择"挑选"工具 ，在属性栏中分别选择合适的字体并设置文字大小，效果如图 11-93 所示。在"CMYK 调色板"中的"洋红"色块上单击，填充文字，效果如图 11-94 所示。

图 11-92

图 11-93

图 11-94

（9）选择"文本"工具 **字**，在文字最前方插入光标。选择"文本 > 插入符号字符"命令，弹出"插入字符"面板，选择需要的字符，如图 11-95 所示，单击"插入"按钮，插入字符，调整其大小，效果如图 11-96 所示。

（10）选择"文本"工具 **字**，输入需要的文字。选择"挑选"工具 **⬚**，在属性栏中分别选择合适的字体并设置文字大小，适当调整文字间距，效果如图 11-97 所示。用相同的方法添加其他文字，效果如图 11-98 所示。

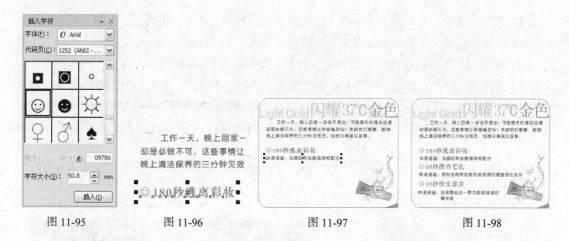

| 图 11-95 | 图 11-96 | 图 11-97 | 图 11-98 |

3. 导入图片编辑文字

（1）选择"文件 > 导入"命令，弹出"导入"对话框。选择光盘中的"Ch11 > 素材 > 制作美容栏目 > 02"文件，单击"导入"按钮，在页面中单击导入图片，调整图片的大小和位置，效果如图 11-99 所示。

（2）选择"文本"工具 **字**，输入需要的文字。选择"挑选"工具 **⬚**，在属性栏中分别选择合适的字体并设置文字大小，填充文字为白色，效果如图 11-100 所示。选择"形状"工具 **⬚**，向右拖曳文字下方的 **⬚** 图标，调整文字间距。

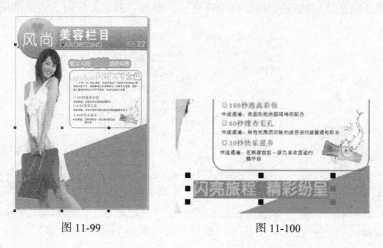

| 图 11-99 | 图 11-100 |

（3）选择"交互式轮廓图"工具 **⬚**，在文字上拖曳光标，为文字添加轮廓化的效果。在属性栏中将"轮廓色"选项颜色设为白色，将"填充色"选项颜色的 CMYK 值设置为：1、51、95、0，其他选项的设置如图 11-101 所示。按 Enter 键，文字效果如图 11-102 所示。

图 11-101

图 11-102

（4）选择"文本"工具，分别输入需要的文字。选择"挑选"工具，在属性栏中分别选择合适的字体并设置文字大小，填充文字为白色。选择文字"Fashion Cloth"，选择"形状"工具，向右拖曳文字下方的图标，调整文字间距，效果如图 11-103 所示。

（5）选择"手绘"工具，按住 Ctrl 键的同时，绘制一条直线，效果如图 11-104 所示。在属性栏中将"轮廓宽度"选项设为 0.75，在"轮廓样式选择器"框中选择需要的轮廓样式。在"CMYK 调色板"中的"白"色块上单击鼠标右键，填充虚线颜色，效果如图 11-105 所示。

图 11-103

图 11-104

图 11-105

（6）选择"文本"工具，分别输入需要的文字。选择"挑选"工具，在属性栏中分别选择合适的字体并设置文字大小，分别填充文字为白色、橙色，效果如图 11-106 所示。

（7）选择"挑选"工具，选择文字"时尚女装"。按 F12 键，弹出"轮廓笔"对话框，将轮廓颜色设为白色，其他选项的设置如图 11-107 所示。单击"确定"按钮，效果如图 11-108 所示。

图 11-106

图 11-107

图 11-108

（8）选择"文本"工具，拖曳一个文本框，在属性栏中选择合适的字体并设置文字大小，输入需要的白色文字，如图 11-109 所示。选择"挑选"工具，在"段落格式化"面板中进行设置，如图 11-110 所示。按 Enter 键，效果如图 11-111 所示。美容栏目制作完成，如图 11-112 所示。

图 11-109

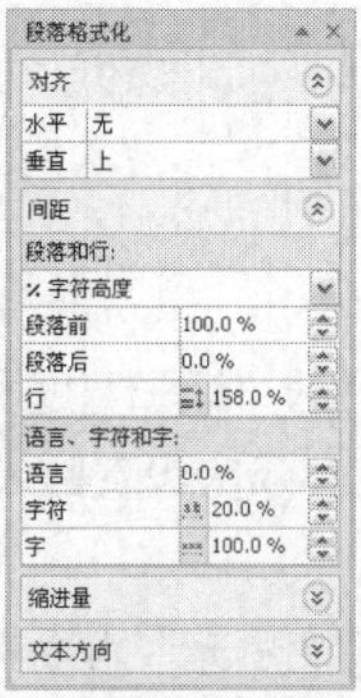

图 11-110

图 11-111

图 11-112

11.4 制作服饰栏目

11.4.1 案例分析

服饰栏目是为现代都市的时尚男女专门设计的服装饰品穿着和搭配指南。服饰栏目的内容包括明星时尚、流行装扮、街头潮流和打折信息等内容。在栏目的页面设计上要抓住栏目特色，营造出服饰穿着的时尚和文化氛围。

在设计制作中，使用与美容栏目样式相同的标题，使杂志栏目的整体设计具有连贯性，通过颜色的改变来区分前面的栏目，突出现有栏目的主题。通过穿着靓丽服饰的女孩图片，表现出栏目的青春时尚。通过活泼的信息板设计，显示出打折信息等内容，吸引读者阅读。通过图形、人物和文字巧妙地将版面分割成不同的区域，达到活而不散的效果，整体感强。

本例将使用贝塞尔工具、转换为位图命令和高斯模糊命令制作背景曲线，使用手绘工具绘制直线，使用直线命令、矩形工具和交互式阴影工具制作手提袋，使用橡皮擦工具擦除页面边缘不需要的人物图像，使用文本工具输入内容文字。

11.4.2 案例设计

本案例设计流程如图 11-113 所示。

制作标题效果

制作背景效果　绘制装饰图形　添加文字　　最终效果

图 11-113

233

11.4.3　案例制作

1．制作栏目背景

（1）按 Ctrl+N 组合键，新建一个页面，在属性栏的"纸张宽度和高度"选项中分别设置宽度为 216 mm，高度为 303 mm，按 Enter 键，页面尺寸显示为设置的大小。双击"矩形"工具，绘制一个与页面大小相等的矩形，如图 11-114 所示。

（2）选择"渐变填充对话框"工具，弹出"渐变填充"对话框。点选"双色"单选框，将"从"选项颜色的 CMYK 值设置为：29、99、3、0，"到"选项颜色的 CMYK 值设置为：0、0、0、0，其他选项的设置如图 11-115 所示。单击"确定"按钮，填充图形，并去除图形的轮廓线，效果如图 11-116 所示。

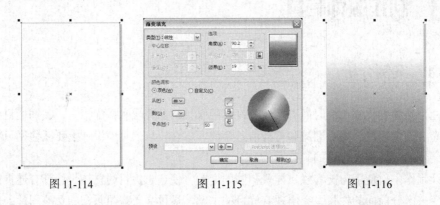

图 11-114　　　　　　　　图 11-115　　　　　　　　图 11-116

（3）选择"贝塞尔"工具，在页面中拖曳鼠标绘制曲线，如图 11-117 所示。在"CMYK 调色板"中的"白"色块上单击鼠标，填充图形，并去除图形的轮廓线，效果如图 11-118 所示。

图 11-117　　　　　　　　　　图 11-118

（4）选择"位图 > 转换为位图"命令，弹出"转换为位图"对话框，如图 11-119 所示。单击"确定"按钮，将图形转换为位图，效果如图 11-120 所示。

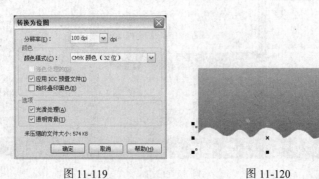

图 11-119　　　　　　　　　　图 11-120

（5）选择"位图 > 模糊 > 高斯式模糊"命令，弹出"高斯式模糊"对话框，在对话框中进行设置，如图 11-121 所示。单击"确定"按钮，效果如图 11-122 所示。

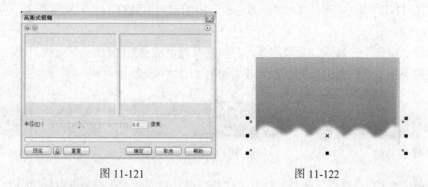

图 11-121　　　　　　　　　　　　图 11-122

（6）选择"效果 > 图框精确剪裁 > 放置在容器中"命令，鼠标的光标变为黑色箭头形状，在渐变矩形上单击，如图 11-123 所示。将模糊图形置入到背景矩形中，效果如图 11-124 所示。

（7）选择"效果 > 图框精确剪裁 > 编辑内容"命令，选择"挑选"工具 ，选取图形，将图形向下拖曳到适当的位置，如图 11-125 所示。选择"效果 > 图框精确剪裁 > 结束编辑"命令，效果如图 11-126 所示。

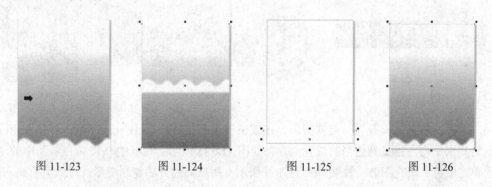

图 11-123　　　　　图 11-124　　　　　图 11-125　　　　　图 11-126

2. 制作标题图形并添加文字

（1）选择"矩形"工具 ，在页面中绘制一个矩形，如图 11-127 所示。选择"渐变填充对话框"工具 ，弹出"渐变填充"对话框。点选"双色"单选框，将"从"选项颜色的 CMYK 值设置为：34、90、0、0，"到"选项颜色的 CMYK 值设置为：16、35、2、0，其他选项的设置如图 11-128 所示。单击"确定"按钮，填充图形，并去除图形的轮廓线，效果如图 11-129 所示。

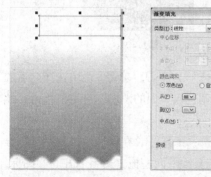

图 11-127　　　　　　　　图 11-128　　　　　　　　图 11-129

（2）选择"手绘"工具 ，按住 Ctrl 键的同时，绘制一条直线，如图 11-130 所示。在属性栏中将"轮廓宽度" 选项设为 1，在"轮廓样式选择器" 框中选择需要的轮廓样式，效果如图 11-131 所示。在"CMYK 调色板"中的"白"色块上单击鼠标右键，填充虚线的轮廓色。

（3）选择"挑选"工具 ，选取虚线，在数字键盘上按+键，复制一条虚线。按住 Shift 键的同时，垂直向下拖曳虚线到适当的位置，效果如图 11-132 所示。

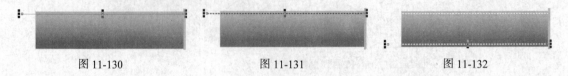

| 图 11-130 | 图 11-131 | 图 11-132 |

（4）选择"文件 > 打开"命令，弹出"打开绘图"对话框。选择光盘中的"Ch11 > 素材 > 制作服饰栏目 > 01"文件，单击"打开"按钮，将图形粘贴到页面中，并拖曳到适当的位置，效果如图 11-133 所示。

（5）选择"矩形"工具 ，绘制一个矩形，如图 11-134 所示。在"CMYK 调色板"中的"青"色块上单击，填充图形，并去除图形的轮廓线，效果如图 11-135 所示。

| 图 11-133 | 图 11-134 | 图 11-135 |

（6）选择"挑选"工具 ，选取图形，在数字键盘上按+键，复制一个图形。按住 Shift 键的同时，将其水平向左拖曳到适当的位置，效果如图 11-136 所示。在"CMYK 调色板"中的"黄"色块上单击鼠标，填充图形，效果如图 11-137 所示。用相同的方法复制图形，并分别填充不同的颜色，效果如图 11-138 所示。

| 图 11-136 | 图 11-137 | 图 11-138 |

（7）选择"文本"工具 ，输入需要的文字。选择"挑选"工具 ，在属性栏中选择合适的字体并设置文字大小，效果如图 11-139 所示。在"CMYK 调色板"中的"白"色块上单击，填充文字，效果如图 11-140 所示。

（8）选择"文本"工具 ，输入需要的文字。选择"挑选"工具 ，在属性栏中分别选择合适的字体并设置文字大小，填充文字为白色。选择"形状"工具 ，向左拖曳文字下方的 图标，调整文字间距，效果如图 11-141 所示。

图 11-139　　　　　　　　　图 11-140　　　　　　　　　图 11-141

（9）选择"文本"工具，分别输入需要的文字。选择"挑选"工具，在属性栏中分别选择合适的字体并设置文字大小，填充文字为白色，效果如图 11-142 所示。选择"形状"工具，选取左侧的文字，适当调整文字的间距和行距，效果如图 11-143 所示。

图 11-142　　　　　　　　　图 11-143

3．制作手提袋图形

（1）选择"手绘"工具，分别绘制两条直线，如图 11-144 所示。选择"挑选"工具，分别选取两条直线，在属性栏中将"轮廓宽度" ⬜0.2 mm ⬜ 选项设为 2，效果如图 11-145 所示。

（2）选择"矩形"工具，在页面中绘制一个矩形。在"CMYK 调色板"中的"紫"色块上单击，填充图形，并去除图形的轮廓线，效果如图 11-146 所示。

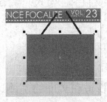

图 11-144　　　　　　　　　图 11-145　　　　　　　　　图 11-146

（3）选择"交互式阴影"工具，在图形上从上至下拖曳光标，为图形添加阴影效果。在属性栏中进行设置，如图 11-147 所示。按 Enter 键，效果如图 11-148 所示。选择"挑选"工具，选取图形，再次单击图形，使其处于旋转状态，拖曳右上角的控制手柄，将图形旋转到需要的角度，效果如图 11-149 所示。

（4）选择"椭圆形"工具，按住 Ctrl 键的同时，分别绘制两个圆形。选择"挑选"工具，分别选取图形，在"CMYK 调色板"中的"白"色块上单击，填充图形，并去除图形的轮廓线，效果如图 11-150 所示。

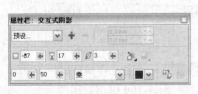

图 11-147　　　　　　图 11-148　　　　　　图 11-149　　　　　　图 11-150

（5）选择"文本"工具，分别输入需要的文字。选择"挑选"工具，在属性栏中分别选择合适的字体并设置文字大小。选择"形状"工具，拖曳文字下方的⊪图标，调整文字间距。为文字填充不同的颜色，效果如图 11-151 所示。选择"挑选"工具，用上述所讲的方法，将文字旋转适当的角度，效果如图 11-152 所示。

（6）选择"挑选"工具，按住 Shift 键，同时选取直线、矩形和文字，按 Ctrl+G 组合键，将其群组。选择"排列 > 顺序 > 置于此对象后"命令，鼠标的光标变为黑色箭头形状，在矩形上单击，如图 11-153 所示。调整图形顺序，效果如图 11-154 所示。用相同的方法再制作一个图形，并添加需要的文字，效果如图 11-155 所示。

图 11-151

图 11-152

图 11-153

图 11-154

图 11-155

4. 导入图片并制作透明图形

（1）选择"文件 > 打开"命令，弹出"打开绘图"对话框。选择光盘中的"Ch11 > 素材 > 制作服饰栏目 > 02"文件，单击"打开"按钮，将图形粘贴到页面中，并拖曳到适当的位置，效果如图 11-156 所示。

（2）选择"文件 > 导入"命令，弹出"导入"对话框。选择光盘中的"Ch11 > 素材 > 制作服饰栏目 > 03"文件，单击"导入"按钮，在页面中单击导入图片，并调整其大小和位置，效果如图 11-157 所示。

（3）选择"橡皮擦"工具，在属性栏中将"橡皮擦厚度" 1.0 mm 选项设为 20，将橡皮擦形状设为"方形"。在页面的左侧边缘上方单击鼠标确定起点，在页面下方单击鼠标，如图 11-158 所示。擦除部分图形，效果如图 11-159 所示。

图 11-156

图 11-157

图 11-158

图 11-159

5. 添加文字

（1）选择"文本"工具，分别输入需要的文字。选择"挑选"工具，在属性栏中分别选择合适的字体并设置文字大小，分别填充文字为洋红色和白色，如图 11-160 所示。选择文字"时尚女装"。按 F12 键，弹出"轮廓笔"对话框。将轮廓颜色设为白色，"轮廓宽度" 0.2 mm 选项设为 1.5，其他选项的设置为默认值，单击"确定"按钮，效果如图 11-161 所示。

图 11-160   图 11-161

（2）选择"挑选"工具 ，选择"手绘"工具 ，按住 Ctrl 键的同时，绘制一条直线，如图 11-162 所示。在"CMYK 调色板"中的"白"色块上单击鼠标右键，填充虚线。

（3）在属性栏中将"轮廓宽度" 选项设为1，在"轮廓样式选择器" 框中选择需要的轮廓样式，在"终止箭头选择器" 框中选择需要的箭头样式，如图 11-163 所示。效果如图 11-164 所示。

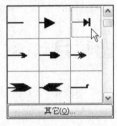

图 11-162   图 11-163   图 11-164

（4）选择"文本"工具 ，拖曳出一个文本框，在属性栏中选择合适的字体并设置文字大小，在文本框内输入需要的文本，填充文字为白色，如图 11-165 所示。选择"文本 > 段落格式化"命令，弹出"段落格式化"面板，选项的设置如图 11-166 所示。按 Enter 键，效果如图 11-167 所示。服饰栏目制作完成，如图 11-168 所示。

图 11-165   图 11-166   图 11-167   图 11-168

课堂练习1——制作美食栏目

【练习知识要点】使用刻刀工具剪切图形；使用图框精确剪裁命令将图形置入到矩形中；使用"贝塞尔"工具绘制曲线；使用交互式轮廓图工具为文字添加轮廓；使用星形工具绘制星形；使用文本工具输入段落文字；使用段落格式化面板调整段落行距。美食栏目效果如图 11-169 所示。

【效果所在位置】光盘/Ch11/效果/制作美食栏目.cdr。

图 11-169

课堂练习 2——制作旅游栏目

【练习知识要点】使用矩形工具和"贝塞尔"工具绘制图形；使用交互式阴影工具为图形添加阴影效果；使用"贝塞尔"工具绘制不规则图形；使用矩形工具绘制色块图形；使用文本工具输入文字；使用渐变填充工具为文字填充渐变色；使用图框精确剪裁命令将图形置入到矩形中。旅游栏目效果如图 11-170 所示。

【效果所在位置】光盘/Ch11/效果/制作旅游栏目.cdr。

图 11-170

课后习题——制作科技栏目

【习题知识要点】使用矩形工具绘制背景图形；使用形状工具调整图形节点；使用"贝塞尔"工具和轮廓笔工具制作线条；使用交互式阴影工具为图形和文字添加阴影效果；使用椭圆形工具和后剪前命令制作圆环图形；使用椭圆形工具和交互式透明工具制作透明圆形；使用文本工具输入文字。科技栏目效果如图 11-171 所示。

【效果所在位置】光盘/Ch11/效果/制作科技栏目.cdr。

图 11-171

第12章

海报设计

海报是广告艺术中的一种大众化载体，又名"招贴"或"宣传画"。由于海报具有尺寸大、远视性强、艺术性高的特点，因此，在宣传媒介中占有重要的位置。本章以各种不同主题的海报为例，讲解海报的设计方法和制作技巧。

课堂学习目标

- 了解海报的概念和功能
- 了解海报的种类和特点
- 掌握海报的设计思路和过程
- 掌握海报的制作方法和技巧

12.1 海报设计概述

海报分布在各街道、影剧院、展览会、商业闹区、车站、码头、公园等公共场所，用来完成一定的宣传任务。文化类的海报招贴更加接近于纯粹的艺术表现，是最能张扬个性的一种设计艺术形式，可以在其中注入一个民族的精神，一个国家的精神，一个企业的精神，或是一个设计师的精神。商业类的海报招贴具有一定的商业意义，其艺术性服务于商业目的，并为商业目的而努力。

12.1.1 海报的种类

海报按其应用不同大致可以分为商业海报、文化海报、电影海报和公益海报等，如图 12-1 所示。

商业海报　　　　　　　文化海报　　　　　　　电影海报　　　　　　　公益海报

图 12-1

12.1.2 海报的特点

尺寸大：海报张贴于公共场所，会受到周围环境和各种因素的干扰，所以必须以大画面及突出的形象和色彩展现在人们面前。其画面尺寸有全开、对开、长三开及特大画面（八张全开）等。

远视强：为了给来去匆忙的人们留下视觉印象，除了尺寸大之外，海报设计还要充分体现定位设计的原理。海报应以突出的商标、标志、标题、图形，或对比强烈的色彩，或大面积的空白，或简练的视觉流程成为视觉焦点。

艺术性高：商业海报的表现形式以具体艺术表现力的摄影、造型写实的绘画或漫画形式表现为主，给消费者留下真实感人的画面和富有幽默情趣的感受；而非商业海报内容广泛、形式多样，艺术表现力丰富。特别是文化艺术类的海报，根据广告主题可以充分发挥想象力，尽情施展艺术才华。

12.2　制作健身海报

12.2.1　案例分析

　　本例是为健身俱乐部制作的宣传海报。俱乐部主要针对的客户是想要健身塑形，使自己变得更加健康美丽的女性。要求能将现代文化与健身养生观念融入到海报设计中，突出时尚休闲的文化理念。

　　在设计制作中，首先通过背景的窗户和树影图片让受众了解俱乐部静谧的健身环境。通过一张正在健身的女性人物图片展示健身主题，给人以健康时尚之感。使用描边文字和装饰星形表现出俱乐部的名称。通过花卉图片和健身人物图片的结合，再用装饰花纹和底图展示俱乐部积极向上、蓬勃发展之式，表达出俱乐部带给您健康美好人生的经营理念。

　　本例将使用矩形工具、导入命令和图框精确剪裁命令制作背景图片，使用椭圆形工具、交互式调和命令制作背景装饰图，使用导入命令和交互式透明工具添加花纹，使用星形工具绘制装饰星形，使用转换为位图命令和高斯式模糊命令制作文字的模糊底图。

12.2.2　案例设计

　　本案例设计流程如图 12-2 所示。

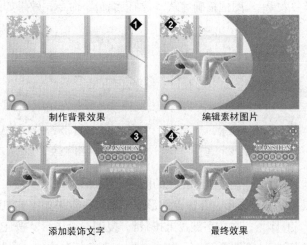

图 12-2

12.2.3　案例制作

1．制作海报背景

　　（1）按 Ctrl+N 组合键，新建一个页面，在属性栏的"纸张宽度和高度"选项中分别设置宽度为 320 mm，高度为 210 mm，按 Enter 键，页面尺寸显示为设置的大小。

　　（2）双击"矩形"工具，绘制一个与页面大小相等的矩形，效果如图 12-3 所示。在"CMYK调色板"中的"粉"色块上单击鼠标，填充图形，并去除图形的轮廓线，效果如图 12-4 所示。

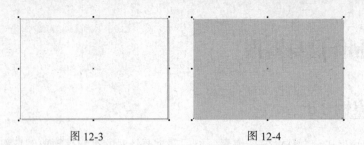

图 12-3   图 12-4

（3）选择"文件 > 导入"命令，弹出"导入"对话框。选择光盘中的"Ch12 > 素材 > 制作健身海报 > 01"文件，单击"导入"按钮，在页面中单击导入图片，效果如图 12-5 所示。

（4）选择"效果 > 图框精确剪裁 > 放置在容器中"命令，鼠标的光标变为黑色箭头形状，在背景矩形上单击，如图 12-6 所示。将图片置入到背景矩形中，效果如图 12-7 所示。

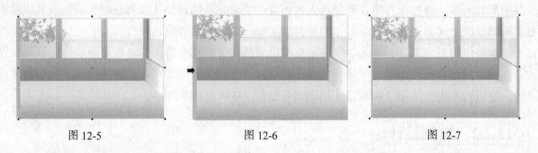

图 12-5   图 12-6   图 12-7

（5）选择"效果 > 图框精确剪裁 > 编辑内容"命令，将图形拖曳到适当的位置，贴齐页边，如图 12-8 所示。选择"效果 > 图框精确剪裁 > 结束编辑"命令，效果如图 12-9 所示。

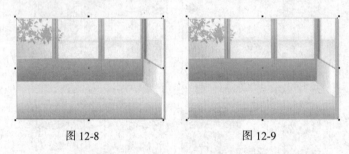

图 12-8   图 12-9

（6）选择"椭圆形"工具○，按住 Ctrl 键的同时，绘制一个圆形。在"CMYK 调色板"中的"洋红"色块上单击鼠标，填充图形，并去除图形的轮廓线，效果如图 12-10 所示。

（7）选择"挑选"工具，在数字键盘上按+键，复制一个图形。按住 Shift 键的同时，向内拖曳图形右上方的控制手柄，将图形缩小。在"CMYK 调色板"中的"白"色块上单击鼠标，填充图形，效果如图 12-11 所示。

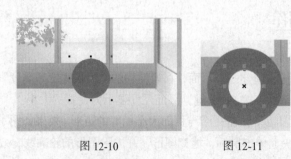

图 12-10   图 12-11

（8）选择"交互式调和"工具 ，将光标从白色图形上拖曳到洋红色图形上，在属性栏中进行设置，如图 12-12 所示。按 Enter 键，效果如图 12-13 所示。选择"挑选"工具 ，在数字键盘上按+键，复制一个图形，将复制出的图形移动到适当的位置，并调整其大小，效果如图 12-14 所示。

图 12-12　　　　　　　　　　图 12-13　　　　　图 12-14

（9）选择"挑选"工具 ，按住 Shift 键的同时，将两个调和图形同时选取，按 Ctrl+G 组合键，将其群组。选择"效果 > 图框精确剪裁 > 放置在容器中"命令，鼠标的光标变为黑色箭头形状，在背景矩形上单击，如图 12-15 所示。将图形置入到矩形背景中，效果如图 12-16 所示。

（10）选择"效果 > 图框精确剪裁 > 编辑内容"命令，将图形拖曳到适当的位置。选择"效果 > 图框精确剪裁 > 结束编辑"命令，效果如图 12-17 所示。

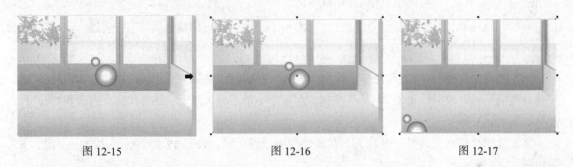

图 12-15　　　　　　　　　　图 12-16　　　　　　　　　　图 12-17

2．制作装饰图形并导入图片

（1）选择"贝塞尔"工具 ，绘制一个不规则图形，如图 12-18 所示。设置图形填充颜色的 CMYK 值为：0、95、0、0，填充图形，并去除图形的轮廓线，效果如图 12-19 所示。

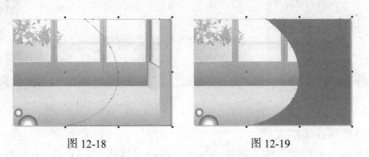

图 12-18　　　　　　　　　　图 12-19

（2）选择"文件 > 导入"命令，弹出"导入"对话框。选择光盘中的"Ch12 > 素材 > 制作健身海报 > 02"文件，单击"导入"按钮，在页面中单击导入图片，并将其拖曳到适当的位置，效果如图 12-20 所示。

（3）选择"交互式阴影"工具 ，在人物图片上从下至上拖曳光标，为图形添加阴影效果。在属性栏中进行设置，如图 12-21 所示。按 Enter 键，效果如图 12-22 所示。

图 12-20

图 12-21

图 12-22

（4）选择"椭圆形"工具◯，按住 Ctrl 键的同时，绘制一个椭圆形，在"CMYK 调色板"中的"30%黑"色块上单击鼠标，填充图形，并去除图形的轮廓线，效果如图 12-23 所示。选择"排列 > 顺序 > 向后一层"命令，将图形置后，效果如图 12-24 所示。

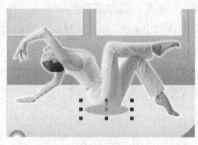
图 12-23

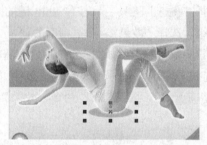
图 12-24

（5）选择"文件 > 导入"命令，弹出"导入"对话框。选择光盘中的"Ch12 > 素材 > 制作健身海报 > 03"文件，单击"导入"按钮，在页面中单击导入图形，并将其拖曳到适当的位置，效果如图 12-25 所示。

（6）选择"交互式透明"工具🖳，在属性栏中进行设置，如图 12-26 所示。按 Enter 键，效果如图 12-27 所示。

图 12-25

图 12-26

图 12-27

3. 制作装饰星形并添加文字

（1）选择"文本"工具🅰，输入需要的文字。选择"挑选"工具🖈，在属性栏中选择合适的字体并设置文字大小。选择"形状"工具，适当调整文字间距。按 Ctrl+Q 组合键，将文字转换为图形，效果如图 12-28 所示。

（2）在"CMYK 调色板"中的"洋红"色块上单击鼠标，填充文字。按 F12 键，弹出"轮廓笔"对话框，将轮廓颜色设为白色，其他选项的设置如图 12-29 所示。单击"确定"按钮，效果如图 12-30 所示。

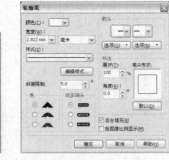

图 12-28   图 12-29   图 12-30

（3）选择"星形"工具 ，在属性栏中进行设置，如图 12-31 所示。拖曳鼠标绘制星形，效果如图 12-32 所示。

图 12-31   图 12-32

（4）选择"挑选"工具 ，在"CMYK 调色板"中的"白"色块上单击鼠标，填充图形，并去除图形的轮廓线，效果如图 12-33 所示。用相同的方法绘制多个白色星形，效果如图 12-34 所示。

图 12-33   图 12-34

（5）选择"文件 > 打开"命令，弹出"打开绘图"对话框。选择光盘中的"Ch12 > 素材 > 制作健身海报 > 04"文件，单击"打开"按钮，将图形粘贴到页面中，并拖曳到适当的位置，效果如图 12-35 所示。

（6）选择"文本"工具 ，输入需要的文字。选择"挑选"工具 ，在属性栏中选择合适的字体并设置文字大小。填充文字为白色。选择"形状"工具 ，适当调整文字间距，效果如图 12-36 所示。

图 12-35   图 12-36

4．制作模糊图形并导入图片

（1）选择"矩形"工具 ，绘制一个矩形，填充图形为白色，并去除图形的轮廓线，效果如图 12-37 所示。选择"位图 > 转换为位图"命令，弹出"转换为位图"对话框，选项的设置如图 12-38 所示。单击"确定"按钮，效果如图 12-39 所示。

图 12-37　　　　　　　　　图 12-38　　　　　　　　　图 12-39

（2）选择"位图 > 模糊 > 高斯式模糊"命令，弹出"高斯式模糊"对话框，选项的设置如图 12-40 所示。单击"确定"按钮，效果如图 12-41 所示。

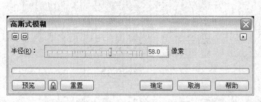

图 12-40　　　　　　　　　　　　图 12-41

（3）选择"文本"工具 字，输入需要的文字。选择"挑选"工具 ，在属性栏中选择合适的字体并设置文字大小，如图 12-42 所示。

（4）选择"挑选"工具 ，填充文字为白色。选择"文本 > 段落格式化"命令，弹出"段落格式化"面板，选项的设置如图 12-43 所示。按 Enter 键，效果如图 12-44 所示。

图 12-42　　　　　　　　　图 12-43　　　　　　　　　图 12-44

（5）选择"文件 > 打开"命令，弹出"打开绘图"对话框。选择光盘中的"Ch12 > 素材 > 制作健身海报 > 05"文件，单击"打开"按钮，将图形粘贴到页面中，并拖曳到适当的位置，效果如图 12-45 所示。

（6）选择"文本"工具 字，输入需要的文字。选择"挑选"工具 ，在属性栏中选择合适的字体并设置文字大小。选择"形状"工具 ，适当调整文字间距，效果如图 12-46 所示。健身海报制作完成，如图 12-47 所示。

图 12-45

图 12-46

图 12-47

12.3 制作音乐会海报

12.3.1 案例分析

　　本例是为即将在体育馆演出的流行音乐会设计海报。音乐会邀请了众多的明星参与，主题是点燃激情，放飞梦想。在海报的设计上要表现出号召力和音乐感染力，要调动形象、色彩、构图和形式感等元素营造出强烈的视觉效果，使主题更加突出明确。

　　在设计制作中，首先设计出黄色的背景和白色的放射状图形，烘托出热烈的气氛，好像礼花在燃放。接着通过一个大的彩色渐变圆环和多个粉色圆环图形表现出生活的丰富多彩。通过多个透视的星形和装饰花纹，表现出音乐会上群星闪耀。陶醉在音乐中的青年图片，更是展示出了海报的音乐主题。通过灵活的设计和编排在海报下方给出了音乐会的相关信息。整个海报设计年轻时尚、绚丽多彩，充分体现了点燃激情，放飞梦想的主题。

　　本例将使用矩形工具和添加透镜命令制作图形变形，使用复制命令和交互式透明工具制作背景的扩散效果，使用文本工具、形状工具和交互式轮廓图工具制作宣传文字。

12.3.2 案例设计

　　本案例设计流程如图 12-48 所示。

制作背景效果

绘制装饰图形

添加并编辑文字

最终效果

图 12-48

12.3.3　案例制作

1．制作海报背景

（1）按 Ctrl+N 组合键，新建一个页面，在属性栏的"纸张宽度和高度"选项中分别设置宽度为 216 mm，高度为 303 mm，按 Enter 键，页面尺寸显示为设置的大小。双击"矩形"工具⬜，绘制一个与页面大小相等的矩形，如图 12-49 所示。

（2）设置图形填充颜色的 CMYK 值为：1、16、96、0，填充图形，并去除图形的轮廓线，效果如图 12-50 所示。

（3）选择"矩形"工具⬜，在页面中绘制一个矩形，如图 12-51 所示。选择"效果 > 添加透镜"命令，调整图形最上方的两个节点，将其透视变形，如图 12-52 所示。

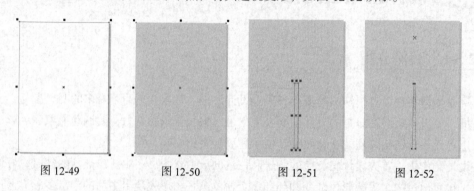

图 12-49　　　　　图 12-50　　　　　图 12-51　　　　　图 12-52

（4）选择"挑选"工具🔺，在"CMYK 调色板"中的"白"色块上单击鼠标，填充图形，并去除图形的轮廓线，效果如图 12-53 所示。

（5）选择"挑选"工具🔺，再次单击图形，使其处于旋转状态，在数字键盘上按+键，复制一个图形。将旋转中心拖曳到适当的位置，拖曳右下角的控制手柄，将图形旋转到需要的角度，如图 12-54 所示。按住 Ctrl 键的同时，再连续点按 D 键，再制出多个图形，效果如图 12-55 所示。用圈选的方法将图形全部选取，按 Ctrl+L 组合键，将其结合，调整其大小并拖曳到适当的位置，效果如图 12-56 所示。

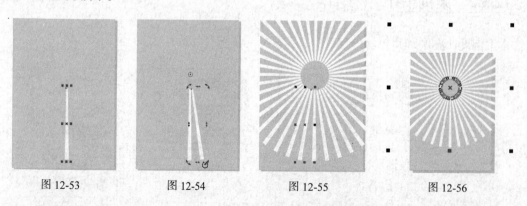

图 12-53　　　　　图 12-54　　　　　图 12-55　　　　　图 12-56

（6）选择"交互式透明"工具🖘，鼠标的光标变为↘图标，在图形上由中心向右拖曳光标，为图形添加透明效果。在属性栏中进行设置，如图 12-57 所示。按 Enter 键，透明效果如图 12-58 所示。

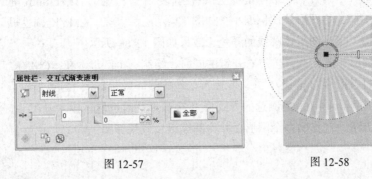

图 12-57   图 12-58

（7）选择"挑选"工具 ，选择"效果 > 图框精确剪裁 > 放置在容器中"命令，鼠标光标变为黑色箭头形状，在黄色矩形上单击，如图 12-59 所示。将透明图形置入到矩形中，效果如图 12-60 所示。

（8）选择"效果 > 图框精确剪裁 > 编辑内容"命令，选择"挑选"工具 ，选取图形，将图形向上拖曳到适当的位置，如图 12-61 所示。选择"效果 > 图框精确剪裁 > 结束编辑"命令，效果如图 12-62 所示。

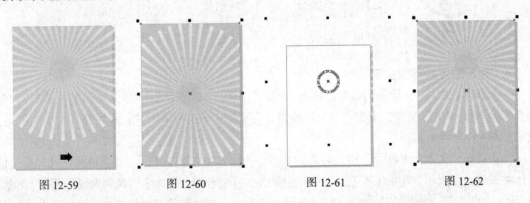

图 12-59   图 12-60   图 12-61   图 12-62

2．制作圆圈图形

（1）选择"椭圆形"工具 ，按住 Ctrl 键的同时，绘制一个圆形，如图 12-63 所示。在属性栏中将"轮廓宽度" 选项设为 3，在"CMYK 调色板"中的"洋红"色块上单击鼠标右键，填充图形的轮廓线，效果如图 12-64 所示。

（2）选择"交互式阴影"工具 ，在图形上从上至下拖曳光标，为图形添加阴影效果。属性栏中的设置如图 12-65 所示，按 Enter 键，效果如图 12-66 所示。

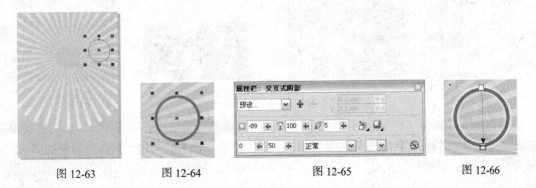

图 12-63   图 12-64   图 12-65   图 12-66

（3）选择"挑选"工具，在数字键盘上按+键，复制一个图形。按住 Shift 键的同时，拖曳图形右上角的控制手柄，将图形等比例缩小，如图 12-67 所示。在"CMYK 调色板"中的"红"色块上单击鼠标右键，填充图形轮廓线的颜色，效果如图 12-68 所示。

（4）选择"椭圆形"工具，按住 Ctrl 键的同时，绘制一个圆形。在"CMYK 调色板"中的"洋红"色块上单击鼠标，填充图形，并去除图形的轮廓线，效果如图 12-69 所示。

（5）选择"挑选"工具，用圈选的方式将 3 个图形同时选取，按 Ctrl+G 组合键，将其编组。用上述所讲的方法，制作出多个图形，并将其编组，效果如图 12-70 所示。

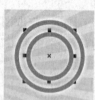

图 12-67　　　　图 12-68　　　　图 12-69　　　　　图 12-70

3．导入图片并制作文字

（1）选择"文件 > 导入"命令，弹出"导入"对话框。选择光盘中的"Ch12 > 素材 > 制作音乐会海报 > 01"文件，单击"导入"按钮，在页面中单击导入图片，并调整其大小和位置，效果如图 12-71 所示。

（2）选择"文本"工具，输入需要的文字。选择"挑选"工具，在属性栏中选择合适的字体并设置文字大小，效果如图 12-72 所示。按 Ctrl+Q 组合键，将文字转换为曲线。选择"形状"工具，选取不需要的节点，如图 12-73 所示。按 Delete 键，删除选取的节点，并在"CMYK 调色板"中的"白"色块上单击鼠标，填充文字，效果如图 12-74 所示。

图 12-71　　　　　图 12-72　　　　　图 12-73　　　　图 12-74

（3）选择"挑选"工具，按 F12 键，弹出"轮廓笔"对话框。在"颜色"选项中设置轮廓线的颜色为"洋红"，其他选项的设置如图 12-75 所示。单击"确定"按钮，效果如图 12-76 所示。

图 12-75　　　　　　　　　　　　　图 12-76

（4）选择"交互式轮廓图"工具，在属性栏中进行设置，如图 12-77 所示。按 Enter 键，效果如图 12-78 所示。

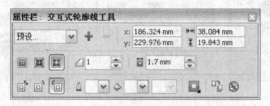

图 12-77　　　　　　　　　　　　　图 12-78

（5）选择"星形"工具，在属性栏中进行设置，如图 12-79 所示。拖曳鼠标绘制图形。在"CMYK 调色板"中的"洋红"色块上单击鼠标，填充图形，并去除图形的轮廓线，效果如图 12-80 所示。

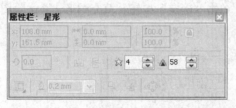

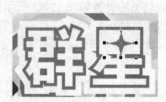

图 12-79　　　　　　　　　　　　　图 12-80

（6）选择"挑选"工具，按住 Shift 键的同时，将文字与星形同时选取，按 Ctrl+G 组合键，将其编组。再次单击图形，使其处于旋转状态，拖曳右下方的控制手柄，将其旋转到适当的角度，效果如图 12-81 所示。用相同的方法制作其他文字，效果如图 12-82 所示。

图 12-81　　　　　　　　　　　　　图 12-82

（7）选择"文件 > 导入"命令，弹出"导入"对话框。选择光盘中的"Ch12 > 素材 > 制作音乐会海报 > 02"文件，单击"导入"按钮，在页面中单击导入图片，并调整其大小和位置，效果如图 12-83 所示。

（8）选择"椭圆形"工具，按住 Ctrl 键的同时，绘制一个圆形。设置图形颜色的 CMYK 值为：40、100、20、0，填充图形，并去除图形的轮廓线，效果如图 12-84 所示。选择"挑选"工具，按住 Ctrl 键的同时，按住鼠标左键水平向右拖曳图形，并在适当的位置上单击鼠标右键，复制一个图形，效果如图 12-85 所示。按住 Ctrl 键，再连续点按两次 D 键，按需要再制出两个图形，效果如图 12-86 所示。

图 12-83   图 12-84   图 12-85   图 12-86

（9）选择"文本"工具，输入需要的文字。选择"挑选"工具，在属性栏中选择合适的字体并设置文字大小，效果如图 12-87 所示。按 Ctrl+Q 组合键，将文字转换为曲线。

（10）选择"渐变填充对话框"工具，弹出"渐变填充"对话框。点选"自定义"单选框，在"位置"选项中分别添加并输入：0、47、100 几个位置点，分别设置几个位置点的颜色为：黄、白、黄，其他选项的设置如图 12-88 所示。单击"确定"按钮，填充图形，并去除图形的轮廓线，效果如图 12-89 所示。

图 12-87   图 12-88   图 12-89

4．打开图形并添加内容文字

（1）选择"文件 > 打开"命令，弹出"打开绘图"对话框。选择光盘中的"Ch12 > 素材 > 制作音乐会海报 > 03、04"文件，单击"打开"按钮，将图形和文字粘贴到页面中，并分别将其拖曳到适当的位置，效果如图 12-90、图 12-91 所示。

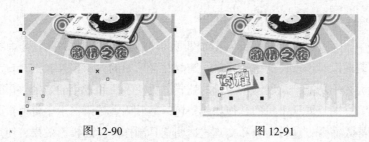

| 图 12-90 | 图 12-91 |

（2）选择"文本"工具字，输入需要的文字。选择"挑选"工具，在属性栏中选择合适的字体并设置文字大小，效果如图 12-92 所示。选择"文本"工具字，选取部分文字，在"CMYK 调色板"中的"洋红"色块上单击鼠标，填充文字，如图 12-93 所示。

（3）选择"文本"工具字，选取剩余的文字，在"CMYK 调色板"中的"红"色块上单击鼠标，填充文字，并在属性栏中调整文字大小，效果如图 12-94 所示。

| 图 12-92 | 图 12-93 | 图 12-94 |

（4）用上述所讲的方法添加其他文字，效果如图 12-95 所示。选择"文本"工具字，在页面上方输入需要的文字。选择"挑选"工具，在属性栏中选择合适的字体并设置文字大小，效果如图 12-96 所示。音乐会海报制作完成，如图 12-97 所示。

| 图 12-95 | 图 12-96 | 图 12-97 |

12.4 制作手机海报

12.4.1 案例分析

本例是为手机公司新开发的手机设计制作海报。这款手机的定位是一款功能强大的音乐手机，海报的设计要用全新的设计观念和时尚的表现手法，展示出这款音乐手机的超强音乐功能，表现出年轻人自信，追求自我价值的生活状态。

在设计过程中，通过绿色背景和黄色装饰图形的巧妙绘制和编排，衬托出海报的韵律感和手机的音乐主题，表现出时尚现代的生活元素。陶醉在音乐中的青年将外衣搭在自己的手机上，既表现出手机的强大音乐功能，又展示了手机的款式，更使手机和青年的亲密感得到体现。用红色装饰图形和其他素材图片展示手机的其他功能特色，最后用宣传语揭示手机海报的主题。

本例将使用导入命令、翻转命令和交互式透明工具制作图片的投影效果，使用文本工具、渐变工具和交互式阴影工具制作宣传文字，使用椭圆形工具、转换为位图命令和高斯式模糊命令制作投影效果，使用星形工具绘制装饰星形。

12.4.2　案例设计

本案例设计流程如图 12-98 所示。

编辑素材图片

背景图　　　　　　　　添加装饰图形　　　　　　　最终效果

图 12-98

12.4.3　案例制作

1. 制作海报背景

（1）按 Ctrl+N 组合键，新建一个页面，在属性栏的"纸张宽度和高度"选项中分别设置宽度为 216 mm，高度为 303 mm，按 Enter 键，页面尺寸显示为设置的大小。

（2）选择"文件 > 导入"命令，弹出"导入"对话框。选择光盘中的"Ch12 > 素材 > 制作手机海报 > 01"文件，单击"导入"按钮，在页面中单击导入图片，将图片放大，效果如图 12-99 所示。

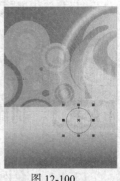

图 12-99　　　　　　　　　图 12-100

（3）选择"椭圆形"工具 ，按住 Ctrl 键的同时，绘制一个圆形，如图 12-100 所示。在属性栏中将"轮廓宽度" 0.2 mm 选项设置为 4，并在"CMYK 调色板"中的"绿"色块上单击鼠标右键，填充图形的轮廓线，效果如图 12-101 所示。

（4）选择"交互式透明"工具 ，在属性栏中进行设置，如图 12-102 所示。按 Enter 键，图形的透明效果如图 12-103 所示。

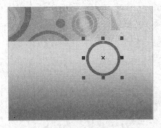

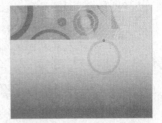

图 12-101　　　　　　　　　　图 12-102　　　　　　　　　　图 12-103

（5）选择"挑选"工具 ，在数字键盘上按+键，复制一个图形。按住 Shift 键的同时，向内拖曳图形右下方的控制手柄，将图形等比例缩小，如图 12-104 所示。在属性栏中将"轮廓宽度" 选项设置为 2，效果如图 12-105 所示。

（6）选择"挑选"工具 ，单击鼠标选取最大的圆形，在数字键盘上按+键，复制一个图形。按住 Shift 键的同时，向内拖曳图形右下方的控制手柄，将其等比例缩小，效果如图 12-106 所示。

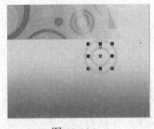

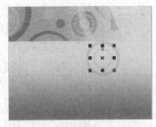

图 12-104　　　　　　　　　　图 12-105　　　　　　　　　　图 12-106

（7）在"CMYK 调色板"中的"绿"色块上单击鼠标，填充图形颜色，效果如图 12-107 所示。选择"挑选"工具 ，用圈选的方法将 3 个圆形同时选取，按 Ctrl+G 组合键，将图形群组。按住鼠标左键向右拖曳图形，并在适当的位置上单击鼠标右键，复制一个图形，并调整其大小，效果如图 12-108 所示。用相同的方法复制两个图形，并分别调整其大小和位置，如图 12-109 所示。

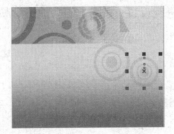

图 12-107　　　　　　　　　　图 12-108　　　　　　　　　　图 12-109

2．导入图片并编辑

（1）选择"文件 > 导入"命令，弹出"导入"对话框。选择光盘中的"Ch12 > 素材 > 制作手机海报 > 02"文件，单击"导入"按钮，在页面中单击导入图片，如图 12-110 所示。单击属性栏中的"水平镜像"按钮 ，水平翻转图形，效果如图 12-111 所示。

（2）选择"挑选"工具，在数字键盘上按+键，复制一个图形。单击属性栏中的"垂直镜像"按钮，垂直翻转复制的图形，并将其垂直向下拖曳到适当的位置，效果如图 12-112 所示。

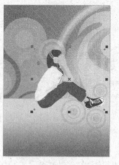

图 12-110   图 12-111   图 12-112

（3）选择"交互式透明"工具，鼠标的光标变为图标，在图形上从上至下拖曳光标，为图形添加透明效果。在属性栏中进行设置，如图 12-113 所示。按 Enter 键，效果如图 12-114 所示。

（4）选择"文件 > 导入"命令，弹出"导入"对话框。选择光盘中的"Ch12 > 素材 > 制作手机海报 > 03"文件，单击"导入"按钮，在页面中单击导入图片，并调整其大小和位置，效果如图 12-115 所示。

图 12-113   图 12-114   图 12-115

（5）选择"挑选"工具，在数字键盘上按+键，复制一个图形。单击属性栏中的"垂直镜像"按钮，垂直翻转图形，并将其垂直向下拖曳到适当的位置，效果如图 12-116 所示。

（6）选择"交互式透明"工具，鼠标的光标变为图标，在图形上从上至下拖曳光标，为图形添加透明效果。在属性栏中进行设置，如图 12-117 所示。按 Enter 键，效果如图 12-118 所示。

图 12-116   图 12-117   图 12-118

3．制作渐变文字

（1）选择"文本"工具，输入需要的文字。选择"挑选"工具，在属性栏中选择合适的字体并设置文字大小，如图 12-119 所示。选择"文本"工具 字，选取文字"音乐"，在属性栏中更改文字的字体和大小，如图 12-120 所示。选取文字"手机"，在属性栏中更改文字的大小，效果如图 12-121 所示。

（2）选择"挑选"工具 ，再次单击文字，使其处于旋转状态，拖曳右上角的控制手柄，旋转到需要的角度，效果如图 12-122 所示。

图 12-119　　　　　　图 12-120　　　　　　图 12-121　　　　　　图 12-122

（3）选择"渐变填充对话框"工具 ，弹出"渐变填充"对话框。点选"双色"单选框，将"从"选项颜色的 CMYK 值设置为：0、100、100、0，"到"选项颜色的 CMYK 值设置为：4、3、92、0，其他选项的设置如图 12-123 所示。单击"确定"按钮，填充文字，效果如图 12-124 所示。

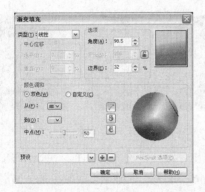

图 12-123　　　　　　　　　　图 12-124

（4）选择"挑选"工具 ，按 F12 键，弹出"轮廓笔"对话框。在"颜色"选项中设置轮廓线的颜色为"白"色，其他选项的设置如图 12-125 所示。单击"确定"按钮，效果如图 12-126 所示。

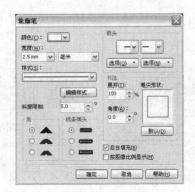

图 12-125　　　　　　　　　图 12-126

（5）选择"交互式阴影"工具 ，鼠标的光标变为 图标，在文字上从上至下拖曳光标，为文字添加阴影效果。在属性栏中进行设置，如图 12-127 所示。按 Enter 键，效果如图 12-128 所示。用相同的方法制作文字"我做主"的效果，如图 12-129 所示。

图 12-127   图 12-128   图 12-129

4. 制作装饰图形并导入图片

（1）选择"椭圆形"工具◎，按住 Ctrl 键的同时，绘制一个圆形，如图 12-130 所示。在"CMYK 调色板"中的"红"色块上单击鼠标，填充图形，并去除图形的轮廓线，效果如图 12-131 所示。拖曳鼠标绘制一个椭圆形，如图 12-132 所示。

图 12-130   图 12-131   图 12-132

（2）选择"渐变填充对话框"工具█，弹出"渐变填充"对话框。点选"双色"单选框，将"从"选项颜色的 CMYK 值设置为：28、100、98、0，"到"选项颜色的 CMYK 值设置为：1、46、30、0，其他选项的设置如图 12-133 所示。单击"确定"按钮，填充图形，效果如图 12-134 所示。

（3）选择"挑选"工具▶，在"CMYK 调色板"中的"白"色块上单击鼠标右键，填充图形的轮廓线，效果如图 12-135 所示。

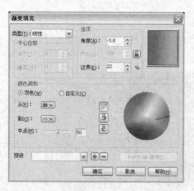

图 12-133   图 12-134   图 12-135

（4）选择"椭圆形"工具◎，绘制一个椭圆形，如图 12-136 所示。设置图形颜色的 CMYK

值为：20、100、97、0，填充图形，并去除图形的轮廓线，效果如图 12-137 所示。选择"排列 > 顺序 > 向后一层"命令，调整图形顺序，效果如图 12-138 所示。

（5）选择"椭圆形"工具◎，绘制一个椭圆形。在"CMYK 调色板"中的"黑"色块上单击鼠标，填充图形，并去除图形的轮廓线，效果如图 12-139 所示。

图 12-136　　　　　　　　图 12-137　　　　　　　　图 12-138　　　　　　　　图 12-139

（6）选择"位图 > 转换为位图"命令，弹出"转换为位图"对话框，选项的设置如图 12-140 所示。单击"确定"按钮，效果如图 12-141 所示。

图 12-140　　　　　　　　　　　　图 12-141

（7）选择"位图 > 高斯式模糊"命令，弹出"高斯式模糊"对话框，选项的设置如图 12-142 所示。单击"确定"按钮，效果如图 12-143 所示。连续按两次 Ctrl+PageDown 组合键，调整图形的前后顺序，效果如图 12-144 所示。

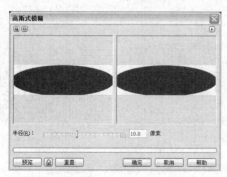

图 12-142　　　　　　　　　图 12-143　　　　　　图 12-144

（8）选择"椭圆形"工具◎，按住 Ctrl 键的同时，绘制一个圆形。在"CMYK 调色板"中的"白"色块上单击鼠标，填充图形，并去除图形的轮廓线，效果如图 12-145 所示。

（9）选择"交互式透明"工具♈，鼠标的光标变为 图标，在图形上从上至下拖曳光标，为图形添加透明效果。在属性栏中进行设置，如图 12-146 所示。按 Enter 键，图形的透明效果如图 12-147 所示。

图 12-145

图 12-146

图 12-147

（10）选择"挑选"工具，用圈选的方法将 4 个图形同时选取，按 Ctrl+G 组合键，将其群组。按两次数字键盘上的+键，复制两个新的图形，并分别将复制出的图形水平向右拖曳到适当的位置，效果如图 12-148 所示。

（11）选择"文件 > 导入"命令，弹出"导入"对话框。选择光盘中的"Ch12 > 素材 > 制作手机海报 > 04"文件，单击"导入"按钮，在页面中单击导入图片，将图片缩小，效果如图 12-149 所示。

图 12-148

图 12-149

（12）选择"文件 > 导入"命令，弹出"导入"对话框。选择光盘中的"Ch12 > 素材 > 制作手机海报 > 05、06"文件，单击"导入"按钮，在页面中单击分别导入图片，分别调整图片的大小和位置，效果如图 12-150 所示。

（13）选择"星形"工具，在属性栏中进行设置，如图 12-151 所示。在页面中拖曳鼠标绘制图形，效果如图 12-152 所示。

图 12-150

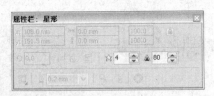

图 2-151

图 12-152

（14）选择"星形"工具，再次拖曳鼠标绘制图形。在属性栏中将"旋转角度" 选项设置为 42，按 Enter 键，效果如图 12-153 所示。

（15）选择"挑选"工具，用圈选的方法将两个星形同时选取，单击属性栏中的"焊接"按钮，将两个星形焊接在一起，如图 12-154 所示。在"CMYK 调色板"中的"白"色块上单击鼠标，填充图形，并去除图形的轮廓线，效果如图 12-155 所示。

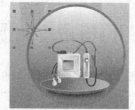

| 图 12-153 | 图 12-154 | 图 12-155 |

（16）选择"挑选"工具 ，按住鼠标左键向右拖曳图形，并在适当的位置上单击鼠标右键，复制一个图形。向内拖曳图形右上方的控制手柄，将其等比例缩小，效果如图 12-156 所示。用相同的方法复制多个星形并调整其大小，效果如图 12-157 所示。手机海报制作完成，效果如图 12-158 所示。

| 图 12-156 | 图 12-157 | 图 12-158 |

课堂练习 1——制作数码相机海报

【练习知识要点】使用交互式轮廓图工具为椭圆形添加轮廓效果；使用修整命令对不规则图形和结合图形进行修剪；使用图框精确剪裁命令将图片置入到修剪后的圆形中；使用文本工具添加文本。数码相机海报效果如图 12-159 所示。

【效果所在位置】光盘/Ch12/效果/制作数码相机海报.cdr。

图 12-159

课堂练习 2——制作夕阳百货宣传海报

【练习知识要点】使用矩形工具和渐变填充工具制作海报背景；使用手绘工具和交互式透明工具制作线条；使用椭圆形工具绘制装饰圆形；使用贝塞尔工具、渐变填充工具和椭圆形工具绘制气球图形；使用艺术笔工具绘制装饰图形；使用文本工具和轮廓笔工具制作文字。夕阳百货宣传海报效果如图 12-160 所示。

【效果所在位置】光盘/Ch12/效果/制作夕阳百货宣传海报.cdr。

图 12-160

课后习题——制作影视海报

【习题知识要点】使用矩形工具和交互式透明工具制作楼房图形；使用贝塞尔工具、椭圆形工具和交互式透明工具制作灯和灯束图形；使用图框精确剪裁命令将图形置入到矩形中；使用文本工具和交互式阴影工具添加宣传性文字。影视海报效果如图 12-161 所示。

【效果所在位置】光盘/Ch12/效果/制作影视海报.cdr。

图 12-161

第13章

宣传单设计

宣传单是直销广告的一种，对宣传活动和促销商品有着重要的作用。宣传单通过派送、邮递等形式，可以有效地将信息传达给目标受众。本章以各种不同主题的宣传单为例，讲解宣传单的设计方法和制作技巧。

课堂学习目标

- 了解宣传单的概念
- 了解宣传单的功能
- 掌握宣传单的设计思路和过程
- 掌握宣传单的制作方法和技巧

13.1 宣传单设计概述

宣传单是将产品和活动信息传播出去的一种广告形式，其最终目的都是为了帮助客户推销产品，如图 13-1 所示。宣传单可以是单页，也可以做成多页形成宣传册。

图 13-1

13.2 制作餐厅宣传单

13.2.1 案例分析

本例是为一家西餐厅设计制作宣传单。这家西餐厅以西餐海鲜、田园沙拉、法国红酒闻名。要求宣传单能够运用图片和宣传文字，通过独特的设计表现，主题鲜明地展示西餐厅的特色口味和西餐文化。

在设计过程中，首先用典型的餐厅美食图片展示公司的招牌菜品。在下面墨绿色的区域绘制了一些小的菜品原料图案，体现出餐厅选料精良，崇尚自然、美味的经营特色。通过对广告语的设计编辑制造出新的亮点。突出"鲜"字的设计，再次突出表现西餐厅的特色。整体海报设计的墨绿色调，是西餐厅装饰的典型用色，使人感觉沉稳、雅致、健康、自然。

本例将使用矩形工具和图框精确剪裁命令制作背景图形，使用椭圆形工具、导入命令和图框精确剪裁命令编辑素材图片，使用文本工具、形状工具和轮廓笔命令添加广告语，使用贝塞尔工具和交互式阴影工具制作广告语阴影，使用文本适合路径命令制作宣传文字，使用插入符号字符命令插入字符。

13.2.2 案例设计

本案例设计流程如图 13-2 所示。

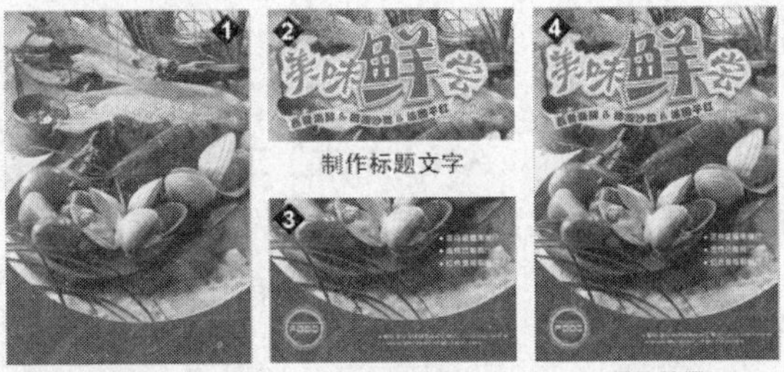

制作背景效果　　添加并编辑文字　　最终效果

图 13-2

13.2.3　案例制作

1. 绘制背景和装饰图形

（1）按 Ctrl+N 组合键，新建一个 A4 页面。双击“矩形”工具，绘制一个与页面大小相等的矩形，如图 13-3 所示。设置图形填充颜色的 CMYK 值为：100、0、90、40，填充图形，效果如图 13-4 所示。

（2）选择“文件 > 打开”命令，弹出“打开绘图”对话框。选择光盘中的“Ch13 > 素材 > 制作餐厅宣传单 > 01”文件，单击“打开”按钮，将图形粘贴到页面中，如图 13-5 所示。选择“挑选”工具，分别将图形拖曳到适当的位置，复制需要的图形，并分别调整其大小和角度，效果如图 13-6 所示。

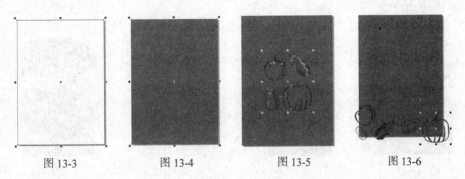

图 13-3

图 13-4

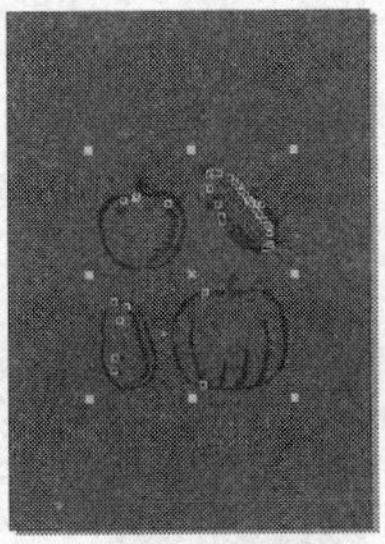

图 13-5

图 13-6

（3）选择“挑选”工具，用圈选的方法将图形同时选取，按 Ctrl+G 组合键，将其群组。设置图形填充颜色的 CMYK 值为：80、40、100、0，填充图形，效果如图 13-7 所示。

（4）选择“效果 > 图框精确剪裁 > 放置在容器中”命令，鼠标的光标变为黑色箭头形状，在背景矩形上单击，如图 13-8 所示。将图形置入到矩形中，效果如图 13-9 所示。

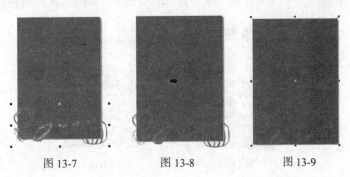

图 13-7

图 13-8

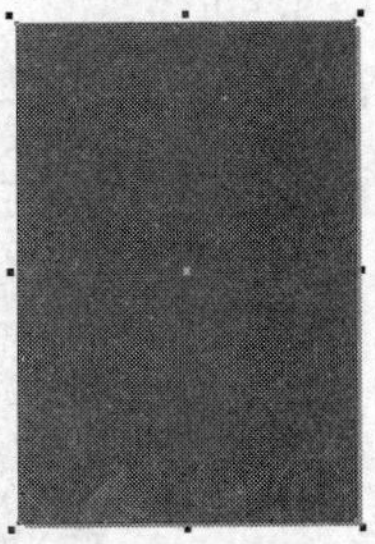

图 13-9

2．导入并编辑图片

（1）选择"椭圆形"工具 ，绘制一个椭圆形，在"CMYK 调色板"中的"黄"色块上单击鼠标，填充图形，效果如图 13-10 所示。选择"挑选"工具 ，在数字键盘上按+键，复制一个椭圆形，微调图形的位置，效果如图 13-11 所示。

（2）选择"文件 > 导入"命令，弹出"导入"对话框。选择光盘中的"Ch13 > 素材 > 制作餐厅宣传单 > 02"文件，单击"导入"按钮，在页面中单击导入图片，调整图片的大小和位置，效果如图 13-12 所示。

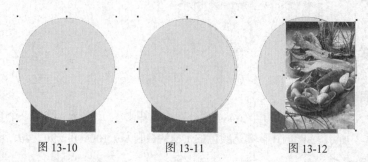

图 13-10　　　　　图 13-11　　　　　图 13-12

（3）选择"效果 > 图框精确剪裁 > 放置在容器中"命令，鼠标的光标变为黑色箭头形状，在黄色椭圆上单击，如图 13-13 所示。将图形置入到椭圆形中，效果如图 13-14 所示。

（4）选择"效果 > 图框精确剪裁 > 编辑内容"命令，选择"挑选"工具 ，选取图形，将图形移动到适当的位置，如图 13-15 所示。选择"效果 > 图框精确剪裁 > 结束编辑"命令，效果如图 13-16 所示。

图 13-13　　　　图 13-14　　　　图 13-15　　　　图 13-16

（5）选择"挑选"工具 ，用圈选的方法将两个椭圆形同时选取，按 Ctrl+G 组合键，将其群组，并去除轮廓线，效果如图 13-17 所示。双击"矩形"工具 ，绘制一个与页面大小相等的矩形。

（6）选择"挑选"工具 ，按住 Shift 键的同时，将矩形和群组图形同时选取，单击属性栏中的"后减前"按钮 ，将两个图形剪切为一个图形，效果如图 13-18 所示。

图 13-17　　　　图 13-18

3．添加标志并编辑广告语

（1）选择"文件 > 打开"命令，弹出"打开绘图"对话框。选择光盘中的"Ch13 > 素材 > 制作餐厅宣传单 > 03"文件，单击"打开"按钮，将图形粘贴到页面中，选择"挑选"工具 ，将图形拖曳到适当的位置并调整其大小，效果如图 13-19 所示。

（2）选择"文本"工具 ，输入需要的文字。选择"挑选"工具 ，在属性栏中选择合适的字体并设置文字大小。选择"形状"工具 ，适当调整文字间距，效果如图 13-20 所示。

（3）选择"形状"工具 ，单击选取文字"鲜"的节点，如图 13-21 所示。在属性栏中选择合适的字体并设置文字大小，效果如图 13-22 所示。

图 13-19　　　　　　　　　图 13-20　　　　　　　　　图 13-21　　　　　　　　　图 13-22

（4）选择"挑选"工具 ，将文字拖曳到页面的适当位置，如图 13-23 所示。按 Ctrl+K 组合键，将文字拆分，分别选取文字，并调整其大小和角度，效果如图 13-24 所示。

图 13-23　　　　　　　　　　　　图 13-24

（5）选择"挑选"工具 ，按住 Shift 键的同时，依次单击文字"美"、"味"、"尝"，将其同时选取，在"CMYK 调色板"中的"洋红"色块上单击鼠标，填充文字，效果如图 13-25 所示。选取文字"鲜"，设置文字填充颜色的 CMYK 值为：80、40、100、0，填充文字，效果如图 13-26 所示。

图 13-25　　　　　　　　　　　　图 13-26

（6）选择"挑选"工具 ，用圈选的方法将文字同时选取。按 F12 键，弹出"轮廓笔"对话框。在"颜色"选项中设置轮廓线的颜色为"白"色，其他选项的设置如图 13-27 所示。单击"确定"按钮，效果如图 13-28 所示。

图 13-27　　　　　　　　　　　　　　图 13-28

（7）选择"贝塞尔"工具，沿着文字轮廓绘制一个不规则图形，如图 13-29 所示。在"CMYK
调色板"中的"黄"色块上单击鼠标，填充图形，并去除图形的轮廓线，效果如图 13-30 所示。

图 13-29　　　　　　　　　　　　　　图 13-30

（8）选择"交互式阴影"工具，在图形上从左上方至右下方拖曳光标，为图形添加阴影效
果。在属性栏中进行设置，如图 13-31 所示。按 Enter 键，效果如图 13-32 所示。连续按 Ctrl+PageDown
组合键，将图形置到文字后面，效果如图 13-33 所示。

图 13-31　　　　　　　　　图 13-32　　　　　　　　　图 13-33

（9）选择"挑选"工具，选取文字"鲜"。选择"交互式阴影"工具，在文字上从中心
至右侧拖曳光标，为文字添加阴影效果。在属性栏中进行设置，如图 13-34 所示。按 Enter 键，效
果如图 13-35 所示。

图 13-34　　　　　　　　　　　　　　图 13-35

4．编辑内容文字

（1）选择"文本"工具，输入需要的文字。选择"挑选"工具，在属性栏中选择合适的
字体并设置文字大小，效果如图 13-36 所示。

（2）选择"形状"工具，向右拖曳文字下方的 图标，调整文字的间距。设置文字填充颜色的 CMYK 值为：80、40、100、0，填充文字，效果如图 13-37 所示。

西餐海鲜　田园沙拉　法国干红　　西餐海鲜　　田园沙拉　　法国干红

图 13-36 　　　　　　　　　　　　图 13-37

（3）选择"文本"工具，在需要插入字符的位置上单击，插入光标，如图 13-38 所示。选择"文本 > 插入符号字符"命令，弹出"插入字符"面板，在面板中选择需要的字符，如图 13-39 所示。单击"插入"按钮，效果如图 13-40 所示。

西餐海鲜|田园沙拉　法国干红　　　　　　　西餐海鲜 & 田园沙拉　　法国干红

图 13-38　　　　　　　　　图 13-39 　　　　　　　　　图 13-40

（4）使用相同的方法，在文字"沙拉"后面插入字符，效果如图 13-41 所示。选择"钢笔"工具，绘制一条曲线，如图 13-42 所示。

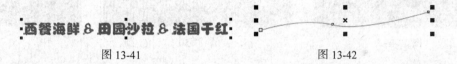

图 13-41　　　　　　　　　　　　　　图 13-42

（5）选择"挑选"工具，选取文字。选择"文本 > 使文本适合路径"命令，将文字拖曳到路径上，文本自动绕路径排列，效果如图 13-43 所示。选取路径，在"CMYK 调色板"中的"无填充"按钮 上单击鼠标右键，去除路径的轮廓线，效果如图 13-44 所示。

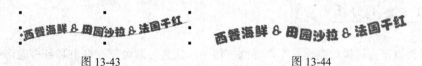

图 13-43　　　　　　　　　　　　　图 13-44

（6）选择"挑选"工具，将文字拖曳到页面的适当位置，如图 13-45 所示。用上述所讲的方法，再次绘制一个不规则图形，填充为黄色，并去除图形的轮廓线。按 Ctrl+PageDown 组合键，将其置后一层，效果如图 13-46 所示。

图 13-45　　　　　　　　　　　图 13-46

271

（7）选择"文本"工具字，拖曳一个文本框，输入需要的文字。选择"挑选"工具，在属性栏中选择合适的字体并设置文字大小，填充为白色。选择"形状"工具，适当调整文字的间距和行距，效果如图 13-47 所示。用上述所讲的方法在文字前方插入需要的字符，效果如图 13-48 所示。

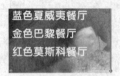
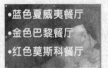

图 13-47　　　　　　　　　图 13-48

（8）选择"文本"工具字，输入需要的文字。选择"挑选"工具，在属性栏中选择合适的字体并设置文字大小。在"CMYK 调色板"中的"淡黄"色块上单击鼠标，填充文字，效果如图 13-49 所示。用相同的方法在文字前方插入需要的字符，效果如图 13-50 所示。餐厅宣传单制作完成，效果如图 13-51 所示。

图 13-49　　　　　　　　　图 13-50　　　　　　　　　图 13-51

13.3　制作汽车宣传单

13.3.1　案例分析

本例是为汽车公司设计制作汽车产品的宣传单。这是一部可以在城市和乡村道路行驶的多功能 SUV 汽车。这部车既适合商务办公，又适合郊游旅行。在宣传单的设计上要表现出汽车的自由驰骋之感，并要展示出这款车型的强大功能。

在设计制作过程中，首先通过一望无际的田野展示汽车驰骋的优美环境。通过白色的透明光感图形，渲染出震撼的气势。将展示汽车图片叠加到圆形中，给受众以自由、强劲的梦幻之感。再通过对宣传语和其他介绍性文字的编排，点明主题并详细介绍汽车的强大功能。整个宣传单的设计新颖独特，现代感十足。

本例将使用虚光和双色命令调整背景图片的颜色，使用交互式调和工具和交互式透明工具制作光圈效果，使用矩形工具、转换为位图命令和高斯式模糊命令制作光束，使用段落格式化命令调整行距。

13.3.2 案例设计

本案例设计流程如图 13-52 所示。

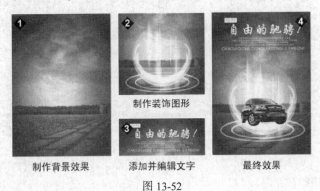

制作装饰图形

制作背景效果　　　添加并编辑文字　　　最终效果

图 13-52

13.3.3 案例制作

1. 导入图片并编辑

（1）按 Ctrl+N 组合键，新建一个页面，在属性栏的"纸张宽度和高度"选项中分别设置宽度为 216 mm，高度为 303 mm，按 Enter 键，页面尺寸显示为设置的大小。

（2）选择"文件 > 导入"命令，弹出"导入"对话框。选择光盘中的"Ch13 > 素材 > 制作汽车宣传单 > 01"文件，单击"导入"按钮，在页面中单击导入图片。选择"排列 > 对齐和分布 > 在页面居中"命令，将图片置于页面中心，效果如图 13-53 所示。

（3）选择"位图 > 创造性 > 虚光"命令，弹出"虚光"对话框。设置"其它"选项的颜色的 CMYK 值为：70、91、89、39，其他选项的设置如图 13-54 所示。单击"确定"按钮，效果如图 13-55 所示。

图 13-53　　　　　　　　　图 13-54　　　　　　　　　图 13-55

（4）选择"位图 > 模式 > 双色（8 位）"命令，弹出"双色调"对话框，选项的设置如图 13-56 所示。单击选中"黄色"选项，在相应的对话框中进行设置，如图 13-57 所示。再次单击选中"红色"选项，在相应的对话框中进行设置，如图 13-58 所示，单击"确定"按钮，效果如图 13-59 所示。

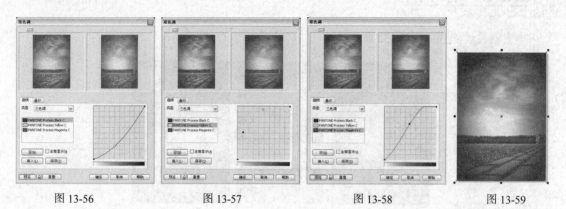

图 13-56   图 13-57   图 13-58   图 13-59

2．制作光圈图形

（1）选择"椭圆形"工具 ，绘制一个椭圆形，在属性栏中将"轮廓宽度" [0.2 mm] 选项设为 5，并在"CMYK 调色板"中的"白"色块上单击鼠标右键，填充图形的轮廓线，效果如图 13-60 所示。

（2）选择"挑选"工具 ，在数字键盘上按+键，复制一个新的图形。在属性栏中将"轮廓宽度" [0.2 mm] 选项设为 1，设置图形轮廓线颜色的 CMYK 值为：2、3、9、10，填充图形的轮廓线，效果如图 13-61 所示。

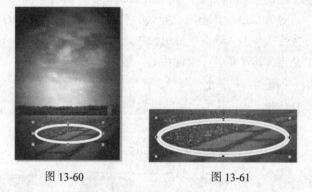

图 13-60   图 13-61

（3）选择"交互式轮廓图"工具 ，在属性栏中进行设置，如图 13-62 所示。按 Enter 键，效果如图 13-63 所示。

图 13-62

图 13-63

（4）选择"挑选"工具 ，按住 Shift 键的同时，单击白色椭圆形，将其同时选取。选择"交互式透明"工具 ，在属性栏中进行设置，如图 13-64 所示。按 Enter 键，效果如图 13-65 所示。

选择"挑选"工具 ，在数字键盘上按+键，复制一个新的图形。按住 Shift 键的同时，向外拖曳
图形右上方的控制手柄，将图形等比例放大，效果如图 13-66 所示。

图 13-64

图 13-65

图 13-66

3．制作白色光圈、光晕图形

（1）选择"椭圆形"工具 ，按住 Ctrl 键的同时，绘制一个圆形，填充图形为白色，并去除
图形的轮廓线，效果如图 13-67 所示。

（2）选择"交互式透明"工具 ，在属性栏中将"透明度类型"选项设为"射线"，鼠标的
光标变为 图标，拖曳起点手柄□和终点手柄■，调整透明度的方向和角度，并单击属性栏中的
"编辑透明度"按钮 ，弹出"渐变透明度"对话框，选项的设置如图 13-68 所示。单击"确定"
按钮，效果如图 13-69 所示。

图 13-67

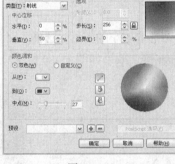

图 13-68

图 13-69

（3）选择"椭圆形"工具 ，绘制一个椭圆形，填充图形为洋红色，并去除图形的轮廓线，
效果如图 13-70 所示。在属性栏中将"旋转角度" 选项设为 24.5，按 Enter 键，效果如图
13-71 所示。选择"交互式透明"工具 ，在图形上拖曳光标，为图形添加透明效果。在属性栏
中进行设置，如图 13-72 所示。按 Enter 键，效果如图 13-73 所示。

图 13-70

图 13-71

图 13-72

图 13-73

（4）选择"贝塞尔"工具 ，绘制一个不规则图形，如图 13-74 所示。选择"挑选"工具 ，
在数字键盘上按+键，复制一个图形。按住 Shift 键的同时，向内拖曳图形右上方的控制手柄，将

图形等比例缩小，效果如图 13-75 所示。

（5）选择"挑选"工具，按住 Shift 键的同时，将两个不规则图形同时选取，填充为白色，并去除图形的轮廓线，效果如图 13-76 所示。

图 13-74　　　　　　　图 13-75　　　　　　　图 13-76

（6）选择"挑选"工具，单击选取较大的图形。选择"交互式透明"工具，在属性栏中进行设置，如图 13-77 所示。按 Enter 键，效果如图 13-78 所示。

图 13-77　　　　　　　　　　图 13-78

（7）选择"挑选"工具，单击选取较小的图形。选择"交互式透明"工具，在属性栏中进行设置，如图 13-79 所示。按 Enter 键，效果如图 13-80 所示。

图 13-79　　　　　　　　　　图 13-80

（8）选择"交互式调和"工具，将光标从较小的图形上拖曳到较大的图形上，在属性栏中进行设置，如图 13-81 所示。按 Enter 键，效果如图 13-82 所示。

（9）选择"文件 > 打开"命令，弹出"打开绘图"对话框。选择光盘中的"Ch13 > 素材 > 制作汽车宣传单 > 02"文件，单击"打开"按钮，将图形粘贴到页面中，并拖曳到适当的位置，效果如图 13-83 所示。

图 13-81　　　　　　　　图 13-82　　　　　　图 13-83

4．制作模糊图形并导入图片

（1）选择"矩形"工具🔲，绘制一个矩形，填充为黄色，并去除图形的轮廓线，效果如图
13-84 所示。选择"位图 > 转换为位图"命令，弹出"转换为位图"对话框，选项的设置如图 13-85
所示。单击"确定"按钮，效果如图 13-86 所示。

图 13-84　　　　　　　　　　　　图 13-85　　　　　　　　　　　　图 13-86

（2）选择"位图 > 模糊 > 高斯式模糊"命令，弹出"高斯式模糊"对话框，选项的设置如
图 13-87 所示。单击"确定"按钮，效果如图 13-88 所示。

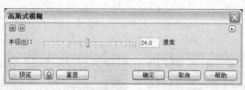

图 13-87　　　　　　　　　　　　　　　　　图 13-88

（3）选择"交互式透明"工具🔲，在属性栏中进行设置，如图 13-89 所示。按 Enter 键，效
果如图 13-90 所示。用上述所讲的方法制作多个模糊图形，效果如图 13-91 所示。

（4）选择"文件 > 导入"命令，弹出"导入"对话框。选择光盘中的"Ch13 > 素材 > 制
作汽车宣传单 > 03"文件，单击"导入"按钮，在页面中单击导入图片，并将其拖曳到适当的位
置，效果如图 13-92 所示。

图 13-89　　　　　　　图 13-90　　　　　　　图 13-91　　　　　　　图 13-92

5．添加宣传性文字

（1）选择"文本"工具🔲，输入需要的白色文字。选择"挑选"工具🔲，在属性栏中选择合

适的字体并设置文字大小，选择"形状"工具，适当调整文字间距，如图 13-93 所示。

（2）选择"文本"工具，拖曳一个文本框，输入需要的文字。选择"挑选"工具，在属性栏中选择合适的字体并设置文字大小，效果如图 13-94 所示。

图 13-93　　　　　　　　　　　　　　　图 13-94

（3）选择"挑选"工具，填充文字为白色。选择"文本 > 段落格式化"命令，弹出"段落格式化"面板，选项的设置如图 13-95 所示。按 Enter 键，效果如图 13-96 所示。选择"文本"工具，输入需要的文字。选择"挑选"工具，在属性栏中选择合适的字体并设置文字大小，填充文字为白色，效果如图 13-97 所示。

图 13-95　　　　　　　　　图 13-96　　　　　　　　　图 13-97

（4）选择"矩形"工具，绘制一个矩形，填充图形为白色，并去除图形的轮廓线，效果如图 13-98 所示。选择"文本"工具，输入需要的文字。选择"挑选"工具，在属性栏中选择合适的字体并设置文字大小，填充文字为橘红色，效果如图 13-99 所示。汽车宣传单制作完成，如图 13-100 所示。

图 13-98　　　　　　　　　图 13-99　　　　　　　　　图 13-100

13.4 制作房地产宣传单

13.4.1 案例分析

本例是为房地产开发公司设计制作的楼盘宣传单。这是一个位于 CBD 区域的小户型公寓项目，该项目面对的客户是都市中的中产阶级和白领。在宣传单的设计上要通过图片和文字来突出项目的特色和优势，体现项目的精确定位和销售理念。

在设计制作过程中，使用大面积的蓝色作为背景表示蓝天，在上部绘制出白云的图形，来寓意蓝天白云下的生活。将一对夫妻的卡通图片放在白云上，营造出活泼、温馨、浪漫的气氛。同时将消费者最关注的房价和位置等问题以广告语的形式展示出来，使浏览者记忆深刻。最后通过平面图和其他相关信息具体介绍楼盘项目。

本例将使用矩形工具和交互式轮廓工具制作背景边框，使用椭圆形工具、焊接命令和导入命令制作装饰图形，使用矩形工具、手绘工具和椭圆形工具绘制图形，使用矩形工具、形状工具和椭圆形工具绘制方向标记。

13.4.2 案例设计

本案例设计流程如图 13-101 所示。

制作背景效果　　　　绘制图形　　　添加内容文字　　　　最终效果

图 13-101

13.4.3 案例制作

1．绘制背景效果

（1）按 Ctrl+N 组合键，新建一个页面，在属性栏的"纸张宽度和高度"选项中分别设置宽度为 327 mm，高度为 454 mm，按 Enter 键，页面尺寸显示为设置的大小。

（2）双击"矩形"工具，绘制一个与页面大小相等的矩形。选择"视图 > 显示 > 页边框"命令，隐藏页边框，效果如图 13-102 所示。

（3）选择"交互式轮廓图"工具，单击属性栏中的"对象和颜色加速"按钮，在弹出的面板中进行设置，如图 13-103 所示。按 Enter 键，轮廓图的效果如图 13-104 所示。

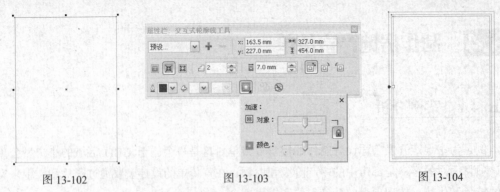

图 13-102   图 13-103   图 13-104

（4）按 Ctrl+K 组合键，将图形拆分为 3 个图形。按 Ctrl+U 组合键，取消图形的组合。选择"挑选"工具 ，按住 Shift 键的同时，依次单击外侧和内侧的矩形，将其同时选取，如图 13-105 所示。在"CMYK 调色板"中的"冰蓝"色块上单击鼠标，填充图形，效果如图 13-106 所示。

（5）选择"挑选"工具 ，单击选取中间的矩形，填充图形为白色，如图 13-107 所示。用圈选的方法将矩形同时选取，去除图形的轮廓线，效果如图 13-108 所示。

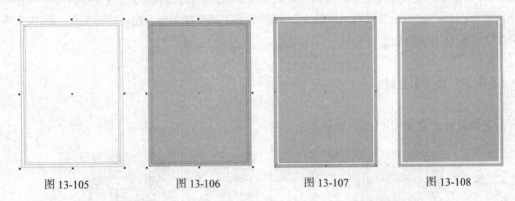

图 13-105   图 13-106   图 13-107   图 13-108

2.绘制装饰图形并导入图片

（1）选择"椭圆形"工具 ，在页面中分别绘制 4 个椭圆形。选择"挑选"工具 ，用圈选的方法将椭圆形同时选取，如图 13-109 所示。单击属性栏中的"焊接"按钮 ，将图形焊接在一起，效果如图 13-110 所示。填充为白色，并去除图形的轮廓线。

（2）选择"挑选"工具 ，按住 Shift 键的同时，向外拖曳图形右上方的控制手柄，并在适当的位置单击鼠标右健，复制一个图形。在"CMYK 调色板"中的"幼蓝"色块上单击鼠标，填充图形，如图 13-111 所示。按 Ctrl+PageDown 组合键，将其置后一位，效果如图 13-112 所示。

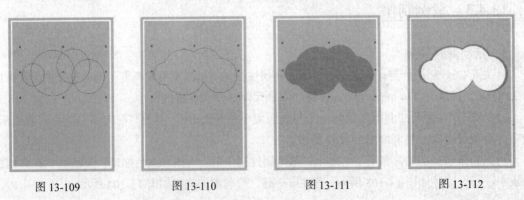

图 13-109   图 13-110   图 13-111   图 13-112

（3）选择"文件 > 导入"命令，弹出"导入"对话框。选择光盘中的"Ch13 > 素材 > 制作房地产宣传单 > 01"文件，单击"导入"按钮，在页面中单击导入图片，将图片拖曳到适当的位置并调整其大小，效果如图 13-113 所示。

（4）选择"矩形"工具，绘制一个矩形，在属性栏中将"轮廓宽度" ⬚ 0.2 mm ▾ 选项设为 2.8，如图 13-114 所示。在"CMYK 调色板"中的"冰蓝"色块上单击鼠标，填充图形；在"白"色块上单击鼠标右键，填充图形的轮廓线，效果如图 13-115 所示。

（5）选择"挑选"工具，在数字键盘上按+键，复制一个图形。将其拖曳到适当的位置，并调整其大小，在"CMYK 调色板"中的"幼蓝"色块上单击鼠标，填充图形，效果如图 13-116 所示。

图 13-113　　　　　　图 13-114　　　　　　图 13-115　　　　　　图 13-116

3．添加广告语并制作标志图形

（1）选择"文本"工具，分别输入需要的文字。选择"挑选"工具，在属性栏中分别选择合适的字体并设置文字大小。选择"形状"工具，分别调整文字间距，如图 13-117 所示。

（2）选择"挑选"工具，单击选取"尽享精彩都市生活"文字，在"CMYK 调色板"中的"白"色块上单击鼠标，填充文字，效果如图 13-118 所示。

（3）选择"椭圆形"工具，按住 Ctrl 键的同时，绘制一个圆形，填充为白色，并去除图形的轮廓线，效果如图 13-119 所示。

图 13-117　　　　　　　图 13-118　　　　　　　图 13-119

（4）选择"挑选"工具，按两次数字键盘上的+键，复制两个圆形，分别将圆形拖曳到适当的位置，效果如图 13-120 所示。选择"文件 > 打开"命令，弹出"打开绘图"对话框。选择光盘中的"Ch13 > 素材 > 制作房地产宣传单 > 02"文件，单击"打开"按钮，将标志图形粘贴到页面中，效果如图 13-121 所示。

图 13-120　　　　　　　图 13-121

4. 添加图形和内容文字并绘制方向标记

（1）选择"挑选"工具 ，选取内侧的矩形，在数字键盘上按+键，复制一个图形，向下拖曳上方中间的控制手柄，调整其大小。在"CMYK 调色板"中的"幼蓝"色块上单击鼠标，填充图形，并去除图形的轮廓线，效果如图 13-122 所示。

图 13-122　　　　　　　　　　图 13-123

（2）选择"文件 > 打开"命令，弹出"打开绘图"对话框。选择光盘中的"Ch13 > 素材 > 制作房地产宣传单 > 03"文件，单击"打开"按钮，将图形粘贴到页面中，拖曳到适当的位置并调整其大小，效果如图 13-123 所示。

（3）使用"矩形"工具 和"手绘"工具，在页面中绘制需要的矩形和直线。选择"挑选"工具，分别填充矩形和直线适当的颜色，效果如图 13-124 所示。

（4）选择"椭圆形"工具，绘制一个椭圆形，填充适当的渐变色，效果如图 13-125 所示。选择"文本"工具，输入需要的文字。选择"挑选"工具，在属性栏中分别选择合适的字体并设置文字大小，填充文字适当的颜色，效果如图 13-126 所示。

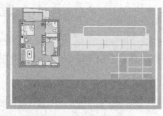

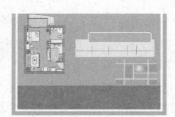

图 13-124　　　　　　　　　图 13-125　　　　　　　　　图 13-126

（5）选择"矩形"工具，在页面中绘制一个矩形，如图 13-127 所示。按 Ctrl+Q 组合键，将图形转换为曲线。选择"形状"工具，单击选取矩形左上方的节点，如图 13-128 所示。按 Delete 键，将其删除，效果如图 13-129 所示。

（6）选择"形状"工具，单击选取图形上方的节点，将其向左拖曳到适当的位置，效果如图 13-130 所示。在图形下边线上适当的位置双击鼠标，增加一个节点，如图 13-131 所示。将其向上拖曳到适当的位置，效果如图 13-132 所示。填充图形为白色，并去除图形的轮廓线，效果如图 13-133 所示。

图 13-127　　图 13-128　　图 13-129　　图 13-130　　图 13-131　　图 13-132　　图 13-133

（7）选择"椭圆形"工具，按住 Ctrl 键的同时，绘制一个圆形，在属性栏中将"轮廓宽度" 0.2 mm 选项设为 0.7，填充轮廓线为白色，如图 13-134 所示。选择"文本"工具，输入需要的文字。选择"挑选"工具，在属性栏中选择合适的字体并设置文字大小，填充文字为白色，效果如图 13-135 所示。

（8）选择"挑选"工具，按住 Shift 键的同时，用圈选的方法将其同时选取，按 Ctrl+G 组合键，将其群组，如图 13-136 所示。拖曳到适当的位置并调整其大小，效果如图 13-137 所示。

图 13-134　　　图 13-135　　　图 13-136　　　　　　图 13-137

（9）选择"矩形"工具，绘制一个矩形。在"CMYK 调色板"中的"柠檬黄"色块上单击鼠标，填充图形，并去除图形的轮廓线，如图 13-138 所示。选择"文本"工具，分别输入需要的文字。选择"挑选"工具，在属性栏中分别选择合适的字体并设置文字大小，填充文字适当的颜色。

（10）选择"椭圆形"工具，按住 Ctrl 键的同时，绘制一个圆形，填充图形为白色。按两次数字键盘上的+键，复制两个圆形。选择"挑选"工具，将复制出的圆形垂直向下移动到适当的位置，如图 13-139 所示。房地产宣传单制作完成，效果如图 13-140 所示。

图 13-138　　　　　　　　图 13-139　　　　　　　图 13-140

课堂练习 1——制作数码相机宣传单

【练习知识要点】使用矩形工具和渐变填充工具制作宣传单背景；使用形状工具移动和删除文字的节点；使用贝塞尔工具绘制不规则图形；使用星形工具绘制六角星；使用椭圆形工具和交互式透明工具制作装饰圆形；使用交互式阴影工具为文字、图形制作阴影效果；使用文本工具和轮廓笔工具添加宣传性文字。数码相机宣传单效果如图 13-141 所示。

【效果所在位置】光盘/Ch13/效果/制作数码相机宣传单.cdr。

图 13-141

课堂练习 2——制作 MP3 产品宣传单

【练习知识要点】使用矩形工具、添加透镜命令和交互式透明工具制作宣传单背景；使用手绘工具和交互式调和工具制作线条图形；使用文本工具和交互式封套工具制作变形文字；使用基本绘图工具绘制装饰图形。MP3 产品宣传单效果如图 13-142 所示。

【效果所在位置】光盘/Ch13/效果/制作 MP3 产品宣传单.cdr。

图 13-142

课后习题——制作旅游宣传单

【习题知识要点】使用"贝塞尔"工具和渐变填充工具绘制风车图形；使用图框精确剪裁命令将位图置入到不规则图形中；使用艺术笔工具绘制云彩轮廓图形；使用文本工具和轮廓笔工具添加内容文字；使用手绘工具绘制虚线图形。旅游宣传单效果如图 13-143 所示。

【效果所在位置】光盘/Ch13/效果/制作旅游宣传单.cdr。

图 13-143

第14章
广告设计

广告以多样的形式出现在城市中，是城市商业发展的写照。广告通过电视、报纸、霓虹灯等媒体来发布。好的户外广告要强化视觉冲击力，抓住观众的视线。本章以多种题材的广告为例，讲解广告的设计方法和制作技巧。

课堂学习目标

- 了解广告的概念
- 了解广告的本质和功能
- 掌握广告的设计思路和过程
- 掌握广告的制作方法和技巧

14.1 广告设计概述

广告是为了某种特定的需要，通过一定的媒体形式公开而广泛地向公众传递信息的宣传手段，它的本质是传播。平面广告的效果如图 14-1 所示。

图 14-1

14.2 制作 MP3 广告

14.2.1 案例分析

本例是为电子产品公司的 MP3 设计制作宣传广告。这款 MP3 的特点就是小身材，大影音。目标销售群是追求时尚潮流，热爱流行音乐的都市青年。在广告设计上要充分利用丰富的设计手段和表现形式表现出 MP3 的产品特色和强大影音功能。

在设计制作过程中，利用人佩戴耳机的图片突出显示流行音乐是都市青年生活的一部分。用 3 束光线来渲染图片的氛围，强化宣传这款 MP3 的现场影音效果，紧扣右侧竖排的宣传语和广告主题。使用装饰图形和 MP3 图片结合，介绍产品不同的颜色和款式。最后用银色光亮文字强调这款 MP3 的炫酷感。整个广告设计时尚个性，主题鲜明。

本例将使用矩形工具和形状工具绘制背景底图，使用导入命令、交互式透明工具和图框精确剪裁命令制作背景效果，使用椭圆形工具绘制装饰圆形，使用导入命令和交互式透明工具制作 MP3 图片，使用插入符号字符命令添加字符。

14.2.2 案例设计

本案例设计流程如图 14-2 所示。

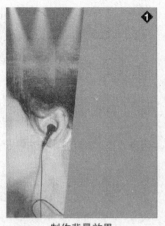

编辑MP3图片

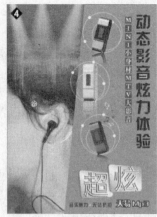

制作背景效果　　　　　　添加宣传文字　　　　　　最终效果

图 14-2

14.2.3　案例制作

1．编辑图片并制作光晕效果

（1）按 Ctrl+N 组合键，新建一个 A4 页面。双击"矩形"工具，绘制一个与页面大小相等的矩形，设置图形颜色的 CMYK 值为：0、60、100、0，填充图形，效果如图 14-3 所示。

（2）选择"矩形"工具，在页面中绘制一个矩形，设置图形颜色的 CMYK 值为：0、100、100、0，填充图形，并去除图形的轮廓线，效果如图 14-4 所示。

（3）按 Ctrl+Q 组合键，将图形转换为曲线。选择"形状"工具，单击选取图形右下方的节点，将其向左拖曳到适当的位置，效果如图 14-5 所示。

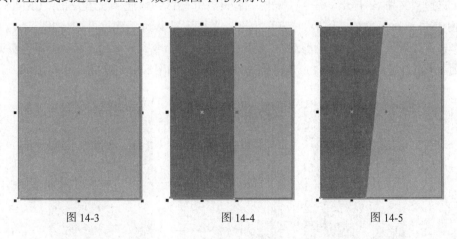

图 14-3　　　　　　　　　图 14-4　　　　　　　　　图 14-5

（4）选择"文件 > 导入"命令，弹出"导入"对话框。选择光盘中的"Ch14 > 素材 > 制作 MP3 广告 > 01"文件，单击"导入"按钮，在页面中单击导入图片，调整图片的大小和位置，效果如图 14-6 所示。

（5）选择"交互式透明"工具，鼠标的光标变为图标，在图片上从中心向上拖曳光标，为图片添加透明效果。在属性栏中进行设置，如图 14-7 所示。按 Enter 键，图片的透明效果如图 14-8 所示。

图 14-6

图 14-7

图 14-8

（6）选择"挑选"工具 ，按 Ctrl+PageDown 组合键，将其置后一位，如图 14-9 所示。选择 "效果 > 图框精确剪裁 > 放置在容器中"命令，鼠标的光标变为黑色箭头形状，在不规则图形 上单击，将图片置入到图形中，如图 14-10 所示。选择"效果 > 图框精确剪裁 > 编辑内容"命 令，选取图形，并将其移动到适当的位置。选择"效果 > 图框精确剪裁 > 结束编辑"命令，效 果如图 14-11 所示。

图 14-9

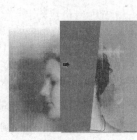
图 14-10

图 14-11

（7）选择"文件 > 打开"命令，弹出"打开绘图"对话框。选择光盘中的"Ch14 > 素材 > 制作 MP3 广告 > 02"文件，单击"打开"按钮，将图形粘贴到页面中，效果如图 14-12 所示。

（8）选择"效果 > 图框精确剪裁 > 放置在容器中"命令，鼠标的光标变为黑色箭头形状， 在不规则图形上单击，如图 14-13 所示。将光晕图形置入到图形中，效果如图 14-14 所示。

图 14-12

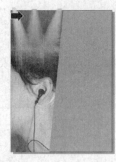
图 14-13

图 14-14

2. 制作装饰圆形和手机倒影效果

（1）选择"椭圆形"工具 ，按住 Ctrl 键的同时，在页面中绘制一个圆形，在属性栏中将"轮 廓宽度" 0.2 mm 选项设为 1，在"CMYK 调色板"中的"白"色块上单击鼠标右键，填充图形 的轮廓线，效果如图 14-15 所示。选择"挑选"工具 ，按数字键盘上的+键，复制一个图形。

向内拖曳图形右上方的控制手柄，将图形缩小，效果如图 14-16 所示。

（2）选择"椭圆形"工具，按住 Ctrl 键的同时，绘制多个圆形，分别填充图形为白色，并去除图形的轮廓线，效果如图 14-17 所示。选择"挑选"工具，用圈选的方法将图形同时选取，按 Ctrl+G 组合键，将其群组，效果如图 14-18 所示。

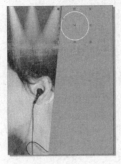

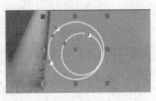

图 14-15　　　　　图 14-16　　　　　图 14-17　　　　　　图 14-18

（3）选择"挑选"工具，按两次数字键盘上的+键，复制两个图形，分别将其拖曳到适当的位置，并调整其角度，效果如图 14-19 所示。

（4）按 Ctrl+I 组合键，弹出"导入"对话框。选择光盘中的"Ch14 > 素材 > 制作 MP3 广告 > 03"文件，单击"导入"按钮，在页面中单击导入图片，调整其大小和位置，效果如图 14-20 所示。

（5）选择"挑选"工具，按数字键盘上的+键，复制一个图片，单击属性栏中的"垂直镜像"按钮，垂直翻转复制的图片，并向下拖曳图形到适当的位置，如图 14-21 所示。

（6）选择"交互式透明"工具，鼠标的光标变为图标，在图片上从右上方至左下方拖曳光标，为图片添加透明效果。在属性栏中进行设置，如图 14-22 所示。按 Enter 键，图片的透明效果如图 14-23 所示。

图 14-19　　　图 14-20　　　图 14-21　　　　　　图 14-22　　　　　　图 14-23

（7）选择"文件 > 导入"命令，弹出"导入"对话框。选择光盘中的"Ch14 > 素材 > 制作 MP3 广告 > 04、05"文件，单击"导入"按钮，在页面中单击导入图片，分别将图片拖曳到适当的位置，并调整其大小，效果如图 14-24 所示。用上述所讲的方法，复制图片并添加透明效果，如图 14-25 所示。

（8）选择"文本 > 插入符号字符"命令，弹出"插入字符"面板。在面板中进行设置，如图 14-26 所示。选择"挑选"工具，分别拖曳需要的字符到适当的位置，并调整其大小，分别填充适当的颜色，去除字符的轮廓线，复制字符并旋转适当的角度，效果如图 14-27 所示。

图 14-24　　　　　图 14-25　　　　　图 14-26　　　　　　图 14-27

3．制作渐变图形并添加文字

（1）选择"矩形"工具▢，在属性栏中将矩形上下左右 4 个角的"边角圆滑度"均设为 17，绘制一个圆角矩形，如图 14-28 所示。按 Ctrl+Q 组合键，将图形转换为曲线。选择"形状"工具▨，分别选取并调整图形的节点，效果如图 14-29 所示。

（2）选择"渐变填充对话框"工具▨，弹出"渐变填充"对话框。点选"自定义"单选框，在"位置"选项中分别输入：0、46、100 几个位置点，单击右下角的"其它"按钮，分别设置几个位置点颜色的 CMYK 值为：0（20、0、0、20）、46（0、0、0、0）、100（20、0、0、20），其他选项的设置如图 14-30 所示。单击"确定"按钮，填充图形，并去除图形的轮廓线，如图 14-31 所示。

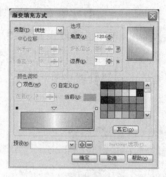

图 14-28　　　　　图 14-29　　　　　　　图 14-30　　　　　　图 14-31

（3）选择"交互式阴影"工具▨，在图形上从中心位置向左拖曳光标，为图形添加阴影效果，在属性栏中进行设置，如图 14-32 所示。按 Enter 键，效果如图 14-33 所示。选择"挑选"工具▨，按数字键盘上的+键，复制一个图形，将其拖曳到适当的位置，效果如图 14-34 所示。

图 14-32　　　　　　　图 14-33　　　　　　图 14-34

（4）选择"文本"工具▨，输入需要的文字。选择"挑选"工具▨，在属性栏中选择合适的字体并设置文字大小，效果如图 14-35 所示。选择"挑选"工具▨，按 Ctrl+K 组合键，将文字拆分，分别选取文字并拖曳到适当的位置，效果如图 14-36 所示。按数字键盘上的+键，复制文字，填充为白色，并分别微调文字的位置，效果如图 14-37 所示。

（5）选择"文件 > 打开"命令，弹出"打开绘图"对话框。选择光盘中的"Ch14 > 素材 > 制作 MP3 广告 > 06"文件，单击"打开"按钮，将文字粘贴到页面中，并拖曳到适当的位置，效果如图 14-38 所示。MP3 广告制作完成。

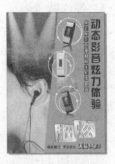

图 14-35　　　　　　图 14-36　　　　　　图 14-37　　　　　　图 14-38

14.3　制作手机广告

14.3.1　案例分析

　　本例是为手机公司设计制作宣传广告。这是一款功能强大的照相手机，广告的设计要用全新的设计观念和时尚的表现手法，展示出这款照相手机的高清摄像和照相功能，诠释出通过手机的照相功能留下自然、音乐、美好生活的意义。

　　在设计制作过程中，使用湖蓝色的渐变营造出梦幻的静谧感觉，像是蓝天，又像是大海。多个淡蓝色的星光图形，仿佛海天一色中的点点繁星。多条曲线犹如五线谱又似不断在律动的波浪，增强了画面的动感。在蝴蝶和音乐符号元素的映衬下，照相手机产品图片时尚绚丽。通过对广告语和产品说明文字的设计编排，强化了产品的特性。整体设计亲近自然，主题鲜明突出。

　　本例将使用贝塞尔工具和交互式调和工具制作背景曲线，使用交互式阴影工具制作手机图片的阴影效果，使用文本插入符号字符命令插入音乐字符，使用添加透视命令制作宣传文字，使用交互式立体化工具制作装饰"十"字形。

14.3.2　案例设计

　　本案例设计流程如图 14-39 所示。

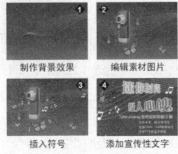

图 14-39

291

14.3.3　案例制作

1．制作背景图形

（1）按 Ctrl+N 组合键，新建一个页面，在属性栏的"纸张宽度和高度"选项中分别设置宽度为 330 mm，高度为 230 mm，按 Enter 键，页面尺寸显示为设置的大小。选择"矩形"工具 ⬜，在页面中绘制一个矩形，如图 14-40 所示。

（2）选择"渐变填充对话框"工具 ▨，弹出"渐变填充"对话框。点选"双色"单选框，将"从"选项颜色的 CMYK 值设置为：100、100、0、0，"到"选项颜色的 CMYK 值设置为：100、20、0、0，其他选项的设置如图 14-41 所示。单击"确定"按钮，填充图形，并去除图形的轮廓线，效果如图 14-42 所示。

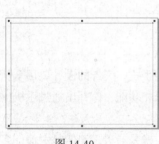

图 14-40

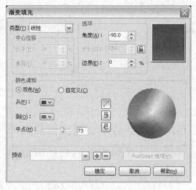

图 14-41

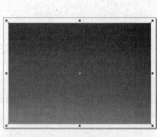

图 14-42

（3）选择"贝塞尔"工具 ▨，绘制两条曲线，如图 14-43 所示。选择"挑选"工具 ▨，分别选取曲线，在属性栏中将"轮廓宽度" ⬚ 0.2 mm ▾ 选项设为 0.8，在"CMYK 调色板"中的"白"色块上单击鼠标右键，填充曲线，效果如图 14-44 所示。

（4）选择"交互式调和"工具 ▨，在两条直线之间应用调和，在属性栏中进行设置，如图 14-45 所示。按 Enter 键，效果如图 14-46 所示。

图 14-43

图 14-44

图 14-45

图 14-46

（5）选择"效果 > 图框精确剪裁 > 放置在容器中"命令，鼠标的光标变为黑色箭头形状，在矩形背景上单击，如图 14-47 所示。将调和图形置入到矩形背景中，图形效果如图 14-48 所示。

（6）选择"效果 > 图框精确剪裁 > 编辑内容"命令，选取图形，将其向上移动到适当的位置。选择"效果 > 图框精确剪裁 > 结束编辑"命令，效果如图 14-49 所示。

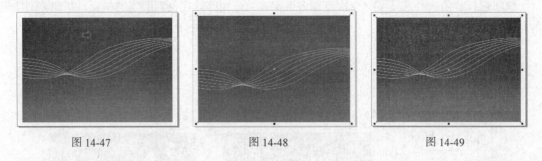

图 14-47   图 14-48   图 14-49

2．导入并编辑图片

（1）选择"文件 > 导入"命令，弹出"导入"对话框。选择光盘中的"Ch14 > 素材 > 制作手机广告 > 01"文件，单击"导入"按钮，在页面中单击导入图片，将图片拖曳到适当的位置，并调整其大小和角度，效果如图 14-50 所示。

（2）选择"交互式阴影"工具，在图片上从中心向右拖曳光标，为图片添加阴影效果。在属性栏中设置"阴影颜色"的 CMYK 值为：20、40、0、0，其他选项的设置如图 14-51 所示。按 Enter 键，效果如图 14-52 所示。

图 14-50   图 14-51   图 14-52

（3）选择"文件 > 打开"命令，弹出"打开绘图"对话框。选择光盘中的"Ch14 > 素材 > 制作手机广告 > 02"文件，单击"打开"按钮，将图形粘贴到页面中，并拖曳到适当的位置，效果如图 14-53 所示。选择"挑选"工具，按 Ctrl+PageDown 组合键，将其置后一位，如图 14-54 所示。

（4）选择"文件 > 导入"命令，弹出"导入"对话框。选择光盘中的"Ch14 > 素材 > 制作手机广告 > 03"文件，单击"导入"按钮，在页面中单击导入图片，将图片拖曳到适当的位置，效果如图 14-55 所示。

图 14-53   图 14-54   图 14-55

（5）选择"文本 > 插入符号字符"命令，弹出"插入字符"面板。在面板中进行设置，如

图 14-56 所示。选择"挑选"工具 ，分别拖曳需要的字符到适当的位置，并调整其大小，填充为白色，并去除字符的轮廓线，如图 14-57 所示。

（6）选择"挑选"工具 ，再次复制多个字符，分别将其拖曳到适当的位置，并旋转到适当的角度，效果如图 14-58 所示。

图 14-56

图 14-57

图 14-58

3. 添加内容文字

（1）选择"文本"工具 字，输入需要的文字。选择"挑选"工具 ，在属性栏中选择合适的字体并设置文字大小，效果如图 14-59 所示。设置文字颜色的 CMYK 值为：0、60、100、0，填充文字。按 F12 键，弹出"轮廓笔"对话框。在"颜色"选项中设置轮廓线的颜色为"白"，其他选项的设置如图 14-60 所示。单击"确定"按钮，效果如图 14-61 所示。

图 14-59

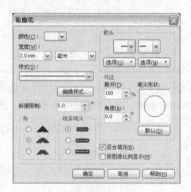
图 14-60

图 14-61

（2）选择"效果 > 添加透视"命令，为文字添加透视点，如图 14-62 所示。分别拖曳各个透视点到适当的位置，如图 14-63 所示。文字效果如图 14-64 所示。

图 14-62

图 14-63

图 14-64

（3）选择"文本"工具 字，输入需要的文字。选择"挑选"工具 ，在属性栏中选择合适的字体并设置文字大小，设置文字颜色的 CMYK 值为：100、0、0、0，填充文字。按 F12 键，弹出"轮廓笔"对话框。在"颜色"选项中选择轮廓线的颜色为"白"色，将"宽度"选项设为 2，单击"确定"按钮，效果如图 14-65 所示。

（4）选择"效果 > 添加透视"命令，为文字添加透视点，如图 14-66 所示。分别拖曳各个透视点到适当的位置，如图 14-67 所示。文字效果如图 14-68 所示。

图 14-65

图 14-66

图 14-67

图 14-68

（5）选择"文本"工具，输入需要的文字。选择"挑选"工具，在属性栏中选择合适的字体并设置文字大小，填充文字为白色，效果如图 14-69 所示。

（6）选择"文本"工具，输入需要的文字。选择"挑选"工具，在属性栏中选择合适的字体并设置文字大小，设置填充颜色的 CMYK 值为：0、0、100、0，填充文字，如图 14-70 所示。再次输入需要的文字，填充文字为白色，效果如图 14-71 所示。

图 14-69

图 14-70

图 14-71

（7）选择"基本形状"工具，在属性栏中单击"完美图形"按钮，在弹出的面板中选择需要的图形，如图 14-72 所示。拖曳鼠标绘制图形，效果如图 14-73 所示。

（8）选择"形状"工具，将光标移到图形的红色菱形块上，拖曳红色菱形块到适当的位置，效果如图 14-74 所示。

（9）选择"挑选"工具，向外拖曳图形右上方的控制手柄，将图形放大。设置图形填充颜色的 CMYK 值为：0、0、100、0，填充图形，并去除图形的轮廓线。按 Ctrl+Q 组合键，将十字架转换为曲线，效果如图 14-75 所示。

图 14-72

图 14-73

图 14-74

图 14-75

（10）选择"交互式立体化"工具，鼠标的光标变为图标，在图形上从中心向右上方拖曳鼠标。单击属性栏中的"颜色"按钮，在弹出的"颜色"面板中单击"使用递减的颜色"按钮，将"从"选项的颜色设为"橘红"，"到"选项的颜色设置为"蓝紫"，其他选项的设置如图 14-76 所示。按 Enter 键，效果如图 14-77 所示。手机广告制作完成，效果如图 14-78 所示。

图 14-76　　　　　　　　　　图 14-77　　　　　　　　　　图 14-78

14.4　制作电脑广告

14.4.1　案例分析

本例是为电脑公司新推出的笔记本电脑产品设计制作广告。这款产品的特色是超薄、大显示屏、款式时尚。在广告设计上要突出笔记本电脑的特色和优势，运动现代设计语言表达产品的时尚感和科技感。

在设计制作过程中，通过红色和黄色的渐变背景，烘托推出新产品的喜庆气氛。使用绘制的各种装饰图形表达新产品的时尚感和科技感。将新产品图片放在画面的中心，强化广告中主体的核心地位。精心设计"新品上市"文字，活跃画面气氛，强调全新上市的产品概念。整个广告设计气氛热烈，主题突出。

本例使用手绘工具和复制命令制作背景延伸效果，使用贝塞尔工具和交互式透明工具绘制装饰透明图形，使用打开和导入命令添加图片，使用文字工具和交互式透明工具制作文字投影。

14.4.2　案例设计

本案例设计流程如图 14-79 所示。

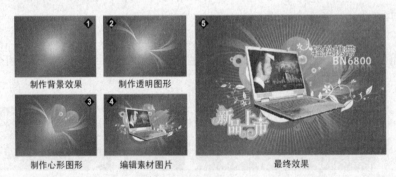

制作背景效果　　　　制作透明图形

制作心形图形　　　　编辑素材图片　　　　　　　最终效果

图 14-79

14.4.3　案例制作

1．制作背景效果

（1）按 Ctrl+N 组合键，新建一个页面，在属性栏的"纸张宽度和高度"选项中分别设置宽度为 303 mm，高度为 216 mm，按 Enter 键，页面尺寸显示为设置的大小。双击"矩形"工具，绘制一个与页面大小相等的矩形，如图 14-80 所示。

（2）选择"渐变填充对话框"工具，弹出"渐变填充"对话框。点选"自定义"单选框，在"位置"选项中分别添加并输入：0、50、100 几个位置点，单击右下角的"其它"按钮，分别设置几个位置点颜色的 CMYK 值为：0（55、98、96、13）、50（0、98、96、0）、100（58、97、96、18），其他选项的设置如图 14-81 所示。单击"确定"按钮，填充图形，并去除图形的轮廓线，效果如图 14-82 所示。

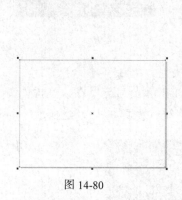

图 14-80　　　　　　　　　　图 14-81　　　　　　　　　　图 14-82

（3）选择"手绘"工具，按住 Ctrl 键的同时，绘制一条直线，在属性栏中将"轮廓宽度" 0.2 mm 选项设为 1.5，按 Enter 键，效果如图 14-83 所示。选择"挑选"工具，按数字键盘上的+键，复制一条直线。再次单击直线，使其处于旋转状态，将旋转中心移动到页面的中心位置，如图 14-84 所示。在属性栏中将"旋转角度" 0.0 选项设为 3，按 Enter 键，效果如图 14-85 所示。

（4）按数字键盘上的+键，再次复制一条直线。在属性栏中将"旋转角度" 0.0 选项设为 6，按 Enter 键，效果如图 14-86 所示。按住 Ctrl 键，再连续点按 D 键，按需要再制出多条直线，效果如图 14-87 所示。

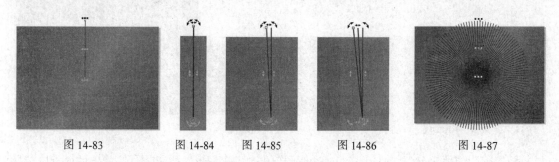

图 14-83　　　　　图 14-84　　　　　图 14-85　　　　　图 14-86　　　　　图 14-87

（5）选择"挑选"工具，用圈选的方法选取所有直线，在"CMYK 调色板"中的"黄"色块上单击鼠标右键，填充直线，效果如图 14-88 所示。单击属性栏中的"结合"按钮，将多条直线结合为一个图形。

（6）选择"交互式透明"工具，在属性栏中将"透明度类型"选项设为"射线"，在属性栏中将起点手柄□的透明中心点数值设为 0，终点手柄■的透明中心点数值设为 100，并单击属性栏中的"编辑透明度"按钮，弹出"渐变透明度"对话框，选项的设置如图 14-89 所示。单击"确定"按钮，效果如图 14-90 所示。

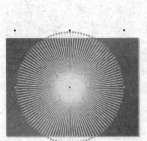

图 14-88

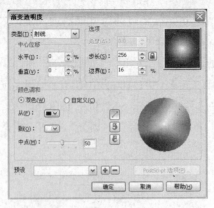

图 14-89

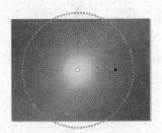

图 14-90

2．制作透明图形及心形

（1）选择"贝塞尔"工具 ，在页面中绘制一个图形，效果如图 14-91 所示。在"CMYK 调色板"中的"白"色块上单击鼠标，填充图形，并去除图形的轮廓线，效果如图 14-92 所示。

图 14-91

图 14-92

（2）选择"交互式透明"工具 ，鼠标的光标变为 图标，在图形上从左下方至右上方拖曳光标，为图形添加透明效果。在属性栏中进行设置，如图 14-93 所示。按 Enter 键，效果如图 14-94 所示。用相同的方法制作出多个透明图形，效果如图 14-95 所示。

图 14-93

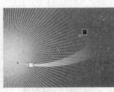

图 14-94

图 14-95

（3）选择"基本形状"工具 ，在属性栏中单击"完美图形"按钮 ，在弹出的面板中选择需要的图形，如图 14-96 所示。拖曳鼠标绘制图形，效果如图 14-97 所示。选择"挑选"工具 ，再次单击图形，使其处于旋转状态，拖曳右上方的控制手柄，将图形旋转到适当的角度。

（4）选择"渐变填充对话框"工具 ，弹出"渐变填充"对话框。点选"自定义"单选框，在"位置"选项中分别添加并输入：0、72、87、100 几个位置点，单击右下角的"其它"按钮，分别设置几个位置点颜色的 CMYK 值为：0（0、74、47、0）、72（0、24、24、0）、87（2、9、25、0）、100（1、0、6、0），其他选项的设置如图 14-98 所示。单击"确定"按钮，填充图形，并去除图形的轮廓线，效果如图 14-99 所示。

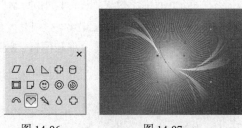

图 14-96　　　　　图 14-97　　　　　　　　　图 14-98　　　　　　　　图 14-99

（5）选择"贝塞尔"工具，在心形图形上方绘制不规则图形，如图 14-100 所示。在"CMYK 调色板"中的"白"色块上单击鼠标，填充图形，并去除图形的轮廓线，效果如图 14-101 所示。用相同的方法制作多个白色不规则图形，效果如图 14-102 所示。

（6）选择"挑选"工具，用圈选的方法将白色不规则图形同时选取，按 Ctrl+G 组合键，将其群组，如图 14-103 所示。

图 14-100　　　　　图 14-101　　　　　图 14-102　　　　　图 14-103

（7）选择"交互式透明"工具，在属性栏中进行设置，如图 14-104 所示。按 Enter 键，图形的透明效果如图 14-105 所示。

（8）选择"椭圆形"工具，按住 Ctrl 键的同时，绘制一个圆形。在"CMYK 调色板"中的"白"色块上单击鼠标，填充图形，并去除图形的轮廓线，效果如图 14-106 所示。

图 14-104　　　　　　　　　图 14-105　　　　　图 14-106

（9）选择"交互式透明"工具，在属性栏中进行设置，如图 14-107 所示。按 Enter 键，效果如图 14-108 所示。选择"挑选"工具，按两次数字键盘上的+键，复制两个图形，分别将复制出的图形拖曳到适当的位置，并调整其大小，效果如图 14-109 所示。

图 14-107　　　　　　　　　图 14-108　　　　　图 14-109

299

3. 导入图片并添加宣传文字

（1）选择"文件 > 打开"命令，弹出"打开绘图"对话框。选择光盘中的"Ch14 > 素材 > 制作电脑广告 > 01"文件，单击"打开"按钮，将图形粘贴到页面中，效果如图 14-110 所示。

（2）选择"文件 > 导入"命令，弹出"导入"对话框。选择光盘中的"Ch14 > 素材 > 制作电脑广告 > 02"文件，单击"导入"按钮，在页面中单击导入图片，调整其大小和位置，效果如图 14-111 所示。

图 14-110　　　　　　　　　图 14-111

（3）选择"文本"工具字，输入需要的文字。选择"挑选"工具，在属性栏中选择合适的字体并设置文字大小，效果如图 14-112 所示。在"CMYK 调色板"中的"紫"色块上单击鼠标，填充文字颜色。

（4）选择"挑选"工具，按 F12 键，弹出"轮廓笔"对话框。将轮廓颜色设为白色，其他选项的设置如图 14-113 所示。单击"确定"按钮，文字效果如图 14-114 所示。

图 14-112　　　　　　　图 14-113　　　　　　　图 14-114

（5）选择"文本"工具字，分别输入需要的文字。选择"挑选"工具，在属性栏中选择合适的字体并设置文字大小。在"CMYK 调色板"中的"白"色块上单击鼠标，填充文字，效果如图 14-115 所示。

（6）选择"挑选"工具，按数字键盘上的 + 键，复制文字。将文字垂直向下拖曳到适当的位置，如图 14-116 所示。单击属性栏中的"垂直镜像"按钮，垂直翻转文字，效果如图 14-117 所示。

图 14-115　　　　　　　图 14-116　　　　　　　图 14-117

（7）选择"交互式透明"工具，鼠标的光标变为图标，在文字上从上至下拖曳光标，为文字添加透明效果。在属性栏中进行设置，如图 14-118 所示。按 Enter 键，效果如图 14-119 所示。

图 14-118   图 14-119

（8）选择"文件 > 打开"命令，弹出"打开绘图"对话框。选择光盘中的"Ch14 > 素材 > 制作电脑广告 > 03"文件，单击"打开"按钮，将文字粘贴到页面中，效果如图 14-120 所示。电脑广告制作完成，如图 14-121 所示。

图 14-120   图 14-121

课堂练习 1——制作啤酒广告

【练习知识要点】使用矩形工具和渐变填充工具制作广告背景；使用图框精确剪裁命令将图形置入到背景中；使用艺术笔工具绘制烟花图形；使用贝塞尔工具、交互式调和工具和交互式透明工具制作发光线条图形；使用文本工具和轮廓笔工具添加广告语。啤酒广告效果如图 14-122 所示。

【效果所在位置】光盘/Ch14/效果/制作啤酒广告.cdr。

图 14-122

301

课堂练习2——制作香水广告

【练习知识要点】使用矩形工具和渐变填充工具制作广告背景；使用交互式透明工具制作花纹透明效果；使用图框精确剪裁命令将香水瓶置入到背景中；使用交互式阴影工具为香水瓶图形添加阴影效果；使用文本工具添加广告语。香水广告效果如图 14-123 所示。

【效果所在位置】光盘/Ch14/效果/制作香水广告.cdr。

图 14-123

课后习题——制作打印机广告

【习题知识要点】使用图框精确剪裁命令将位图置入到矩形中；使用艺术笔工具绘制气泡图形；使用交互式轮廓图工具为文字添加轮廓效果；使用文本插入字符命令插入特殊字符。打印机广告效果如图 14-124 所示。

【习题知识要点】光盘/Ch14/效果/制作打印机广告.cdr。

图 14-124

第15章
包装设计

　　包装代表着一个商品的品牌形象。好的包装设计可以让商品在同类产品中脱颖而出，吸引消费者的注意力并引发其购买行为。好的包装设计可以起到美化商品及传达商品信息的作用，更可以极大地提高商品的价值。本章以多个类别的包装为例，讲解包装的设计方法和制作技巧。

课堂学习目标

- 了解包装的概念
- 了解包装的功能和分类
- 掌握包装的设计思路和过程
- 掌握包装的制作方法和技巧

15.1 包装设计概述

包装最主要的功能是保护商品，其次是美化商品和传达信息。好的包装设计除了遵循设计中的基本原则外，还要着重研究消费者的心理活动，才能在同类商品中脱颖而出，如图 15-1 所示。

图 15-1

按包装在流通中的作用分类：可分为运输包装和销售包装。

按包装材料分类：可分为纸板、木材、金属、塑料、玻璃和陶瓷、纤维织品、复合材料等包装。

按销售市场分类：分为内销商品包装和出口商品包装。

按商品种类分类：分成建材商品包装、农牧水产品商品包装、食品和饮料商品包装、轻工日用品商品包装、纺织品和服装商品包装、化工商品包装、医药商品包装、机电商品包装、电子商品包装、兵器包装等。

15.2 制作 MP3 包装

15.2.1 案例分析

本例是为电子产品公司设计制作的 MP3 包装盒效果图。这款 MP3 的设计非常炫酷，造型简洁，可以更换彩色外壳面板，而且功能强大，还可以存放上千首的 MP3 歌曲。在包装盒的设计上要运用现代设计元素和语言表现出产品的前卫和时尚。

在设计制作过程中，首先使用蓝紫色的渐变背景烘托出宁静放松的氛围。使用典雅现代的装饰花纹表现出产品的现代感和时尚感。使用陶醉在音乐中的女性图片，寓意 MP3 良好的音质和完美的功能特色。在画面左下角用 MP3 产品图片来表现产品的款式和颜色。最后使用文字详细介绍产品性能。整个包装元素的设计和应用和谐统一。

本例将使用手绘工具和交互式调和工具制作背景线条，使用垂直镜像命令垂直翻转手机图片，使用交互式透明工具制作手机图片的投影效果，使用文本工具和形状工具制作产品名称，使用形状工具调整文字间距。

15.2.2　案例设计

本案例设计流程如图 15-2 所示。

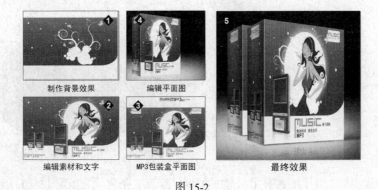

制作背景效果　　　　编辑平面图

编辑素材和文字　　　MP3包装盒平面图　　　　最终效果

图 15-2

15.2.3　案例制作

1. 制作包装盒正面背景图形

（1）按 Ctrl+N 组合键，新建一个页面，在属性栏的"纸张宽度和高度"选项中分别设置宽度为 130 mm，高度为 110 mm，按 Enter 键，页面尺寸显示为设置的大小。双击"矩形"工具 ▣，绘制一个与页面大小相等的矩形，效果如图 15-3 所示。

图 15-3　　　　　　　　　　　图 15-4

（2）在"CMYK 调色板"中的"白"色块上单击鼠标，填充图形，并去除图形的轮廓线，效果如图 15-4 所示。

（3）选择"矩形"工具 ▣，在属性栏中进行设置，如图 15-5 所示。拖曳鼠标绘制一个矩形，效果如图 15-6 所示。

（4）选择"挑选"工具 ▨，按 Ctrl+Q 组合键，将图形转换为曲线。选择"形状"工具 ▨，选取图形右下方的节点，拖曳节点两端的控制手柄调整图形的形状，如图 15-7 所示。

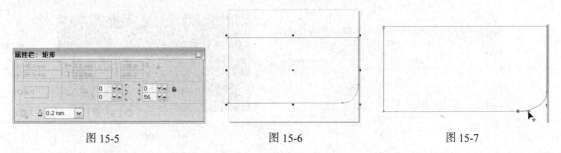

图 15-5　　　　　　　　　　图 15-6　　　　　　　　　　图 15-7

（5）选择"渐变填充对话框"工具 ▣，弹出"渐变填充"对话框。点选"双色"单选框，将"从"选项颜色的 CMYK 值设置为：100、100、0、0，"到"选项颜色的 CMYK 值设置为：100、

0、0、0，其他选项的设置如图 15-8 所示。单击"确定"按钮，填充图形，并去除图形的轮廓线，效果如图 15-9 所示。

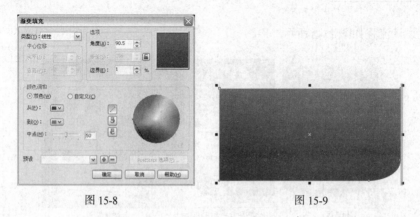

图 15-8　　　　　　　　　　　　　　　　图 15-9

（6）选择"手绘"工具，按住 Ctrl 键的同时，绘制一条直线，如图 15-10 所示。在"CMYK 调色板"中的"白"色块上单击鼠标右键，填充直线。

（7）选择"排列 > 变换 > 位置"命令，弹出"变换"面板，选项的设置如图 15-11 所示。单击"应用到再制"按钮，效果如图 15-12 所示。

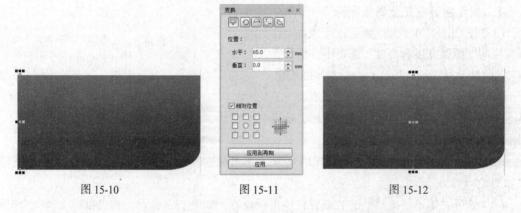

图 15-10　　　　　　　　图 15-11　　　　　　　　图 15-12

（8）选择"挑选"工具，单击选取左侧的直线。选择"交互式调和"工具，将光标在两条直线之间从左至右拖曳，在属性栏中进行设置，如图 15-13 所示。按 Enter 键，效果如图 15-14 所示。

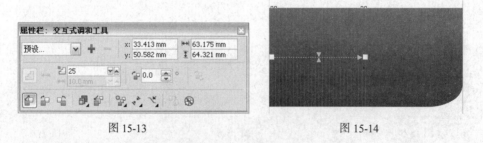

图 15-13　　　　　　　　　　　　　图 15-14

（9）选择"挑选"工具，选取调和后的图形。按数字键盘上的+键，复制一个图形。并将复制出的图形水平向右拖曳到适当的位置，效果如图 15-15 所示。

（10）选择"椭圆形"工具 ，按住 Ctrl 键的同时，绘制一个圆形。在"CMYK 调色板"中的"白"色块上单击鼠标，填充图形，并去除图形的轮廓线，效果如图 15-16 所示。

图 15-15

图 15-16

（11）选择"挑选"工具 ，按住鼠标左键将白色圆形向左下方拖曳，并在适当的位置单击鼠标右键，复制图形，并调整其大小，效果如图 15-17 所示。用相同的方法复制多个白色圆形，并分别调整其大小，效果如图 15-18 所示。

图 15-17

图 15-18

2．导入图片并编辑文字

（1）选择"文件 > 导入"命令，弹出"导入"对话框。选择光盘中的"Ch15 > 素材 > 制作 MP3 包装 > 01"文件，单击"导入"按钮，在页面中单击导入图形，并调整其大小和位置，效果如图 15-19 所示。

（2）选择"挑选"工具 ，在"CMYK 调色板"中的"白"色块上单击鼠标，填充图形，效果如图 15-20 所示。

图 15-19

图 15-20

（3）选择"椭圆形"工具 ，按住 Ctrl 键的同时，拖曳鼠标绘制圆形，效果如图 15-21 所示。在"CMYK 调色板"中的"白"色块上单击鼠标，填充图形，并去除图形的轮廓线，效果如图 15-22 所示。

图 15-21

图 15-22

（4）选择"交互式阴影"工具，在图形上从上至下拖曳光标，为图形添加阴影效果。在属性栏中将阴影颜色设为白色，其他选项的设置如图 15-23 所示。按 Enter 键，效果如图 15-24 所示。

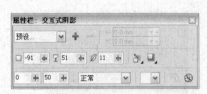

图 15-23

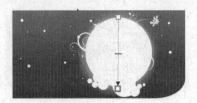

图 15-24

（5）选择"文件 > 导入"命令，弹出"导入"对话框。选择光盘中的"Ch15 > 素材 > 制作 MP3 包装 > 02"文件，单击"导入"按钮，在页面中单击导入图形，并调整其大小。按 Ctrl+G 组合键，将其群组，效果如图 15-25 所示。

（6）选择"文件 > 导入"命令，弹出"导入"对话框。选择光盘中的"Ch15 > 素材 > 制作 MP3 包装 > 03"文件，单击"导入"按钮，在页面中单击导入图片，调整其位置和大小，效果如图 15-26 所示。

图 15-25

图 15-26

（7）选择"挑选"工具，按数字键盘上的+键，复制一个手机图形。单击属性栏中的"垂直镜像"按钮，垂直翻转图形，并将图形垂直向下拖曳到适当的位置，效果如图 15-27 所示。

（8）选择"交互式透明"工具，鼠标的光标变为图标，在图形上从上至下拖曳光标，为图形添加透明效果。在属性栏中进行设置，如图 15-28 所示。按 Enter 键，效果如图 15-29 所示。

图 15-27

图 15-28

图 15-29

（9）选择"文本"工具，输入需要的文字。选择"挑选"工具，在属性栏中选择合适的字体并设置文字大小。选择"形状"工具，向左拖曳文字下方的图标，调整文字间距，效果如图 15-30 所示。

（10）在"CMYK 调色板"中的"橘黄"色块上单击鼠标，填充文字。按 Ctrl+Q 组合键，将文字转换为曲线，效果如图 15-31 所示。选择"形状"工具，选取需要的节点，将其垂直向下拖曳到适当的位置，如图 15-32 所示。

图 15-30　　　　　　　　　　图 15-31　　　　　　　　　　图 15-32

（11）选择"文本"工具字，输入需要的文字。选择"挑选"工具，在属性栏中选择合适的字体并设置文字大小。选择"形状"工具，向右拖曳文字下方的图标，调整文字间距，效果如图 15-33 所示。用相同的方法输入需要文字并适当调整文字间距，效果如图 15-34 所示。

图 15-33　　　　　　　　　　图 15-34

3．添加并编辑文字

（1）选择"文件 > 导入"命令，弹出"导入"对话框。选择光盘中的"Ch15 > 素材 > 制作 MP3 包装 > 04"文件，单击"导入"按钮，在页面中单击导入图片，调整图片大小，效果如图 15-35 所示。

（2）选择"文本"工具字，输入需要的文字。选择"挑选"工具，在属性栏中选择合适的字体并设置文字大小。选择"形状"工具，向右拖曳文字下方的图标，调整文字间距，效果如图 15-36 所示。

图 15-35　　　　　　　　　　　　图 15-36

（3）选择"挑选"工具，选取黑色 MP3 图片，按住鼠标左键向左拖曳图形，并在适当的位置上单击鼠标右键，复制一个图形，并调整其大小，效果如图 15-37 所示。用相同的方法输入需要的文字，效果如图 15-38 所示。

（4）选择"文本"工具字，输入需要的文字。选择"挑选"工具，在属性栏中选择合适的字体并设置文字大小，效果如图 15-39 所示。在"CMYK 调色板"中的"橘黄"色块上单击鼠标，填充文字，效果如图 15-40 所示。用相同的方法添加其他文字，效果如图 15-41 所示。

图 15-37　　　　　　图 15-38　　　　　　图 15-39　　　　　　图 15-40　　　　　　图 15-41

（5）选择"矩形"工具■，在属性栏中将矩形上下左右 4 个角的"边角圆滑度"均设为 20，拖曳鼠标绘制一个圆角矩形，如图 15-42 所示。在"CMYK 调色板"中的"白"色块上单击鼠标，填充图形，并去除图形的轮廓线，效果如图 15-43 所示。

（6）选择"文本"工具字，输入需要的文字。选择"挑选"工具➘，在属性栏中选择合适的字体并设置文字大小，效果如图 15-44 所示。

图 15-42　　　　　　　　　　图 15-43　　　　　　　　　　图 15-44

（7）在"CMYK 调色板"中的"橘黄"色块上单击鼠标，填充文字，效果如图 15-45 所示。选择"文本"工具字，输入需要的文字。选择"挑选"工具➘，在属性栏中选择合适的字体并设置文字大小，效果如图 15-46 所示。

（8）选择"形状"工具➘，向右拖曳文字下方的◗图标，适当调整文字间距。并在"CMYK 调色板"中的"橘黄"色块上单击鼠标，填充文字，效果如图 15-47 所示。

图 15-45　　　　　　　　　　图 15-46　　　　　　　　　　图 15-47

（9）选择"挑选"工具➘，用圈选的方法将圆角矩形和文字同时选取，按 Ctrl+G 组合键，将其群组，如图 15-48 所示。按住鼠标左键水平向右拖曳群组图形，并在适当的位置上单击鼠标右键，复制图形，效果如图 15-49 所示。

图 15-48　　　　　　　　　图 15-49

（10）选择"文本"工具字，输入需要的文字。选择"挑选"工具➘，在属性栏中选择合适的字体并设置文字大小。选择"形状"工具➘，向左拖曳文字下方的◗图标，调整文字间距，效果如图 15-50 所示。

（11）在"CMYK 调色板"中的"蓝"色块上单击鼠标，填充文字，效果如图 15-51 所示。用相同的方法输入其他文字，效果如图 15-52 所示。

图 15-50   图 15-51   图 15-52

4．导出文件并制作展示效果图

（1）MP3 包装盒平面图制作完成，效果如图 15-53 所示。选择"文件 > 导出"命令，弹出"导出"对话框。将"文件名"设置为"MP3 包装平面图"，文件格式设置为 PSD 格式，单击"确定"按钮，弹出"转换为位图"对话框，选项的设置如图 15-54 所示。单击"确定"按钮，导出文件。

（2）使用 Photoshop 软件，打开刚导出的文件，制作 MP3 包装的立体效果，效果如图 15-55 所示。MP3 包装展示效果制作完成。

图 15-53

图 15-54

图 15-55

15.3 制作茶叶包装

15.3.1 案例分析

本例是为茶叶贸易公司的普洱茶设计制作包装。普洱是驰名中外普洱茶的故乡及原产地，普洱茶的功效非常多，对如排毒、养胃、消炎、降低胆固醇、消脂去腻、美容减肥等都能够起到很好的作用。在包装的设计上，要通过传统的设计元素和现代的设计语言来表现普洱茶的历史文化和功能特效。

在设计制作过程中，通过大片的绿色寓意茶来自自然，用连绵不断的茶山体现出茶的生长环境。再结合茶杯和香气，表现出纯天然的茶香韵味。用精心设计的标题文字介绍茶品，点明主题。最后用其他文字详细介绍产品特色。整体设计自然、健康，充满浓浓的茶文化气息。

本例使用渐变工具制作包装背景图，使用转换为位图命令将图形转换为位图，使用添加杂点命令为背景渐变添加杂色，使用交互式透明工具制作图片的渐隐效果，使用艺术笔工具绘制茶杯热气，使用段落格式化命令调整段落行距。

15.3.2 案例设计

本案例设计流程如图 15-56 所示。

制作背景效果

编辑素材图片

添加装饰文字

茶叶包装平面图

最终效果

图 15-56

15.3.3 案例制作

1. 制作平面结构图并填充底色

（1）按 Ctrl+N 组合键，新建一个页面，在属性栏的"纸张宽度和高度"选项中分别设置宽度为 160 mm，高度为 170 mm，按 Enter 键，页面尺寸显示为设置的大小。

（2）选择"矩形"工具，在页面中绘制一个矩形，如图 15-57 所示。在"CMYK 调色板"中的"10%黑"色块上单击鼠标，填充图形，并去除图形的轮廓线，效果如图 15-58 所示。选择"矩形"工具，再分别绘制 3 个矩形，如图 15-59 所示。

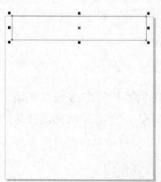

图 15-57

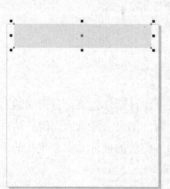

图 15-58

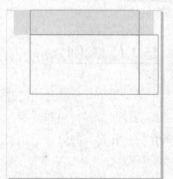

图 15-59

（3）选择"挑选"工具，单击选取页面最上方的矩形。选择"渐变填充对话框"工具，弹出"渐变填充"对话框。点选"双色"单选框，将"从"选项颜色的 CMYK 值设置为：95、57、91、36，"到"选项颜色的 CMYK 值设置为：100、0、100、0，其他选项的设置如图 15-60 所示。单击"确定"按钮，填充图形，并去除图形的轮廓线，效果如图 15-61 所示。

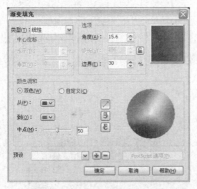

图 15-60

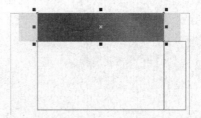

图 15-61

（4）选择"挑选"工具 ，单击选取页面右侧的矩形。选择"渐变填充对话框"工具 ，弹出"渐变填充"对话框。点选"双色"单选框，将"从"选项颜色的 CMYK 值设置为：95、57、91、36，"到"选项颜色的 CMYK 值设置为：100、0、100、0，其他选项的设置如图 15-62 所示。单击"确定"按钮，填充图形，并去除图形的轮廓线，效果如图 15-63 所示。

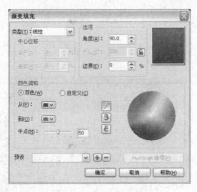

图 15-62

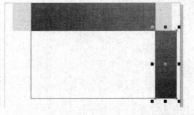

图 15-63

（5）选择"挑选"工具 ，单击选取页面中间的矩形。选择"渐变填充对话框"工具 ，弹出"渐变填充"对话框。点选"双色"单选框，将"从"选项颜色的 CMYK 值设置为：40、0、100、0，"到"选项颜色的 CMYK 值设置为：0、0、0、0，其他选项的设置如图 15-64 所示。单击"确定"按钮，填充图形，并去除图形的轮廓线，效果如图 15-65 所示。

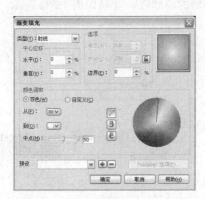

图 15-64

图 15-65

2．导入并编辑图片

（1）选择"位图 > 转换为位图"命令，弹出"转换为位图"对话框，选项的设置如图 15-66 所示。单击"确定"按钮，将图形转换为位图，效果如图 15-67 所示。

图 15-66　　　　　　　　　　　　　　　　图 15-67

（2）选择"位图 > 杂点 > 添加杂点"命令，在弹出的对话框中进行设置，如图 15-68 所示。单击"确定"按钮，效果如图 15-69 所示。

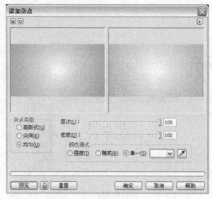

图 15-68　　　　　　　　　　　　　　　　图 15-69

（3）选择"椭圆形"工具，绘制一个椭圆形，如图 15-70 所示。选择"渐变填充对话框"工具，弹出"渐变填充"对话框。点选"双色"单选框，将"从"选项颜色的 CMYK 值设置为：40、0、100、0，"到"选项颜色的 CMYK 值设置为：0、0、60、0，其他选项的设置如图 15-71 所示。单击"确定"按钮，填充图形，并去除图形的轮廓线，效果如图 15-72 所示。

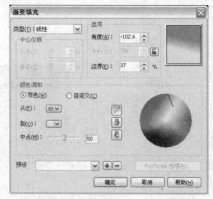

图 15-70　　　　　　　　　图 15-71　　　　　　　　　图 15-72

（4）选择"文件 > 导入"命令，弹出"导入"对话框。选择光盘中的"Ch15 > 素材 > 制作茶叶包装 > 01"文件，单击"导入"按钮，在页面中单击导入图片，将图片缩小，效果如图15-73 所示。选择"椭圆形"工具 ，在页面中拖曳鼠标绘制一个椭圆形，如图 15-74 所示。

图 15-73　　　　　　　　　　　　　　图 15-74

（5）选择"挑选"工具 ，单击选取图片。选择"效果 > 图框精确剪裁 > 放置在容器中"命令，鼠标光标变为黑色箭头形状，在椭圆形上单击，如图 15-75 所示。将图片置入到椭圆形中，如图 15-76 所示。在"CMYK 调色板"中的"无填充"按钮 上单击鼠标右键，去除图形的轮廓线，效果如图 15-77 所示。

图 15-75　　　　　　　　　　图 15-76　　　　　　　　　　图 15-77

（6）选择"挑选"工具 ，按数字键盘上的+键，复制一个图形。在图形上单击鼠标右键，在弹出的菜单中选择"提取内容"命令，选中椭圆形中的图片，如图 15-78 所示。按 Delete 键，删除图片。再次单击鼠标选取椭圆形，在"CMYK 调色板"中的"黑"色块上单击鼠标，填充图形，效果如图 15-79 所示。

图 15-78　　　　　　　　　　　图 15-79

（7）选择"交互式透明"工具 ，在属性栏中进行设置，如图 15-80 所示。单击选中起点手柄 并向左拖曳到适当的位置，效果如图 15-81 所示。

图 15-80　　　　　　　　　　　图 15-81

315

（8）选择"矩形"工具 ，在页面中绘制一个矩形，如图 15-82 所示。选择"挑选"工具，用圈选的方法将椭圆形同时选取，按 Ctrl+G 组合键，将其群组，如图 15-83 所示。

（9）选择"效果 > 图框精确剪裁 > 放置在容器中"命令，鼠标光标变为黑色箭头形状，在矩形上单击，如图 15-84 所示。将图形置入到矩形中，如图 15-85 所示。

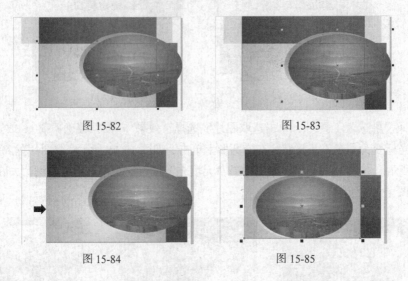

图 15-82   图 15-83

图 15-84   图 15-85

（10）.选择"效果 > 图框精确剪裁 > 编辑内容"命令，选择"挑选"工具，选取图形，将其拖曳到适当的位置，如图 15-86 所示。选择"效果 > 图框精确剪裁 > 结束编辑"命令，效果如图 15-87 所示。在"CMYK 调色板"中的"无填充"按钮 上单击鼠标右键，去除矩形的轮廓线，效果如图 15-88 所示。

图 15-86   图 15-87   图 15-88

（11）选择"文件 > 导入"命令，弹出"导入"对话框。选择光盘中的"Ch15 > 素材 > 制作茶叶包装 > 02"文件，单击"导入"按钮，在页面中单击导入图片，效果如图 15-89 所示。

（12）选择"艺术笔"工具 ，单击属性栏中的"预设"按钮 ，在"预设笔触列表"选项下拉列表中选择需要的笔触 ，其他选项的设置如图 15-90 所示。拖曳鼠标绘制图形，效果如图 15-91 所示。

图 15-89   图 15-90   图 15-91

（13）在"CMYK 调色板"中的"白"色块上单击鼠标，填充图形，并去除图形的轮廓线，效果如图 15-92 所示。选择"交互式透明"工具 ，鼠标的光标变为 图标，在图形上从上至下拖曳光标，为图形添加透明效果。在属性栏中进行设置，如图 15-93 所示。图形的透明效果如图 15-94 所示。

（14）选择"挑选"工具 ，选取透明图形，按数字键盘上的+键，复制一个图形，并调整其位置和大小，效果如图 15-95 所示。

图 15-92　　　　　　　　图 15-93　　　　　　　　图 15-94　　　　图 15-95

3．添加内容文字和装饰图形

（1）选择"文本"工具 ，单击属性栏中的"将文本更改为垂直方向"按钮 ，输入需要的文字。选择"挑选"工具 ，在属性栏中选择合适的字体并设置文字大小，效果如图 15-96 所示。设置文字填充颜色的 CMYK 值为：94、46、97、15，填充文字，效果如图 15-97 所示。

（2）选择"椭圆形"工具 ，在页面中绘制一个圆形，如图 15-98 所示。设置图形填充颜色的 CMYK 值为：38、100、98、3，填充图形，并去除图形的轮廓线，效果如图 15-99 所示。

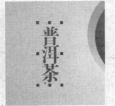

图 15-96　　　　　　　图 15-97　　　　　　　图 15-98　　　　　　　图 15-99

（3）选择"挑选"工具 ，按数字键盘上的+键，复制一个红色图形。将其垂直向上拖曳到适当的位置，并调整其大小，效果如图 15-100 所示。

（4）选择"文本"工具 ，输入需要的文字。选择"挑选"工具 ，在属性栏中选择合适的字体并设置文字大小，效果如图 15-101 所示。选取文字"龙"，在属性栏中设置适当的文字大小。填充文字为白色，效果如图 15-102 所示。用相同的方法输入其他需要的文字，效果如图 15-103 所示。

图 15-100　　　　　　图 15-101　　　　　　图 15-102　　　　　　图 15-103

（5）选择"文件 > 导入"命令，弹出"导入"对话框。选择光盘中的"Ch15 > 素材 > 制作茶叶包装 > 03"文件，单击"导入"按钮，在页面中单击导入图形，并将其拖曳到适当的位置，效果如图 15-104 所示。

（6）选择"文本"工具 字，单击属性栏中的"将文本更改为水平方向"按钮 ，输入需要的文字。选择"挑选"工具 ，在属性栏中选择合适的字体并设置文字大小，如图 15-105 所示。

图 15-104

图 15-105

4. 添加其他文字

（1）选择"文本"工具 字，输入需要的文字。选择"挑选"工具 ，在属性栏中选择合适的字体并设置文字大小，如图 15-106 所示。选择"文本 > 字符格式化"命令，弹出"字符格式化"面板，选项的设置如图 15-107 所示。按 Enter 键，效果如图 15-108 所示。

图 15-106

图 15-107

图 15-108

（2）在"CMYK 调色板"中的"绿"色块上单击鼠标，填充文字，效果如图 15-109 所示。选择"交互式透明"工具 ，在属性栏中进行设置，如图 15-110 所示。按 Enter 键，文字的透明效果如图 15-111 所示。

图 15-109

图 15-110

图 15-111

（3）选择"挑选"工具 ，用圈选的方法将多个文字同时选取，如图 15-112 所示。按数字键盘上的+键，复制文字。将文字水平向右拖曳到适当的位置，并向内拖曳控制手柄，缩小文字，效果如图 15-113 所示。

（4）选择"文本"工具 ，分别选取文字"普洱茶"和"清香型"，在"CMYK 调色板"中的"白"色块上单击鼠标，填充文字，效果如图 15-114 所示。

图 15-112   图 15-113   图 15-114

（5）选择"文本"工具 ，输入需要的文字。选择"挑选"工具 ，在属性栏中选择合适的字体并设置文字大小，如图 15-115 所示。在"CMYK 调色板"中的"白"色块上单击鼠标，填充文字颜色。

（6）选择"文本 > 字符格式化"命令，弹出"字符格式化"面板，选项的设置如图 15-116 所示。按 Enter 键，文字效果如图 15-117 所示。

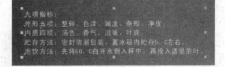

图 15-115   图 15-116   图 15-117

5．复制并编辑图形

（1）选择"挑选"工具 ，单击选取页面最上方的灰色块图形。按住鼠标左键垂直向下拖曳图形，并在适当的位置单击鼠标右键，复制一个新的图形，效果如图 15-118 所示。

（2）选择"挑选"工具 ，用圈选的方法同时选取包装正面和侧面图形，按 Ctrl+G 组合键，将其群组，按数字键盘上的+键，复制图形。按住鼠标左键垂直向下拖曳复制出的群组图形到适当的位置，效果如图 15-119 所示。用相同的方法，再次复制包装顶面图形，并将图形移动到适当的位置，效果如图 15-120 所示。

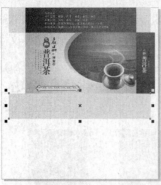

图 15-118　　　　　　　　　　图 15-119　　　　　　　　　　图 15-120

（3）选择"矩形"工具▢，在属性栏中将矩形上下左右 4 个角的"边角圆滑度"均设为 0，拖曳鼠标绘制矩形，如图 15-121 所示。选择"形状"工具▷，选取左上方的节点，将其垂直向下拖曳到适当的位置。用相同的方法移动左下方的节点到适当的位置，效果如图 15-122 所示。

（4）在"CMYK 调色板"中的"10%黑"色块上单击鼠标，填充图形，并去除图形的轮廓线，效果如图 15-123 所示。

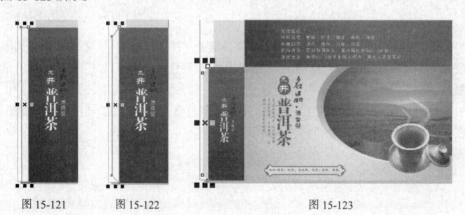

图 15-121　　　图 15-122　　　　　　　　　　图 15-123

（5）选择"挑选"工具▷，按数字键盘上的+键，复制图形，将其向上移动到适当的位置，效果如图 15-124 所示。单击属性栏中的"水平镜像"按钮▣，水平翻转图形，效果如图 15-125 所示。

图 15-124　　　　　　　　　　　　　图 15-125

（6）茶叶包装平面图制作完成，效果如图 15-126 所示。选择"文件 > 导出"命令，弹出"导出"对话框。将"文件名"设置为"茶叶包装平面图",文件格式设置为 PSD 格式,单击"确定"按钮,弹出"转换为位图"对话框,选项的设置如图 15-127 所示。单击"确定"按钮,导出文件。

图 15-126　　　　　　　　　　　　　　　　图 15-127

（7）使用 Photoshop 软件,打开刚导出的文件,如图 15-128 所示,制作茶叶包装的立体效果如图 15-129 所示。

图 15-128　　　　　　　　　　　　　　图 15-129

15.4　制作月饼包装

15.4.1　案例分析

中秋节是我国的传统佳节。据史书记载,古代帝王有秋天祭月的礼制,节期为阴历八月十五,时日恰逢三秋之半,故名"中秋节"。中秋节这一天人们都要吃月饼以示团圆。本例是为食品公司设计制作月饼的包装盒。包装设计上要表现出月饼的美味,更要表现出月圆人团圆的浓浓亲情。

在设计制作过程中,首先用红色渐变和传统装饰图案融合,烘托出喜庆祥和的节日气氛。使用果实图片寓意丰收的季节,使用圆形的装饰图形和金黄的色彩寓意月圆团圆的美满节日氛围。使用月饼产品图片展示其形状和口味。精心设计宣传文字来点明主题。整个包装设计寓意深远且紧扣节日主题,使人们产生与家人团聚,共享美食的美好愿望。

本例将使用渐变工具制作背景渐变，使用导入命令、交互式透明工具和图框精确剪裁命令制作背景花纹，使用交互式阴影工具制作圆形装饰图形的发光效果，使用字符格式化面板调整文字间距。

15.4.2　案例设计

本案例设计流程如图 15-130 所示。

制作背景效果　　编辑素材图片　　添加装饰图形　　　月饼包装盒平面图　　　最终效果

图 15-130

15.4.3　案例制作

1．制作平面结构图并填充底色

（1）按 Ctrl+N 组合键，新建一个页面，在属性栏"纸张宽度和高度"选项中分别设置宽度为 169 mm，高度为 232 mm，按 Enter 键，页面尺寸显示为设置的大小。

（2）选择"矩形"工具，在页面中绘制一个矩形，如图 15-131 所示。用相同的方法再分别绘制两个矩形，效果如图 15-132 所示。

（3）选择"挑选"工具，单击选取左侧下方的矩形。选择"渐变填充对话框"工具，弹出"渐变填充"对话框。点选"自定义"单选框，在"位置"选项中分别添加并输入：0、48、100 几个位置点，单击右下角的"其它"按钮，分别设置几个位置点颜色的 CMYK 值为：0（13、100、100、45）、48（0、100、100、0）、100（13、100、100、45），其他选项的设置如图 15-133 所示。单击"确定"按钮，填充图形，并去除图形的轮廓线，效果如图 15-134 所示。

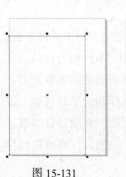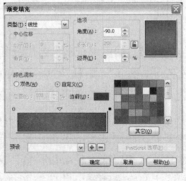

图 15-131　　　　　图 15-132　　　　　　图 15-133　　　　　图 15-134

（4）选择"挑选"工具，单击选取右侧的矩形。选择"渐变填充对话框"工具，弹出"渐变填充"对话框。点选"双色"单选框，将"从"选项颜色的 CMYK 值设置为：17、100、100、45，"到"选项颜色的 CMYK 值设置为：0、100、100、0，其他选项的设置如图 15-135 所示。单击"确定"按钮，填充图形，并去除图形的轮廓线，效果如图 15-136 所示。用相同的方法选取左侧上方的矩形，为矩形填充渐变色，效果如图 15-137 所示。

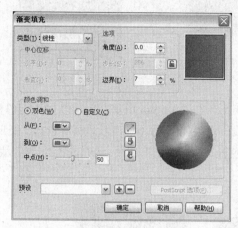

图 15-135

图 15-136

图 15-137

2．导入并编辑图片

（1）选择"文件 > 导入"命令，弹出"导入"对话框。选择光盘中的"Ch15 > 素材 > 制作月饼包装 > 01"文件，单击"导入"按钮，在页面中单击导入图形，并将其拖曳到适当的位置，效果如图 15-138 所示。

（2）选择"交互式透明"工具，在属性栏中进行设置，如图 15-139 所示。按 Enter 键，图形的透明效果如图 15-140 所示。

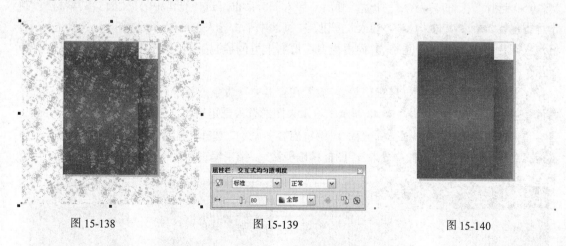

图 15-138　　　　　　　　　　图 15-139　　　　　　　　　　图 15-140

（3）选择"挑选"工具，选择"排列 > 顺序 > 到页面后面"命令，将图形置于页面后，效果如图 15-141 所示。选择"效果 > 图框精确剪裁 > 放置在容器中"命令，鼠标光标变为黑色箭头形状，在渐变矩形上单击，如图 15-142 所示。将图形置入到矩形中，效果如图 15-143 所示。

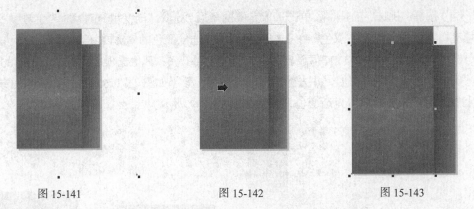

图 15-141　　　　　　　图 15-142　　　　　　　图 15-143

（4）选择"矩形"工具，在页面中绘制一个矩形，如图 15-144 所示。在"CMYK 调色板"中的"白"色块上单击鼠标右键，填充图形的轮廓线，效果如图 15-145 所示。再次选择"矩形"工具，拖曳鼠标绘制一个矩形，并在"CMYK 调色板"中的"白"色块上单击鼠标右键，填充图形的轮廓线，效果如图 15-146 所示。

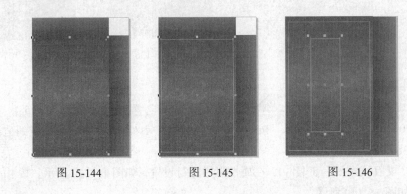

图 15-144　　　　　　图 15-145　　　　　　图 15-146

（5）选择"文件 > 导入"命令，弹出"导入"对话框。选择光盘中的"Ch15 > 素材 > 制作月饼包装 > 02"文件，单击"导入"按钮，在页面中单击导入水果图片。选择"挑选"工具，将水果图片拖曳到适当的位置，并向内拖曳图形右上方的控制手柄，缩小图形，效果如图 15-147 所示。

（6）选择"效果 > 图框精确剪裁 > 放置在容器中"命令，鼠标光标变为黑色箭头形状，在白色矩形上单击鼠标，如图 15-148 所示。将水果图片置入到矩形中，如图 15-149 所示。

（7）选择"效果 > 图框精确剪裁 > 编辑内容"命令，选择"挑选"工具，选取图形，将其拖曳到适当的位置。选择"效果 > 图框精确剪裁 > 结束编辑"命令，效果如图 15-150 所示。

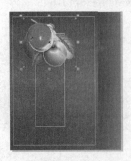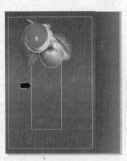

图 15-147　　　　图 15-148　　　　图 15-149　　　　图 15-150

（8）选择"文件 > 导入"命令，弹出"导入"对话框。选择光盘中的"Ch15 > 素材 > 制作月饼包装 > 03"文件，单击"导入"按钮，在页面中单击导入水果图片。选择"挑选"工具，向内拖曳图形右上方的控制手柄，缩小图形，效果如图 15-151 所示。

（9）选择"效果 > 图框精确剪裁 > 放置在容器中"命令，鼠标光标变为黑色箭头形状，在白色矩形上单击鼠标，如图 15-152 所示。将水果图置入到矩形中，如图 15-153 所示。

（10）选择"效果 > 图框精确剪裁 > 编辑内容"命令，选择"挑选"工具，选取图形，将其拖曳到适当的位置，如图 15-154 所示。选择"效果 > 图框精确剪裁 > 结束编辑"命令，结束编辑，效果如图 15-155 所示。

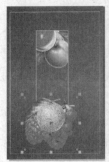

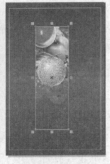

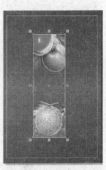

图 15-151　　　　图 15-152　　　　图 15-153　　　　图 15-154　　　　图 15-155

3. 制作渐变圆形并添加内容文字

（1）选择"椭圆形"工具，按住 Ctrl 键的同时，在页面中拖曳鼠标绘制圆形，如图 15-156 所示。选择"渐变填充对话框"工具，弹出"渐变填充"对话框。点选"双色"单选框，将"从"选项颜色的 CMYK 值设置为：0、20、100、0，"到"选项颜色的 CMYK 值设置为：0、0、0、0，其他选项的设置如图 15-157 所示。单击"确定"按钮，填充图形，效果如图 15-158 所示。

（2）选择"挑选"工具，按 F12 键，弹出"轮廓笔"对话框。设置轮廓颜色的 CMYK 值为：24、100、98、0，其他选项的设置如图 15-159 所示。单击"确定"按钮，效果如图 15-160 所示。

图 15-156

图 15-157　　　　　图 15-158　　　　　图 15-159　　　　　图 15-160

（3）选择"交互式阴影"工具，在图形上从上至下拖曳光标，为图形添加阴影效果。在属性栏中设置阴影颜色的 CMYK 值为：0、20、100、0，其他选项的设置如图 15-161 所示。按 Enter 键，效果如图 15-162 所示。

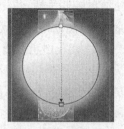

图 15-161　　　　　　　　　　　　　　图 15-162

（4）选择"文本"工具，分别输入需要的文字。选择"挑选"工具，在属性栏中选择合适的字体并设置文字大小，分别将文字拖曳到适当的位置，效果如图 15-163 所示。选择"挑选"工具，用圈选的方法将文字同时选取，按 Ctrl+Q 组合键，将文字转换为曲线。单击属性栏中的"结合"按钮，将文字结合，如图 15-164 所示。

（5）选择"渐变填充对话框"工具，弹出"渐变填充"对话框。点选"双色"单选框，将"从"选项颜色的 CMYK 值设置为：0、100、100、0，"到"选项颜色的 CMYK 值设置为：0、0、60、0，其他选项的设置如图 15-165 所示。单击"确定"按钮，填充文字，效果如图 15-166 所示。

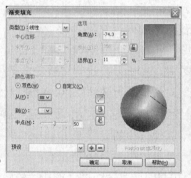

图 15-163　　　　　　图 15-164　　　　　　　　　图 15-165　　　　　　　　图 15-166

（6）选择"挑选"工具，按 F12 键，弹出"轮廓笔"对话框。设置轮廓笔颜色的 CMYK 值为：50、98、97、9，其他选项的设置如图 15-167 所示。单击"确定"按钮，效果如图 15-168 所示。

图 15-167　　　　　　　　　　　　　　图 15-168

（7）选择"交互式阴影"工具，在文字上从下至上拖曳光标，为文字添加阴影效果。在属性栏中设置阴影颜色的 CMYK 值为：0、60、100、0，其他选项的设置如图 15-169 所示。按 Enter 键，效果如图 15-170 所示。

（8）选择"文本"工具，单击属性栏中的"将文本更改为垂直方向"按钮，输入需要的文字。选择"挑选"工具，在属性栏中选择合适的字体并设置文字大小，效果如图 15-171 所示。在"CMYK 调色板"中的"红"色块上单击鼠标，填充文字，效果如图 15-172 所示。

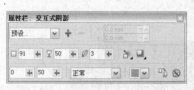
图 15-169

图 15-170

图 15-171

图 15-172

（9）选择"文件 > 导入"命令，弹出"导入"对话框。选择光盘中的"Ch15 > 素材 > 制作月饼包装 > 04"文件，单击"导入"按钮，在页面中单击导入图片。选择"挑选"工具，向内拖曳图形右上方的控制手柄，缩小图形，效果如图 15-173 所示。

（10）选择"交互式阴影"工具，在图形上从上至下拖曳光标，为图形添加阴影效果。在属性栏中设置阴影颜色为白色，其他选项的设置如图 15-174 所示。按 Enter 键，图形的阴影效果如图 15-175 所示。

图 15-173

图 15-174

图 15-175

4．制作包装侧面图形

（1）选择"文件 > 导入"命令，弹出"导入"对话框。选择光盘中的"Ch15 > 素材 > 制作月饼包装 > 01"文件，单击"导入"按钮，在页面中单击导入图形，效果如图 15-176 所示。选择"交互式透明"工具，在属性栏中进行设置，如图 15-177 所示。按 Enter 键，图形的透明效果如图 15-178 所示。

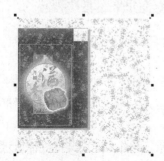
图 15-176

图 15-177

图 15-178

（2）选择"挑选"工具，选择"排列 > 顺序 > 到页面后面"命令，将图形置于页面后。选择"效果 > 图框精确剪裁 > 放置在容器中"命令，鼠标光标变为黑色箭头形状，在矩形上单击，如图 15-179 所示。将图形置入到矩形中，如图 15-180 所示。

（3）选择"文本"工具，单击属性栏中的"将文本更改为水平方向"按钮，输入需要的文字。选择"挑选"工具，在属性栏中选择合适的字体并设置文字大小，效果如图 15-181 所示。在"CMYK 调色板"中的"白"色块上单击鼠标，填充文字，效果如图 15-182 所示。

图 15-179

图 15-180

图 15-181

图 15-182

（4）选择"文本"工具，输入需要的文字。选择"挑选"工具，在属性栏中选择合适的字体并设置文字大小。在"CMYK 调色板"中的"白"色块上单击鼠标，填充文字。选择"形状"工具，适当调整文字间距，效果如图 15-183 所示。

（5）选择"文本"工具，分别输入需要的文字。选择"挑选"工具，在属性栏中选择合适的字体并设置文字大小，适当调整文字间距。在"CMYK 调色板"中的"白"色块上单击鼠标，填充文字，效果如图 15-184 所示。月饼包装平面图制作完成，效果如图 15-185 所示。

图 15-183

图 15-184

图 15-185

5．导出文件并制作包装立体效果

（1）选择"文件 > 导出"命令，弹出"导出"对话框。将"文件名"设置为"月饼包装平面图"，文件格式设置为 PSD 格式，单击"确定"按钮，弹出"转换为位图"对话框，在对话框中进行设置，如图 15-186 所示。单击"确定"按钮，导出文件。

（2）使用 Photoshop 软件，打开刚导出的文件，如图 15-187 所示。制作月饼包装的立体展示效果如图 15-188 所示。

图 15-186　　　　　　图 15-187　　　　　图 15-188

课堂练习 1——制作饮料包装

【练习知识要点】使用矩形工具和渐变填充工具制作包装盒；使用椭圆形工具、轮廓笔和交互式透明工具制作装饰圆形；使用标题形状工具绘制爆炸图形；使用文本工具和交互式轮廓图工具制作标题文字；使用段落格式化面板调整文字间距和行距。饮料包装效果如图 15-189 所示。

【效果所在位置】光盘/Ch15/效果/制作饮料包装.cdr。

图 15-189

课堂练习 2——制作饮食包装

【练习知识要点】使用"贝塞尔"工具、渐变填充工具和交互式透明工具制作图形；使用图框精确剪裁命令将图形置入到背景中；使用文本工具和交互式轮廓图工具制作标题文字；使用交互式封套工具制作文字变形效果；使用艺术笔工具绘制梨图形。饮食包装效果如图 15-190 所示。

【效果所在位置】光盘/Ch15/效果/制作饮食包装.cdr。

图 15-190

课后习题——制作酒包装

【习题知识要点】使用图框精确剪裁命令将图形置入到背景图形中；使用交互式阴影工具为图形添加阴影效果；使用文本工具和轮廓笔工具制作标题文字；使用插入条形码命令制作条形码。酒包装效果如图 15-191 所示。

【效果所在位置】光盘/Ch15/效果/制作酒包装.cdr。

图 15-191

第16章

VI 设计

VI 是企业形象设计的整合，它通过具体的符号将企业理念、文化特质、企业规范等抽象概念充分进行表达，以标准化、系统化的方式，塑造企业形象和传播企业文化。本章以龙祥科技发展有限公司的 VI 设计为例，讲解了基础系统和应用系统中各个项目的设计方法和制作技巧。

课堂学习目标

- 了解 VI 设计的概念
- 了解 VI 设计的功能
- 掌握 VI 设计的内容和分类
- 掌握整套 VI 的设计思路和过程
- 掌握整套 VI 的制作方法和技巧

16.1　VI 设计概述

在品牌营销的今天，VI 设计对现代企业非常重要。没有 VI 设计，就意味着企业的形象将淹没于商海之中，让人辨别不清；就意味着企业是一个缺少灵魂的赚钱机器；就意味着企业的产品与服务毫无个性，消费者对企业毫无眷恋；就意味着企业团队的涣散和士气的低落。VI 设计如图 16-1 所示。

图 16-1

VI 设计一般包括基础和应用两大部分。

基本部分包括标志、标准字、标准色、标志和标准字的组合。

应用部分包括办公用品（信封、信纸、名片、请柬、文件夹等）、企业外部建筑环境（公共标识牌、路标指示牌等）、企业内部建筑环境（各部门标识牌、广告牌等）、交通工具（大巴士、货车等）、服装服饰（管理人员制服、员工制服、文化衫、工作帽、胸卡等）等。

16.2　标志设计

16.2.1　案例分析

本例是为龙祥科技发展有限公司设计制作标志。龙祥科技发展有限公司是一家著名的电子信息高科技企业，因此在标志设计上要体现出企业的经营内容、企业文化和发展方向；在设计语言和手法上要以单纯、简洁、易识别的物象、图形和文字符号进行表达。

在设计制作过程中，通过龙头图形来显示企业的文化、精神和理念。通过对英文字母"e"的变形处理，展示企业的高科技和国际化。将龙头图形和英文字母"e"结合，形成一个完整的即将腾飞的巨龙。整个标志设计简洁明快，主题清晰明确、气势磅礴。

本例将使用椭圆形工具、矩形工具和形状工具制作"e"图形，使用贝塞尔工具绘制龙头，使用文字工具添加公司名称。

16.2.2　案例设计

本案例设计流程如图 16-2 所示。

绘制"e"图形　　绘制龙图形　　　　　　　　最终效果

图 16-2

16.2.3　案例制作

1. 制作标志中的"e"图形

（1）按 Ctrl+N 组合键，新建一个 A4 页面。选择"椭圆形"工具，按住 Ctrl 键的同时，绘制一个圆形，如图 16-3 所示。按住 Shift 键的同时，向内拖曳圆形右上方的控制手柄，在适当的位置单击鼠标右键，复制一个圆形，效果如图 16-4 所示。

（2）选择"挑选"工具，用圈选的方法将图形同时选取，如图 16-5 所示。单击属性栏中的"后减前"按钮，将两个图形剪切为一个图形。在"CMYK 调色板"中的"青"色块上单击鼠标，填充图形，并去除图形的轮廓线，效果如图 16-6 所示。

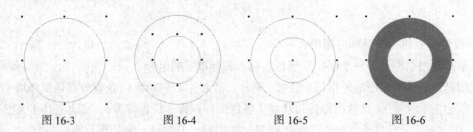

图 16-3　　　　　图 16-4　　　　　图 16-5　　　　　图 16-6

（3）选择"矩形"工具，绘制一个矩形，如图 16-7 所示。选择"挑选"工具，用圈选的方法将图形同时选取，如图 16-8 所示。单击属性栏中的"后减前"按钮，将两个图形剪切为一个图形，效果如图 16-9 所示。

图 16-7　　　　　　图 16-8　　　　　　图 16-9

（4）选择"形状"工具，单击选取图形上需要的节点，如图 16-10 所示。按住 Ctrl 键的同时，水平向左拖曳节点到适当的位置，如图 16-11 所示。用相同的方法，选取其他节点并进行编辑，效果如图 16-12 所示。

图 16-10　　　　　图 16-11　　　　　图 16-12

（5）选择"形状"工具 [图标]，选取需要的节点，将其拖曳到适当的位置，效果如图 16-13 所示。选取要删除的节点，如图 16-14 所示。按 Delete 键，将其删除，效果如图 16-15 所示。

图 16-13　　　　　　　　　图 16-14　　　　　　　　　图 16-15

（6）选择"形状"工具 [图标]，分别在需要的位置双击，添加两个节点，如图 16-16 所示，将添加的节点拖曳到适当的位置，再分别对需要的节点进行编辑，效果如图 16-17 所示。

图 16-16　　　　　　　　　图 16-17

2. 绘制龙图形并添加文字

（1）选择"贝塞尔"工具 [图标]，绘制一个图形，在"CMYK 调色板"中的"青"色块上单击鼠标，填充图形，并去除图形的轮廓线，效果如图 16-18 所示。选择"贝塞尔"工具 [图标]，再绘制一个不规则图形，填充图形为"青"色，并去除图形的轮廓线，效果如图 16-19 所示。

（2）选择"文本"工具 [图标]，分别输入需要的文字。选择"挑选"工具 [图标]，在属性栏中分别选择合适的字体并设置文字大小，适当调整文字间距。标志设计完成，如图 16-20 所示。

图 16-18　　　　图 16-19　　　　　　　　　图 16-20

16.3　制作模板

16.3.1　案例分析

制作模板是 VI 设计基础部分中的一项内容。设计要求制作两个模板，要具有实用性，能将 VI 设计的基础部分和应用部分快速地分类总结。

在设计制作过程中，用 A、B 和不同的颜色来区分模板，添加与模板相对应的文字。设计制作风格要简洁明快，符合企业需求。

本例将使用手绘工具绘制直线，使用矩形工具绘制图形，使用文本工具添加模板标题，使用矩形工具绘制装饰图形。

16.3.2 案例设计

本案例设计流程如图 16-21 所示。

| 制作模板A标题 | 模板A最终效果 | 制作模板B标题 | 模板B最终效果 |

图 16-21

16.3.3 案例制作

1. 制作模板 A

（1）按 Ctrl+N 组合键，新建一个 A4 页面。双击"矩形"工具，绘制一个与页面大小相等的矩形。在"CMYK 调色板"中的"白"色块上单击鼠标，填充图形，并去除图形的轮廓线，效果如图 16-22 所示。

（2）选择"手绘"工具，按住 Ctrl 键的同时，绘制一条直线，在"CMYK 调色板"中的"20% 黑"色块上单击鼠标右键，填充直线，在属性栏中将"轮廓宽度" 细线 选项设置为 1，按 Enter 键，效果如图 16-23 所示。

（3）选择"挑选"工具，按数字键盘上的+键，复制一条直线，并将其调整到适当的位置，效果如图 16-24 所示。

图 16-22   图 16-23   图 16-24

（4）选择"挑选"工具，按住 Shift 键的同时，单击两条直线，将其同时选取，按 Ctrl+G

组合键，将其编组。按住 Ctrl 键的同时，水平向下拖曳群组直线，并在适当的位置单击鼠标右键，复制直线，如图 16-25 所示。按住 Ctrl 键，再连续点按 D 键，按需要再制出多条直线，效果如图 16-26 所示。

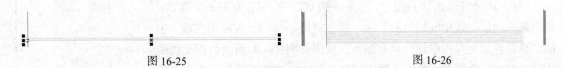

图 16-25　　　　　　　　　　　　　　　　　图 16-26

（5）选择"文本"工具字，在页面中输入需要的文字。选择"挑选"工具，在属性栏中选择合适的字体并设置文字大小，效果如图 16-27 所示。选择"文本"工具字，选取所需要的文字，如图 16-28 所示，设置填充色为无，在"CMYK 调色板"中的"30%黑"色块上单击鼠标右键，填充文字的轮廓线，效果如图 16-29 所示。

（6）选择"文本"工具字，再次选取文字"基础系统"，在"CMYK 调色板"中的"青"色块上单击鼠标，填充文字，效果如图 16-30 所示。

图 16-27　　　　　　　　　　　　　　　　　图 16-28

图 16-29　　　　　　　　　　　　　　　　　图 16-30

（7）选择"矩形"工具□，绘制一个矩形，设置图形填充颜色的 CMYK 值为：95、67、21、9，填充图形，并去除图形的轮廓线，效果如图 16-31 所示。选择"文本"工具字，输入需要的文字。选择"挑选"工具，在属性栏中选择合适的字体并设置文字大小，填充文字为白色，效果如图 16-32 所示。

图 16-31　　　　　　　　　　　　　　　　　图 16-32

（8）选择"文本"工具字，输入需要的文字。选择"挑选"工具，在属性栏中选择合适的字体并设置文字大小。在"CMYK 调色板"中的"青"色块上单击，填充文字，效果如图 16-33 所示。选择"文本"工具字，输入所需要的文字。选择"挑选"工具，在属性栏中选择合适的字体并设置文字大小。设置文字颜色的 CMYK 值为：100、70、40、0，并填充文字，效果如图 16-34 所示。

图 16-33　　　　　　　　　　　　　　　　　图 16-34

（9）选择"矩形"工具□，绘制一个矩形，设置图形填充颜色的
CMYK 值为：100、70、40、0，填充图形，并去除图形的轮廓线，效果
如图 16-35 所示。

（10）选择"挑选"工具，按数字键盘上的+键，复制一个图形，
向内拖曳图形右边中间的控制手柄，缩小图形，在"CMYK 调色板"中
的"青"色块上单击鼠标，填充图形，效果如图 16-36 所示。用相同的
方法再复制一个矩形，并缩小图形，在"CMYK 调色板"中的"10%黑"
色块上单击，填充图形，效果如图 16-37 所示。

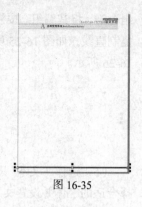

图 16-35

图 16-36   图 16-37

（11）选择"文本"工具字，分别输入需要的文字。选择"挑选"工具，在属性栏中分别
选择合适的字体并设置文字大小，适当调整文字间距，效果如图 16-38 所示。设置文字颜色的
CMYK 值为：100、70、40、0，填充文字，效果如图 16-39 所示。模板 A 制作完成，效果如图
16-40 所示。模板 A 部分表示 VI 手册中的基础部分。

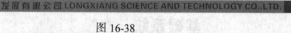

图 16-38

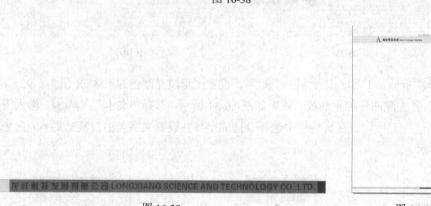

图 16-39   图 16-40

2. 制作模板 B

（1）选择"文件 > 打开"命令，弹出"打开绘图"对话框。选择
光盘中的"Ch16 > 效果 > 制作模板 A"文件，单击"打开"按钮，效
果如图 16-41 所示。

（2）选择"文本"工具字，选取需要更改的文字，如图 16-42 所示。
输入新的文字，效果如图 16-43 所示。选取文字"应用系统"，设置文字
颜色的 CMYK 值为：0、45、100、0，填充文字，并去除文字的轮廓线，
效果如图 16-44 所示。

图 16-41

图 16-42　　　　　　　　　图 16-43　　　　　　　　　图 16-44

（3）用上述所讲的方法，修改其他文字，并将文字拖曳到适当的位置，如图 16-45 所示。选择"挑选"工具，单击选取需要的矩形，设置矩形颜色的 CMYK 值为：0、100、100、33，填充图形，效果如图 16-46 所示。分别选取页面下方的矩形，并填充适当的颜色，如图 16-47 所示。

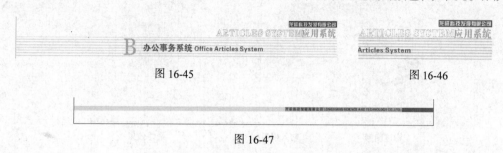

图 16-45　　　　　　　　　　　　　　图 16-46

图 16-47

（4）选择"挑选"工具，选择矩形上的文字，设置文字颜色的 CMYK 值为：30、100、100、0，填充文字，如图 16-48 所示。模板 B 制作完成，效果如图 16-49 所示。模板 B 部分表示 VI 手册中的应用部分。

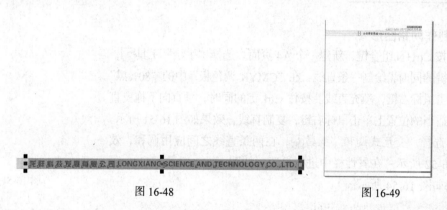

图 16-48　　　　　　　　　　　图 16-49

16.4　标志制图

16.4.1　案例分析

标志制图是 VI 设计基础部分中的一项内容。通过设计的规范化和标准化，企业在应用标志时可更加规范，即使在不同环境下使用，也不会发生变化。

在设计制作过程中，通过网格规范标志，通过标注使标志的相关信息更加准确，在企业进行相关应用时要严格按照标志制图的规范操作。

本例将使用手绘工具和交互式调和命令制作网格，使用度量工具标注图形，使用文本工具输入介绍性文字。

16.4.2　案例设计

本案例设计流程如图 16-50 所示。

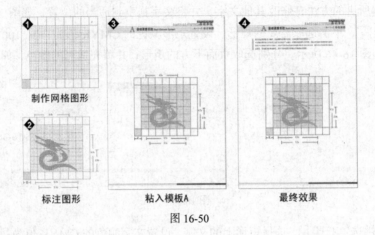

制作网格图形　　　　标注图形　　　　粘入模板A　　　　最终效果

图 16-50

16.4.3　案例制作

1．制作网格图形

（1）按 Ctrl+N 组合键，新建一个 A4 页面。选择"手绘"工具，按住 Ctrl 键的同时，绘制一条直线，在"CMYK 调色板"中的"80%黑"色块上单击鼠标右键，填充直线。按住 Ctrl 键的同时，垂直向下拖曳直线，并在适当的位置上单击鼠标右键，复制直线，效果如图 16-51 所示。

（2）选择"交互式调和"工具，在两条直线之间应用调和，效果如图 16-52 所示。在属性栏中进行设置，如图 16-53 所示。按 Enter 键，效果如图 16-54 所示。

图 16-51

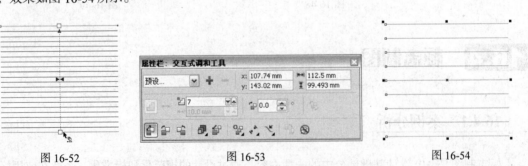

图 16-52　　　　　　　　图 16-53　　　　　　　　图 16-54

（3）选择"挑选"工具，选择"排列 > 变换 > 旋转"命令，弹出"变换"面板，选项的设置如图 16-55 所示。单击"应用到再制"按钮，效果如图 16-56 所示。

（4）选择"挑选"工具，用圈选的方法将两个图形同时选取，单击属性栏中的"对齐和分布"按钮，弹出"对齐与分布"对话框，设置如图 16-57 所示。单击"应用"按钮，效果如图 16-58 所示。

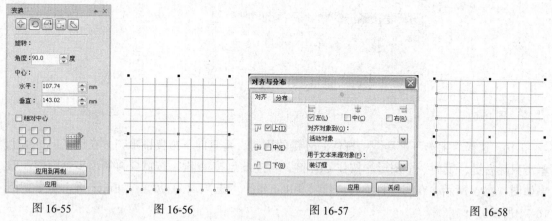

图 16-55　　　　　图 16-56　　　　　　　　图 16-57　　　　　　　　图 16-58

（5）选择"挑选"工具，分别调整两组调和图形的长度到适当的位置，效果如图 16-59 所示。单击选取其中一组调和图形，按 Ctrl+K 组合键，将图形进行拆分，再按 Ctrl+U 组合键，取消图形的组合。用相同的方法，选取另一组调和图形，拆分并解组图形。

（6）选择"挑选"工具，按住 Shift 键的同时，单击垂直方向右侧的两条直线，将其同时选取，如图 16-60 所示。按住 Ctrl 键的同时，水平向右拖曳直线，并在适当的位置上单击鼠标右键，复制直线，效果如图 16-61 所示。

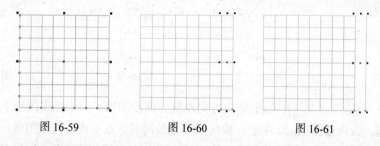

图 16-59　　　　　　　　图 16-60　　　　　　　　图 16-61

（7）选择"挑选"工具，选取再制出的一条直线，如图 16-62 所示。按 Delete 键，将其删除。按住 Shift 键的同时，依次单击水平方向需要的几条直线，将其同时选取，如图 16-63 所示。向右拖曳直线左侧中间的控制手柄到适当的位置，调整直线的长度，效果如图 16-64 所示。

（8）选择"挑选"工具，按住 Shift 键的同时，单击水平方向需要的几条直线，将其同时选取，如图 16-65 所示。向右拖曳直线右侧中间的控制手柄到适当的位置，调整直线的长度，如图 16-66 所示。

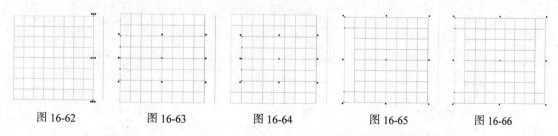

图 16-62　　　　图 16-63　　　　图 16-64　　　　图 16-65　　　　图 16-66

（9）选择"挑选"工具，用圈选的方法，将两条直线同时选取，如图 16-67 所示。选择"交互式调和"工具，在两条直线之间应用调和，在属性栏中进行设置，如图 16-68 所示。按 Enter 键，效果如图 16-69 所示。

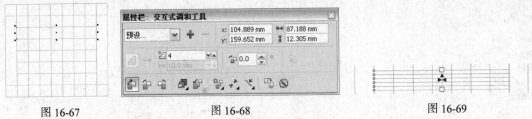

图 16-67 图 16-68 图 16-69

（10）选择"挑选"工具 ，按住 Ctrl 键的同时，垂直向下拖曳图形，并在适当的位置上单击鼠标右键，复制一个图形。按住 Ctrl 键，再连续点按 D 键，按需要再制出多个图形，效果如图 16-70 所示。在属性栏中将"旋转角度" 选项设为 90，按 Enter 键，效果如图 16-71 所示。

（11）选择"挑选"工具 ，按住 Shift 键的同时，单击水平方向最上方的调和图形，将其同时选取，如图 16-72 所示。按 T 键，再按 L 键，使图形顶部对齐和左对齐，效果如图 16-73 所示。

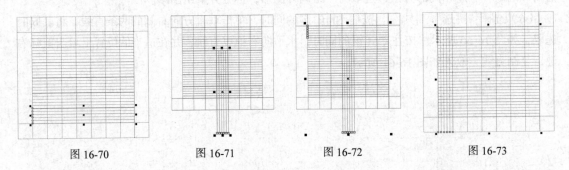

图 16-70 图 16-71 图 16-72 图 16-73

（12）选择"挑选"工具 ，选取垂直方向左侧的调和图形，向上拖曳图形下方中间的控制手柄，缩小图形，效果如图 16-74 所示。按住 Ctrl 键的同时，水平向右拖曳图形，并在适当的位置单击鼠标右键，复制一个图形。按住 Ctrl 键，再连续点按 D 键，按需要再制出多个图形，效果如图 16-75 所示。

（13）选择"挑选"工具 ，分别选取图形，按 Ctrl+K 组合键，将图形拆分，再按 Ctrl+U 组合键，将图形解组。在制作网格过程中，部分直线有重叠现象，分别选取水平方向重叠的直线，按 Delete 键，将其删除，效果如图 16-76 所示。

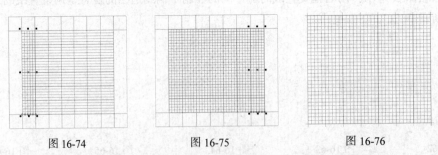

图 16-74 图 16-75 图 16-76

（14）选择"挑选"工具 ，选取垂直方向的一条直线，如图 16-77 所示。按 Shift+PageDown 组合键，将其置后。再次选取需要的直线，如图 16-78 所示。按 Delete 键，删除直线。用相同的方法，分别选取垂直方向重叠的直线并将其删除，效果如图 16-79 所示。

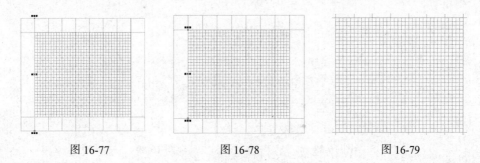

图 16-77　　　　　　　　图 16-78　　　　　　　　图 16-79

（15）选择"挑选"工具，用圈选的方法将直线同时选取，如图 16-80 所示。在"CMYK 调色板"中的"30%黑"色块上单击鼠标右键，填充直线，按 Esc 键，取消选取状态，如图 16-81 所示。

（16）选择"矩形"工具，绘制一个矩形，在"CMYK 调色板"中的"10%黑"色块上单击鼠标，填充图形，并去除图形的轮廓线，效果如图 16-82 所示。按 Shift+PageDown 组合键，将其置后，效果如图 16-83 所示。按 Ctrl+A 组合键，将图形全部选取，按 Ctrl+G 组合键，将其群组，效果如图 16-84 所示。

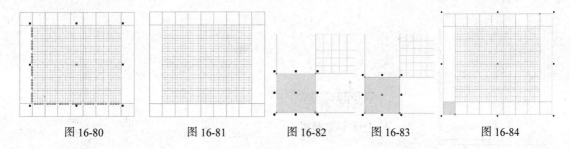

图 16-80　　　　　图 16-81　　　　　图 16-82　　　　图 16-83　　　　　图 16-84

2．编辑标志规范

（1）选择"文件 > 打开"命令，弹出"打开绘图"对话框。选择光盘中的"Ch16 > 效果 > 标志制图"文件，效果如图 16-85 所示。

（2）选择"挑选"工具，将标志图形拖曳到适当的位置并调整其大小，如图 16-86 所示。在"CMYK 调色板"中的"30%黑"色块上单击鼠标，填充图形，效果如图 16-87 所示。

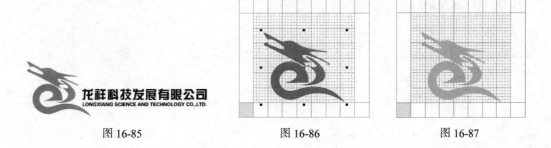

图 16-85　　　　　　　图 16-86　　　　　　　图 16-87

（3）选择"度量"工具，单击属性栏中"水平度量工具"按钮，量出灰色矩形的边长数值，如图 16-88 所示。将该数值设为 X，再量出所需要标注的数值，算出比例进行标注，如图 16-89 所示。选择"挑选"工具，用圈选的方法将图形和文字同时选取，按 Ctrl+G 组合键，将其群组。

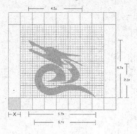

图 16-88　　　　　　　　　　图 16-89

（4）选择"挑选"工具，将群组图形粘贴到模板 A 中，将群组图形拖曳到适当的位置，并调整其大小，如图 16-90 所示。选择"文本"工具，输入需要的文字。选择"挑选"工具，在属性栏中选择合适的字体并设置文字大小，效果如图 16-91 所示。

（5）选择"文本"工具，拖曳一个文本框，输入需要的文字。选择"挑选"工具，在属性栏中选择合适的字体并设置文字大小。选择"形状"工具，适当调整文字的间距和行距，取消文字的选取状态，效果如图 16-92 所示。

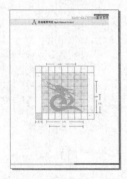

图 16-90　　　　　　图 16-91　　　　　　　　　　　图 16-92

（6）选择"矩形"工具，在文字前方绘制一个矩形，在"CMYK 调色板"中的"30%黑"色块上单击鼠标，填充图形，并去除图形的轮廓线，效果如图 16-93 所示。标志制图制作完成，效果如图 16-94 所示。

图 16-93　　　　　　　　　　　　　　　　图 16-94

课堂练习1——标志组合规范

【练习知识要点】使用文本工具添加文字；使用形状工具调整文字间距；使用标注工具对图

形进行标注。标志组合规范效果如图 16-95 所示。

【效果所在位置】光盘/Ch16/效果/标志组合规范.cdr。

图 16-95

课堂练习 2——标准色

【练习知识要点】使用文本工具输入文字；使用文本工具对矩形的颜色值进行标注；标准色效果如图 16-96 所示。

【效果所在位置】光盘/Ch16/效果/标准色.cdr。

图 16-96

课后习题 1——公司名片

【习题知识要点】使用对齐命令制作两个矩形的对齐效果；使用图框精确剪裁命令将标志图形置入到矩形中；使用文本工具添加文字。公司名片效果如图 16-97 所示。

【效果所在位置】光盘/Ch16/效果/公司名片.cdr。

图 16-97

课后习题 2——信封

【习题知识要点】使用形状工具对矩形的节点进行编辑；使用分割曲线命令断开图形的节点；使用轮廓笔工具对矩形应用轮廓；使用文本和手绘工具对信封图形进行标注。信封效果如图 16-98 所示。

【效果所在位置】光盘/Ch16/效果/信封.cdr。

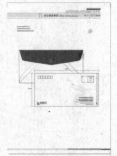

图 16-98

课后习题 3——纸杯

【习题知识要点】使用形状工具对图形的节点进行调整；使用图框精确剪裁命令将图形置入到容器中；使用编辑内容命令对置入的图形进行编辑。纸杯效果如图 16-99 所示。

【效果所在位置】光盘/Ch16/效果/纸杯.cdr。

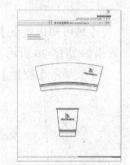

图 16-99

课后习题 4——文件夹

【习题知识要点】使用对齐命令对两个矩形应用顶部对齐效果；使用轮廓转换为对象命令将圆形轮廓转换为图形；使用交互式轮廓图工具对圆角矩形应用轮廓；使用添加透视点命令调整图形的透视效果。文件夹效果如图 16-100 所示。

【效果所在位置】光盘/Ch16/效果/文件夹.cdr。

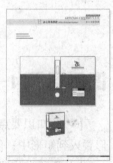

图 16-100